高等学校心理学专业课教材

U0749326

心理实验操作手册

杨治良　　王新法　编著

华东师范大学出版社
·上海·

图书在版编目（CIP）数据

心理实验操作手册/杨治良,王新法编著.—上海:
华东师范大学出版社,2010.1
ISBN 978-7-5617-7542-4

Ⅰ.①心… Ⅱ.①杨… ②王… Ⅲ.①实验心理学-
高等学校-教材 Ⅳ.①B84

中国版本图书馆 CIP 数据核字(2010)第 019065 号

心理实验操作手册

编 著 者　杨治良　王新法
策划编辑　赵建军　彭呈军
审读编辑　王国红
责任校对　赖芳斌
封面设计　卢晓红

出版发行　华东师范大学出版社
社　　址　上海市中山北路 3663 号　邮编 200062
网　　址　www.ecnupress.com.cn
电　　话　021-60821666　行政传真 021-62572105
客服电话　021-62865537　门市(邮购)电话 021-62869887
地　　址　上海市中山北路 3663 号华东师范大学校内先锋路口
网　　店　http://hdsdcbs.tmall.com

印 刷 者　常熟高专印刷有限公司
开　　本　787×1092　16 开
印　　张　17
字　　数　360 千字
版　　次　2010 年 6 月第 1 版
印　　次　2021 年 7 月第 5 次
书　　号　ISBN 978-7-5617-7542-4/B·537
定　　价　32.00 元

出 版 人　王 焰

前　言

自 1862 年,心理学科学体系的创始人、德国著名心理学家冯特(Wilhelm Wundt)在其《感官知觉理论贡献》论著中提出"实验心理学"一词以来,以实验的范式开展人类个体心理或行为规律的研究并获得富有价值的研究结论,不仅成为证明心理学科可以跻身于"科学大家庭"的有力证据,更为人们客观了解自己、探究自己提供了最为有效的途径。而以费希纳(Fetcher, Gustav Theodora)所著的《心理物理学纲要》(1860)的出版为标志,摒弃借用物理学和生物学的实验方法而采用专属适用于研究心理现象的方法——心理实验——开始登上心理学历史的舞台,并在随后一个多世纪的发展中,日益突显出它在描述、预测和解释心理现象中不可或缺的重要作用。

心理实验(Psychological Experiment),具体是指有目的的严格控制或是创造一定条件来引发个体某种心理活动并对其进行测量的一种科学方法。这种方法实施的基本原则是,在其他若干变量被妥善控制的情境下,研究者系统地操纵某一变量 A,使它有所改变,然后观察 A 的改变对另一变量 B 的影响。这里变量 A 通常称为自变量(independent variable),即由研究者操纵并对被试反应产生作用的变量;B 称为因变量(dependent variable),即实验中由于研究者操纵自变量而引起被试的某种特定反应;而其他除了自变量之外会对因变量产生影响的实验条件叫做无关变量(unrelated variable)(由于这些无关变量在实验中必须加以控制,所以它又被称为控制变量(control variable))。相对于调查及相关研究而言,心理实验方法的特点在于能够严格地控制无关变量,进而在简化情境的情况下考查变量之间的因果关系,从而能够回答"如何解释现象"这一最基本的科学任务。其中,根据研究问题做出合理的实验设计、有效设置各种变量及其操作性定义等都是影响研究是否得出客观结论的关键环节。基于这样的原因,我们集结目前心理学研究中的各种实验类型,并结合心理学专业学生的培养目标和要求,编写本实验指导手册,旨在帮助学生学习并熟练掌握实验操作技能、积累实验研究经验,培养其严谨的逻辑思维能力,为有效从事科学心理学研究打下良好的基础。

本实验手册共分五部分编写。其中第一部分集中介绍了心理实验的基础理论要点及心理实验报告的写作规范;第二、三部分分别介绍了变量实验、心理物理法实验、感觉实验、知觉实验、反应时和动作技能实验、学习与记忆实验、情绪和个性实验、应用性实验等不同类型,具体包括"反应时实验"、"似动现象"、"色彩负后像"、"动作技能迁移"、"概念形成"、"警戒作业绩效测定"、"接受者操作特性曲线"等经典实验在内的五十余项代表性实验及其操作流程；第四部分进行了学生实验报告举例；第五部分则详细介绍了目前心理学研究中常用的大型实验仪器，比如 ERP、眼动仪、生物反馈仪等。在本手册的编写过程中，我们力求囊括所有实验类型及代表性实验，在内容上做到全面而丰富；同时，在介绍各项实验操作流程时，努力做到问题阐述详实、具体步骤清晰、结构符合规范而便于学生模拟。本书适于作为高校心理学专业学生教材，以期为学生实验操作能力及规范性的提高助一臂之力。

本书的前身是华东师范大学印的《心理实验手册》，本书是配合实验心理学课程的实验课教学用书，重点是培养学生操作方面的动手能力，用了二十余年，修改了多次。

本书由杨治良、王新法共同编写。另外，在大型实验仪器部分，何良同志撰写了生物反馈仪及应用研究一节，王岩同志撰写了 ERP 的基本原理及实验一节。

本书在出版过程中，得到华东师范大学出版社的关怀和支持，得到同行郭秀艳同志的具体帮助。还要说的是，本书在写作过程中，参考了国内外有关的心理学著作、论文和文献资料，吸取了许多学者的实验成果，也引用了本书作者过去编写的著作和与人合著的著作，介绍了一些工厂和公司公开销售的仪器，以及一些较优秀的学生课堂实验报告，在此一并向原作者致以深深的谢意。

尽管我们在编写过程中字斟句酌，并在随后进行认真、仔细的校对，但疏漏偏差在所难免；如有发现不当之处，敬请广大读者给予批评斧正。我们将深表感激！

目录

心理实验操作手册

第五部分　大型实验(研究)仪器介绍

第一部分

导　　论

第一章　心理实验绪论

众所周知,实验研究在科学心理学的分析中起至关重要的作用,它为人们解释和明确心理与行为的因果关系提供了方法上的支撑。心理学研究技术的发展主要包括观察、相关和实验研究三个方面,它们分别涉及对心理与行为进行描述、预测和解释。但归根结底,心理学家想要解释并预测的是心理与行为,因此只有实验研究才能够满足研究者从系统的经验观察中发现事实、提出假设并验证假设的要求。

一　从历史的发展看实验在心理学中的地位

长期以来,心理学都是属于哲学范畴的。人们觉得它很难与物理学、化学等相提并论,因此很难将其归为自然科学。直到 1879 年冯特在莱比锡大学建立起第一个正式的心理学实验室,心理学才从哲学中脱离出来成为一门独立的学科。然而,如何用自然科学的模式来把握人们现实生活中的失意、焦虑与烦恼? 如何用科学实证的方法来解析恋爱的感觉? 以致那些被称为人文科学家的心理学家(通常是临床心理学家和咨询心理学家)认为,用传统的自然科学方法对人类的情感和经历进行客观的评价与测量是不可能的。正如我们所看到的,人类生活的许多重要领域,如伦理道德、政治、法律等,它们的建立是通过非自然科学的手段获得的。由于其着重研究主导文化和社会环境对行为的影响,研究者不可能通过实验把这两个因素当作自变量来操纵,所以它们至今尚未从精密的科学分析中获益。

虽然心理学至今还不是完全意义上的自然科学,但能够提供"可以复制的结果"的科学心理学正逐步揭开心理与行为的神秘面纱。此外,随着知识的积累和技术的进步,自然界和人类社会中自发发生的事件(现象)已越来越不能满足观察的需要,这迫使研究者们设法创造特殊的条件,以便让所研究的事件(现象)在合适的时间、地点发生,于是实验就这样应运而生了。柏拉图观察到,哲学始于惊奇,科学也始于惊奇。一切科学,包括心理学,最初都是哲学的组成部分,只是随着时间的推移,一些特殊的学科才逐渐从哲学中分化出来。所以,大多数科学家始终相信科学分析最终将适用于以上所有领域。随着心理学研究技术的改进,关于人类知识、技能和行为等的研究也转移到了科学的王国。实验的研究方法将心理学的科学性体现得淋漓尽致。心理学科的迅速发展,得益于实验方法。

一、心理实验将心理学引向科学的殿堂

对心理现象的探讨可追溯到古希腊时期的哲学家们。他们争论着两个对心理学来说特别重要的哲学问题:人类如何认识世界和人类的幸福之源是什么。前者被称为"认识论",它

启发心理学家致力于了解人们如何认识世界、如何组织知识以及如何运用知识,并以此为己任。后者使心理学家们关注人类的不幸及其预防,关注人类幸福及其背后的人类文化这一深层机制的影响,但早期的这些争论始终停留在思辨的层面上。直到 18 世纪中叶,一些生理学家、物理学家和天文学家开始关注感觉和知觉范围内的问题。尤其是生理学家们,他们做了大量生理实验来探讨诸如"感觉神经和运动神经是不是同类神经"、"感觉、理智、情绪之类的心理机能在身上的定位"以及"神经冲动传导的速率"等问题。这些实验生理学的研究发现为实验心理学的问世奠定了学科基础,然而实验心理学的诞生还有其自身的"渊源"。1795 年,英国格林威治天文台的助手金纳布鲁克(D. Kinnerbrook)因其记录的天体事件的时间与台长记录的不一致而被开除。当时,天文学家通过观测天体经过望远镜目镜中的一条线,来确定观测时间。观测者身边有一个闹钟,每秒发出嘀嗒声,观测者须以十分之一秒的近似值记下天体通过目镜中那条线的时间。台长马斯克林(N. Maskelyne)在核对那个倒霉的助手所记录的星体通过时间时,发现这些时间常常偏大。为此金纳布鲁克受到警告,但他依旧没能改善他的观察记录,结果遭到解雇。反应时这个心理现象因此凸显出来,可当时却未受到重视。直到 1822 年,德国柯尼斯堡天文台的天文学家贝赛尔(Bessel)见到格林威治天文台的报告,怀疑助手及台长记录的天体经过时间的差异可能是人的差异,而不是助手的失职所致。这燃起贝赛尔的极大热情。他与其他一些天文学家比较了各自所记录的星体经过时间,也发现存在着一致性的系统差异。在对星体经过望远镜的基准线作出反应时,天文学家之间的这种差异用公式加以表示即为"相对人差方程"(甲的记录时间－乙的记录时间＝X 秒)。1850 年,美国海岸测量队的巴克(Bache)及其同事制成了计时器,能够测量刺激出现与反应发生之间的时差,这种时差可以用"绝对人差方程"来表示。同一年,赫尔姆霍兹(Helmholtz)为了测量感觉神经传导的速率,建立了反应时间方法。

之后,荷兰生理学家唐德斯(F. C. Donders)发现,可以利用人们的反应时测量各种心理活动所需的时间。至此,反应时问题被引入了心理学领域。1868 年他提出了三种反应时任务,即唐德斯反应时 ABC:A 即简单反应时,一个刺激对应一个反应,它为包含在更复杂的反应中的认知操作提供了一个基线;B 即选择反应时,刺激和反应都在一个以上,每个刺激都有对应的反应;在 C 反应时中,有一个以上的刺激,但只对某个特定刺激作反应。利用唐德斯 ABC 反应时进行减法运算,可以估计各种认知操作所耗时间。这一估计程序叫做减法反应时。后来,致力于走科学心理学道路的心理学家冯特和卡特尔把反应时问题从天文学家和生理学家手中接过来,分析了影响反应时间的心理学因素。

心理实验方法的使用促成了令世人瞩目的心理学成果。19 世纪中叶以后,由于社会生产力和自然科学的迅速发展,在与心理学具有密切关系的生理学方面,德国居于世界各国之首。生物学家约翰·缪勒及其弟子赫尔姆霍兹建立了"感官生理学"。解剖学家韦伯根据多年的研究结果提出了"韦伯定律",探讨了有关人体感觉的某些规律性知识。20 年后,莱比锡大学的物理学教授费希纳发展了韦伯的工作。他根据当时的物理学和数学知识,对感觉阈限进行了深湛的实验研究和精密的数学论证,提出了有关感觉强度与刺激强度的所谓心物关系的对数定律,以及心理物理学的基本研究方法。费希纳的心理物理实验具有两个明显的特点：第一，利用了专门为研究心理学而制定的实验方法，即极限法、恒定刺激法和平均差误法；第二，对实验结果作数学处理。在心理实验的发展中，费希纳的心理物理实验的这两个特点标志着心理学的研究方法向前迈出了重要一步。这意味着心理学从利用物理学和生理学的实验方法过渡到利用自己特殊方法的开始，即意味着心理实验的"心理学化"的开始。多次重复一个实验并对所得结果作统计处理，这意味着从比较偶然的实验研究逐渐向专门的心理实验研究的过渡。费希纳的《心理物理学纲要》的出版对以后心理学实验方法的建立起到了重要的作用。

我们把1879年科学心理学建立之前的心理实验归纳为以下几个特点。

1. 应用的方法类似于某些简单的物理学和生理学实验方法。这是因为早期从事心理实验或为心理实验奠定了基础、对心理实验有所启发的多是物理学家或生理学家，研究的问题只限于某些简单心理现象的测量，如视敏度、正后像的延续时间、差别阈限的测定、反应时间的测量等。

2. 实验技术简单。对实验条件的控制以及对实验结果的数学处理都还欠缺。

3. 被试的自我观察与报告都比较粗略。如费希纳用极限法研究阈限问题时，要求被试回答听见或没听见某一声音、觉察或没觉察到两个刺激的强度差别。尽管这一时期的心理实验还显得非常稚嫩，但它与早期的哲学家们仅以思辨的方式研究人的心理问题有着质的区别。它将量的研究引入了心理学的领域，使人们对心理问题的研究逐渐向科学化过渡。

二、科学心理学的诞生促进了心理实验进一步的发展

19世纪60年代心理实验得到进一步发展。最初这种发展是与冯特的工作相联系的。1874年，冯特在苏黎世大学任教时，就建立了一个小型实验室。1875年，冯特到莱比锡大学任教，校方在食堂辟出一间小型演讲厅，让他放置一些演示设备和从事实验研究的仪器。在莱比锡大学任教的最初几年里，冯特开设了17门课程。为了准备新课，他几乎花掉全部时间来阅读研究文献，几乎无暇从事他所喜欢的实验研究。区分一个真正的实验室与演示厅或储藏室的唯一标志就是实验研究。直至1879年，冯特的学生M·弗里德里希在莱比锡大学的这间实验室，研究了人在从事简单和复杂的心理操作时的时间统觉问题，这才标志着莱比锡大学心理实验室的正式成立。在这个实验室中，冯特还培养了一批其他国家的实验心理学家，这对于后来实验心理学的传播起到了重要作用。伴随着冯特有关心理学问题的独特的思想方法和理论体系的提出，科学心理学诞生了。

这时冯特把心理学定义为："研究意识并探索控制心灵的独特规律。"他致力于促使心理学成为一门自然科学的工作，也相信心理学能够通过实验的方法而被带入自然科学的领域。对于冯特来说，心理实验就是系统的自我观察。心理学的研究对象是意识的内容，是一种通过自我观察而直接感觉到的纯粹的"直接经验"。在冯特看来，"意识的科学只能根据可以复制和系统变化的标准条件建立在客观的可重复的基础之上"。为了研究这种"直接经验"，他采用的核心实验方法是"科学的内省"。旧的哲学心理学家运用空想的内省来解释心理内容和活动，这种内省由于其不可靠性和主观性强而遭到一些科学家的反对。基于此，冯特区分了实验的自我观察和空想的、主观的内省。实验的自我观察是一种科学的内省。在这种内省形式里,被试被置于标准的、可以重复的情境之中,并被要求用简单的、确定的回答来作出反应。他还认为实验心理学的主要任务是在严格控制的自我观察的帮助下精确地分析个体经验。冯特提出,"经验"是由许多心理元素构成的,他希望通过内省把"经验"分解为简单的心理元素,如感觉和感情。也就是说,心理功能只有分解成简单的感觉成分才可以放到实验室中去研究。这就是为什么冯特的实验法又被称作"内省分析法"的原因。在冯特的心理实验中让被试作系统的自我观察,被试起着"观察者"的作用。内省实验法适用于探索控制物理世界的规律,即人类的躯体和心理基础的规律,所以他在研究中表现出对感觉方面问题的浓厚兴趣。可见,冯特的心理实验理论也决定了他的实验方法在心理学中的应用范围。对于思维等高级心理过程,冯特认为不能用实验的方法进行精确研究。针对这些高级心理过程的研究,他提出了"民族心理学的方法"这一特殊的非实验的方法。此外,经常被冯特提到的还有历史心理学方法。因而,冯特对由他的学生屈尔佩所领导的符茨堡学派以自我观察的实验方法研究思维过程是坚决反对的。

因素实验或函数关系实验是在冯特实验室之外进行的心理实验研究。这类实验的任务不再精确地分析意识过程,而是企图找出一定现象产生的原因,或是阐明两个变数之间的函数关系。与冯特同时代的艾宾浩斯所做的许多记忆实验就属于这一类。艾宾浩斯运用严格的实验方法研究记忆突破了以往的心理实验所局限的感觉、知觉等低级心理过程的范围,为研究"高级心理过程"的基本实验方法与材料奠定了基础。并且,艾宾浩斯的兴趣从主观行为转向客观行为,他不用记忆的主观经验,取而代之的是客观指标——回忆量。凡此种种表明,随着研究方法和技术的不断进步,本以为不能用科学分析方法研究的内容也能够进行客观的实验研究。

与此同时,在19世纪90年代兴起的"测验式实验"或"心理测验"、19世纪末出现的动物心理实验、儿童心理实验等新类型的心理实验,都有别于冯特式的心理实验。这个变化过程有以下几个特点:第一,制定和应用了实验研究的一般方法,注重对实验条件的严格控制;第二,制定和应用了实验研究的特殊方法,如记忆研究法和情绪研究法等;第三,广泛应用最新科学技术成就和统计学方法。新发展起来的这类心理实验的目的是力图得到精确、可靠和客观的实验结果。到了1912年,著名心理学家华生(J. B. Watson)提出,心理学要把研究的重点放在客观的、可观察的行为上。华生等人反对冯特把意识当作心理学研究对象、把内省当作心理学研究方法的做法,主张心理学研究的对象是行为,认为心理学要走生物科学的道路。作为行为主义的创始人,华生认为人与动物之间没有界限,人的行为只是构成行为主义者整个研究计划的一部分。他拒绝把自我观察作为心理学的一种完全的研究方法,因为自我观察至少不能用于研究婴儿和动物,婴儿和动物不具有报告自我观察的能力。行为主义者的实验研究有一显著特色,就是利用动物做了大量实验,并得出了许多至今仍具有充分说服力的心理活动规律。在中国,行为主义的代表人物是郭任远(1898—1970)。

由华生开创的行为主义在美国心理学中统治了大约四五十年,但是到了20世纪50年代后期,美国心理学中出现了一个新兴的理论方向和研究领域,并在70年代成为美国心理学的一个主要方向,这就是认知心理学。认知心理学反对局限于研究孤立的、外观的、可观察的反应,而是致力于了解人的认知活动过程,也就是信息加工过程。认知心理学把研究的重点转至内部心理过程。这时,行为主义的刺激——反应的概念被信息的输入——输出概念所取代。

图 1-1-1 用模型的方式表示了行为主义和认知主义的区别。美国心理学会主席麦克基奇(W. J. Mckeachie)在一篇报告中说,"心理学是什么"这一概念已发生改变,詹姆斯的经典教科书把心理学定义为"对意识状态的描述和解释",后来改为"心理学是研

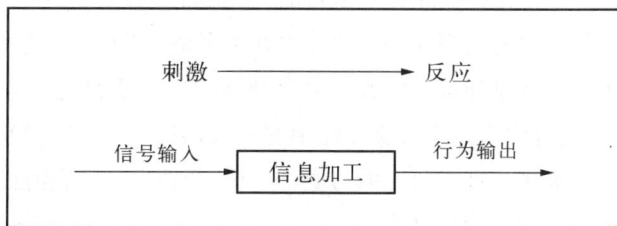

图 1-1-1 行为研究的两种基本模型

究行为的科学"。今天我们的定义又改变了,心理学又回到意识上来了。但是,更多的教科书和心理学家把心理学定义为"研究行为和心理过程的科学",即既包括外观的、可观察的动作,又包括内部心理活动。在研究方法上,行为主义强调严格的实验室方法,排斥一切主观经验的报告;认知心理学则既重视实验室实验,也重视主观经验的报告。目前,认知心理学已成为心理学中的一个重要潮流。可以这样说,科学心理学建立之后,心理实验方法的发展在前期主要受到行为主义的影响,后期主要受到认知心理学的影响。

以上心理实验发展的历史告诉我们:由于在心理学中采用了实验法,人们才找到了对心理现象进行客观研究的手段,即从对心理现象的一般哲学推论进入具体心理过程及其物质基础的分析研究,从而越来越深入地揭示了各种心理活动的规律,大大丰富了心理科学。从某种意义上说,正是随着实验心理学和心理物理法的诞生和发展,心理学才完全从哲学中分离出来,形成了一门独立的学科。

一百多年来,随着实验方法的建立和发展,特别是从 20 世纪 50 年代以来,现代科学和工程技术的最新成就已被广泛应用于心理学的研究之中。近年来,随着科学技术的日益发展,国际上的一些新技术、新概念和新方法被引入心理学领域,如控制论、信息论、微电子技术、分子生物学、物理分析等。它们使心理学的实验研究水平有了明显的提高。心理学家从信息加工角度去看待知觉、学习、记忆和思维等心理过程,并注意从邻近学科中吸取有益的成果,和许多邻近学科有了愈来愈多的共同语言,从而大大加快了心理学的发展。

虽然科学的心理学不能归结为实验心理学,实验方法也不是心理学研究的唯一方法,但是,任何当代的心理学教科书都以大量的篇幅证明:现代心理学中的大量事实大多来自先前的实验研究。心理学实验的产生和发展有力地说明,实验方法是揭示心理和行为规律性的重要途径和手段。例如,武德沃斯等所著的《实验心理学》一书中所列举的参考文献目录,1938年的第一版有 1770 项;1955 年的第二版有 2480 项,其中有 50% 是旧版中未曾引用过的;1971年的第三版的参考文献目录长达 100 页,不下于 4000 项,其中 80% 以上是旧版未曾引用过的。该书所引用的还主要是美国的文献,而且也未遍及各个领域和各个分支的实验研究。

可以这样说,一位心理学工作者可以对心理学的任何领域、任何分支产生兴趣,可以专门从事儿童心理、教育心理、医学心理或知觉心理、思维心理,甚至社会心理的研究。但是,如果他想成为一个真正严格的科学的心理学工作者,就必定要很好地掌握实验心理学的研究内容

和方法,了解应当如何科学地考察心理和行为的规律。

我们也应看到,实验研究和任何一种研究方法一样,有它一定的局限性。这是因为实验研究是在一定控制条件下进行的,实验结果有时会与现实生活中人们的心理活动不完全一样。这种现象的出现在科学研究中并不奇怪,更不是不能解决的。只要研究课题来自实践,研究结果又不断拿到社会实践中去检验,同时,在研究过程中不仅开展心理活动的单因素的实验研究,更注重多因素的交互作用的研究,那么,其研究结果最终是会和现实生活趋向一致的。

纵观心理学研究的历史,可以清楚地发现,实验法是心理学研究的主要方法,是使心理学成为一门科学的基石。

二 心理实验的几种类型

心理学实验是心理学家在严格控制的条件下,在特设的情境中引发某些心理现象并对其进行系统研究的过程。从上述心理学的发展历史中我们已经看到,实验方法一直是心理学家最重要的研究手段之一。根据研究目的的不同,可以区分出几种类型的心理实验。近年来,随着计算机和互联网技术的发展,出现了越来越多的网上心理实验,其自身特有的优越性可能会使其成为将来心理实验发展的一个趋势。此外,长期以来,心理学工作者们一直对研究的定量和定性问题争论颇多,故编者感到有必要在此重申实验中的定性和定量问题。以下一并作简单介绍。

一、探索性实验和验证性实验

按照对研究问题的了解程度,可以将实验分为探索性实验和验证性实验两种。探索性实验和验证性实验的区别仅在于,研究者对研究的问题了解多少,有关的知识背景如何。此外,实验的基本方法都是一样的。

如果研究者对其想要努力解决的问题缺乏足够的了解,他所做的实验就是探索性实验。在极少数情况下,研究者是在缺乏竞争理论的情况下做实验的,他们做实验的目的只是为了看看在特设的情境中会发生什么。就探索性实验而言,由于相关的知识背景不充分,实验者在实验前通常很难预测自变量对因变量有什么作用。学生常常做这种实验,因为这种实验不要求研究者有丰富的理论知识或资料,在个体的经验和观察基础上就可进行。但科学家不赞成使用这种实验,因为它们效率不高。在许多情况下,如果实验者操纵的自变量没有效果的话,他们就不能从实验中得到任何结果。不过,学生可以尝试这种实验,因为它们确实有趣,但在实施之前,最好到指导教师那里核对一下。教师需要告知他们以前是否有过类似的实验及其结果,并对实验可能出现的结果作出估计。这样可以使这种实验做得更有价值。

可以说,探索性实验主要用于考察是否有新的自变量影响既定的因变量,验证性实验则侧重于决定一个变量影响另一个变量的程度和具体方式,即确定自变量和因变量间的量变关系。事实上,在某项创造性研究的初始预备阶段,研究者们进行的往往是探索性实验。等到材料积累到一定程度,研究者就会提出假设,设想下一阶段的实验结果可能是什么样子。到了这个更高级的阶段,研究者就从探索性实验转到了验证性实验。前者为实验者提出具体、精确的假设奠定基础,适合理论的探索;后者则用于假设的检验。

二、决断性实验

理想的实验状况是,实验结果支持一种假设,而否定其他所有可能的假设。一般来说,研究者把经过精心设计并对其结果有明晰预测的实验称为决断性实验。这种实验的目的在于同时对所有的假设加以检验,即如果实验的假设有两个,则该实验结果必须证明其中一个假设,否定另一个假设。只是我们并不能达到这种理想状况。大多数实验是用来验证理论并提供行为解释数据的,所以也就不可能有真正意义上的"决断"。有时,即便我们能在有限数量的假设上作出决断,这种实验也常常不能很好地解决问题。因为在决断实验中,被拒绝的理论的支持者们常常对决断实验所提供的解释十分关注,并对不利于他们理论的解释产生质疑。例如对于有关遗忘的问题,传统上一直有两种解释:痕迹消退说和记忆干扰理论。按照痕迹消退说,时间越长记忆效果越差,因为记忆痕迹随时间的流逝而消退。记忆干扰理论则认为遗忘是由于记忆项目彼此干扰引发的混淆所致的。前者好比在空气中喷清新剂,时间越长,气味挥发得越多,空气中残留的香味也就越淡;后者如同乡间的一条小路,第一个走上去的人留下了清晰的脚印,但走的人多了,脚印也就纵横交错,难以相认。沃和诺曼(N. C. Waugh & Noman)曾采用一个简单的决断性实验来考察这两个争论不休的理论解释。实验中他们变化记忆项目呈现的时间间隔,但保持项目数恒定。如果随时间流逝,记忆效果越来越差,那么该实验支持痕迹消退说;如果时间间隔的变化不会影响记忆项目的保持,那么就否定痕迹消退说。实验结果最终支持后一种假设,这似乎拒绝了痕迹消退说,而有利于记忆干扰理论。这个实验可以加以改进:在呈现的时间间隔中要求被试做额外的事情,如口算,从而阻止有意的复述。因此,持痕迹消退说的人认为,在实验中,被试会努力记住所呈现的记忆项目,呈现的时间间隔给他们提供了复述的机会。也就是说,被试可以自言自语或默默地重复项目内容,以至于阻止了遗忘的发生。但这个例子告诉我们,即使实验者设计了精巧的决断性实验,在很多情况下也还是难以达到"决断"的目的。

不管决断性实验是否能达到其最初目的,它也是实验科学所要努力达到的目标,仍然是实验研究的重要概念。正是各派理论支持者们相互之间不断的质疑,促进了实验理论和技术的发展。

三、预备实验

预备实验是实验者在正式实验开始之前进行的小规模实验。它的目的是先用少量的被试确定应赋予研究的变量什么值,了解实验的安排是否合理,执行时是否会发生什么意外情况,以便实验者做好充分的准备,尽可能地完善实验设计,保证正式实验的顺利进行。预备实验的结果不能计作正式实验,例如实验者想通过对图片或词语的再认来研究被试的内隐刻板观念。如果要求再认的项目在学习阶段的呈现时间过长,可能会给被试充分的机会进行复述,甚至运用一些记忆策略,如编故事或联想等,那么实验结果所反映的就是被试的外显记忆能力。通过一次或多次预备实验,实验者可以发现一个小小的时间间隔就影响了整个实验的效度,从而对最佳的呈现时间长度作出定夺。可见在实验中,类似这种事关重大、需要慎重考虑的细节很多。如果实验者缺乏经验,在正式实验前又没有通过预备实验来了解情况的话,可能最终会导致整个实验的失败。所以,预备实验可以看作正式实验的前奏,它可以帮助研究者发现实验过程中可能出现的难以预知的问题，并对实验程序的有效性作出评价。

由于缺乏经验和足够的相关知识背景，预备实验对学生而言显得尤为重要。但学生往往同时也缺乏科研经费，不能在预备实验中支出太多，所以选择有代表性的个别被试进行预备实验并对其进行深刻访谈，可能是学生在正式实验前的最佳方案。

四、现场研究

现场研究可能是真正的实验，也可能以非实验的方式出现，如现场观察、测量、调查。它运用科学方法解决实际的人类社会或生产发展的问题，是一种在现实生活情境下进行的研究，通常耗时较长。现场观察和测量能在不改变或很少改变操作者正常工作行为的情况下获得结果。现场实验则允许实验者在有限程度上控制某些条件和变量来观察操作者的行为变化。它可以在真实的社会情境中而非实验室里发现变量间的关系。现场研究的主要优点是研究条件真实，对所研究的问题能获得第一手资料；弹性较大；在观察时，可以随时纠正遇到的问题。最早的现场研究常用于研究教育问题。因为以往的教育研究和教育实践存在着明显的相互脱节。其不足在于：对研究条件和变量的控制不如实验室条件下的精确，致使结果不易重复，推广的普遍性相对较差，而且现场实验得出的误差也比实验室研究相对高很多。

自从 S·M·科里 1953 年第一次提出现场研究的必要性后，许多心理学家、教育学家以及教师和学校的管理者们都在想方设法用科学程序来解释有关的教育问题，并在真实的教育情境中尽可能地发现科学的教育规律。由于现场研究需要教育研究者和实践者合作完成，所以研究前对实践者的理论培训相当重要。虽然几十年的学校现场研究尚未完全填补教育研究与实践之间的鸿沟，但教育实践者对研究方法和调查结果有了更多的了解，众多的教育工作者们仍在继续探寻研究与实践之间的结合点。例如，我国学者皮连生等人将"知识分类与目标导向教学理论"同学科相结合，在全国各地的中小学进行了大量的现场研究，历时十几年。另外，商业和工业组织中也存在着研究与实践脱节的矛盾，所以现场研究也较多地运用于这两个领域，以使研究结果更具生态效度。

五、定性的和定量的实验

心理实验是通过操纵和调控变量来实施的，"变量"可以说是实验的基础。但事实上，一些重要的变量往往是定性的而不是定量的。可见人们之前的一些认识是一种错觉：任何一种有价值的实验研究必须是定量的。当然，定量的变量很多，刺激出现的频率、旋转的角度等都属于定量的变量。在内隐记忆的研究中许多自变量都是定性的：学习材料可以是图形也可以是词汇；可以要求被试在不同的加工水平上对材料进行编码；可以采用不同性质的感觉通道呈现刺激。不仅是自变量，许多因变量也是定性的，如被试对一种颜色喜欢与否。诸如此类的定性变量还有很多。还有一些变量是既可定性又可定量的，如被试可以报告他是否喜欢一种气味而讨厌另一种气味；也可以报告对某种气味的喜欢或讨厌程度，并用量表的方式进行计分。

实验工作者一般的研究取向是偏重于定量的工作，所以他们常常选择可以使他们进行量化研究的课题。但是，要解释心理现象的本质时，如果不能提出可以进行确切测量的假设，定性的考察也是必要的。但对于心理学这样一门年轻的学科，这种量化取向可能会给研究工作设置许多障碍,掩盖许多基本的科学问题。就好像化学,如果它不先对各种元素和化合物发生兴趣,又怎能发展到定量呢?

六、互联网上的实验

如今,随着计算机和互联网日益深入人们的生活,它们已成为人们生活和工作学习中不可缺少的朋友,心理实验也被搬到了互联网上。起初,心理实验是在实验室进行的。后来,科里提出了现场研究,提倡把实验放到实际的社会生活情境中去,以调和研究与实践之间的矛盾。1998年,美国另一个心理学行会组织——美国心理协会(American Psychological Society)在网上罗列的心理学研究中有35项是互联网实验(URL http://psych.hanover.edu/exponnet.html)。到了1999年,这个数字就增长到了65项,也就是说,一年几乎翻了一倍。美国心理协会报告的数据并未包含所有的网上实验,但这些数字已足以说明网络实验的增长趋势。在这65项网上心理实验中,24项是有关社会心理学的,13项是有关认知心理学的,8项是有关感知觉的,5项涉及心理健康,4项涉及发展心理学,3项涉及临床心理学,3项涉及人格和工业组织心理学,2项涉及生理心理学,2项涉及情绪,还有1项涉及普通心理学实验。

网络实验确实给心理学研究开辟了一条崭新道路,指出了一个新的发展方向,是符合时代进步的产物。通过互联网进行心理实验的最大好处在于,实验者能够在很短的时间内收集到大量高质量的样本;其次,网上心理实验便于实验者开展跨地区、跨文化的研究;第三,由于旁观者能够通过网络清楚地了解研究者的实验设计及被试的经历和反应,所以通过网络进行的实验不仅便于其他研究者重复,而且还能够接受公众的监督。随着计算机技术、网络技术和实验方法的不断完善,网络实验会发挥其更大的优越性。当然,网络实验也引发了一些问题,如怎样确保通过网络参与实验的被试是可信的?怎样设计实验以适应不同地区的文化差异以及个体差异?网络实验的结果和实验室实验的结果如何比较等等。这些问题都说明,网络实验是一个新兴事物,许多地方还有待改进和提高,尤其是网络这一载体本身的特点所带来的方法论问题。

三 仪器在心理实验中的作用

一、心理实验仪器的诞生和发展

心理学是一门实验科学,实验常常离不开仪器。心理实验早期的研究就有使用仪器的记载。例如,惠斯通(Wheastone,1938)曾发明一种立体镜并将其应用于心理物理实验。系统地使用心理实验仪器的标志是1879年莱比锡大学心理实验室的建立。从那时到现在的一百余年中,心理实验仪器的发展突飞猛进,并表现出明显的阶段性。心理实验仪器的发展一方面受到心理学科本身的制约和影响,如行为主义和认知主义都给心理实验仪器打上了烙印;另一方面心理实验仪器的发展亦受到时代科学技术水平的制约和影响,也就是说,机械时代、电子时代和计算机时代都对心理实验仪器产生了影响。

在心理学科自身水平和时代科技水平的双重作用下,心理实验仪器的发展大致经历了三个时期。

（一）第一时期　从19世纪70年代到20世纪初是心理实验仪器发展的第一时期。在这段时期，心理学家冯特和詹姆士·皮尔斯等，先后创建了小型心理实验室。由于心理实验室建设对心理实验仪器的需要，1886年美国芝加哥成立了世界上第一个生产心理实验仪器的专业公司。由于此时的心理研究中心在德国，最新水平的仪器是由德国所生产，例如，以利普曼（Lipmann，1908）命名的记忆仪具有比较完善的传动装置，刺激信号的呈现窗口由定时的齿轮控制，达到了当时较精密的程度。

（二）第二时期　自20世纪20年代开始至六七十年代，是心理实验仪器发展的第二个时期。这个时期的特点是行为主义占统治地位，行为主义在美国兴盛了四五十年之久，与行为主义的发展相适应，心理实验仪器亦得到迅速发展。这时期，美国仪器公司生产的心理实验仪器远销到许多国家和地区。例如，斯托尔汀仪器公司生产的计时装置就被写入了许多实验心理学和普通心理学的教科书中，该公司生产的斯金纳箱也被用于众多的动物心理实验室。

（三）第三时期　自20世纪六七十年代开始至今是心理实验仪器发展的第三个时期。认知心理学的发展给美国心理学带来了重大变化，这主要是较多地强调对意识过程的研究。和这个时期的特点相适应，一方面仪器的数量和质量逐年提高；另一方面心理研究中所用的实验材料也不断增多。美国拉斐特仪器公司不仅生产心理实验仪器，而且供应多种实验和测量材料。这些仪器和材料销售到了世界许多国家和地区。

二、仪器对心理实验的作用

心理学研究经常要做实验，仪器就显得特别重要。仪器对心理学研究之所以重要，概括地说，主要原因有：（1）仪器能使我们在已知的、控制的条件下获得标准化的数据和资料；（2）仪器能使信息永久记录下来，以供进一步的分析；（3）仪器能使我们测量到我们的感觉器官所不能直接观察到的事件，从而极大地扩展了我们的观察范围。

为了说明仪器在心理实验研究中的作用，杨治良（1984）曾对美国的四种杂志（《实验心理学杂志》、《美国心理学杂志》、《心理学杂志》和《普通心理学杂志》）上发表的文章进行了统计分析。他将1960年以来在这四种杂志上发表的论文分为三类：一类为使用仪器的研究，即研究论文中明确提到使用某种仪器；另一类为使用材料的研究，即研究论文中没有明确提到使用仪器，但明确提到使用某种材料；第三类是仪器和材料均未使用的论文。最后，得出图1-1-2和图1-1-3的结果。

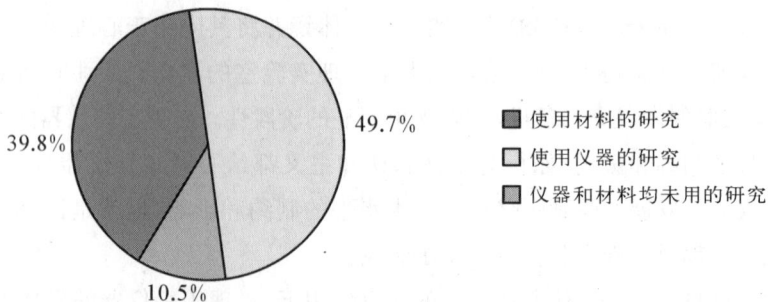

49.7%

39.8%

10.5%

■ 使用材料的研究
□ 使用仪器的研究
▨ 仪器和材料均未用的研究

图1-1-2　三种研究类型各占论文总数的百分比（采自杨治良，1984）

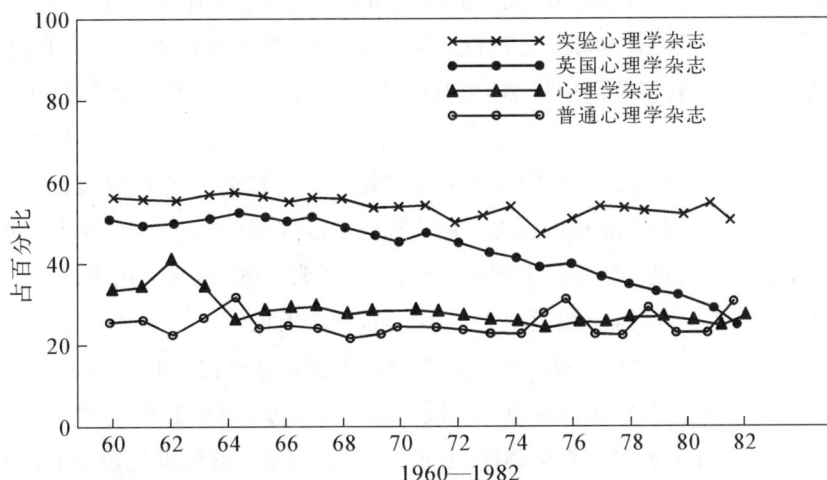

图 1-1-3　使用仪器的研究所占比重的逐年比较
(采自杨治良,1984)

从这两个图上我们可看到下列一些情况：

1. 使用仪器的总的情况是：四种美国心理学杂志,自 1960 年以来共发表的研究论文 9997 篇,其中明确提到使用仪器的有 4966 篇,占总数的 49.7%。

2. 从图 1-1-3 中的曲线似乎可见,使用仪器的研究有减少的趋向。

3. 从图中似乎还可看到,使用材料的研究有增长的趋向。

再从我国最近几年的心理学研究情况来看,实验仪器在其中也占有相当的比例。以 1980—1984 这五年发表在《心理学报》上的文章为例,在总计 335 篇文章中,实验研究占总数的 51%,其中不同程度地使用了实验仪器的研究又占实验研究总数的 59.6%,使用实验材料的研究占实验研究总数的 40.4%。

由此,我们可以概括为两点：(1)仪器在心理学研究中起着巨大作用,国内和国外近乎半数的普通心理学和实验心理学研究使用仪器;(2)使用材料的研究有增长的趋向,这可能和认知心理学的发展有关,也可能和问卷、测量技术的广泛应用有关。

三、目前心理实验仪器发展的趋向

从对美国心理实验仪器使用情况的研究(杨治良,1984,1998)观之,今日心理实验仪器的发展有下列一些新的趋向。

(一)不断向标准化努力　标准化(standardization)是实验仪器的核心所在。举一个例子来说,斯莫尔(Small,1900)20 世纪首次设计出迷津。随后,不同大小和式样的迷津层出不穷。大家知道,迷津的大小和式样对于老鼠的学习都会有影响。斯金纳箱(Skinner box)的情况也很类似。今天,拉斐特仪器公司生产的几种斯金纳箱,就是根据标准原则设计的。通过使用同类的标准化仪器,不同研究者所得的研究结果就可以相互比较。

(二)系列化　随着心理学实验的多样化,仪器公司在设计仪器时,尽力做到规格大小统一和一机多用,并把许多仪器统一成一个整体或单元,使用起来十分方便。同一个单元的仪器,既能单独使用,又能组合成多种形式。如同用积木块组成多种图案一样。

（三）应用于教学　美国几家较大的心理学仪器公司,除了生产精密的研究仪器之外,还生产相当数量的基础实验仪器以用于学生实验和教学演示,展示了仪器的广泛用途和在教学上的功能。

（四）心理测验材料的增多　不少仪器公司开始成批生产各种心理测验材料。材料有别于仪器,但是材料也有一个标准化的问题,美国斯托尔汀仪器公司生产的各类心理测验材料多达数百种,涉及从感觉到个性等各个领域,有适用于正常人的,也有适用于异常人的,有适用于儿童的,也有适用于成人的,应用范围之广,都是前所未有的。

（五）心理学实验计算机化和软件化　随着微电子和计算机技术的发展,心理学实验仪器已从过去简单的机械型向高技术及规范化发展迈进了一大步,也使心理学研究方法发生了重大变化。它对实验设计中的实验材料制作、变量控制、实验过程的标准化以及数据处理和信息存储都起到了非常重要的积极的作用。在 20 世纪 80 年代前,心理学实验教学和实验研究的手段主要是借助一些专门的实验仪器。这些仪器大多是由机械或简单电子线路构成,在当时的心理实验教学和研究中确实起到了非常重要的作用。然而近 20 年来由于计算机技术的飞速发展,很多心理学实验已完全可以用计算机技术取代,如认知心理学领域的感知觉、记忆、注意、语言认知和思维方面的实验研究基本上可以用计算机来完成。从近些年来实验教学的趋势来看,基本上是以计算机化的实验教学软件和实验平台为主要教学手段,仪器实验教学作为必要的补充。在实验研究方面,如听觉、空间知觉、生理心理、认知神经科学方面则基本上是用专门的精密仪器如眼动仪、虚拟现实系统、多导生物反馈仪、痛觉仪、语图仪、ERP、fMRI 和脑磁图等与计算机联机使用完成实验研究的。总之,计算机技术已成为心理学实验研究的必需技术手段。因此,作为心理学专业的学生,在掌握基本的心理学实验方法后,应该学会用计算机编一些简单的实验程序。这对今后从事心理学的研究,特别是使用大型精密仪器进行心理学研究很有益处。

第二章　心理实验中的变量

一　实验者的目的和任务

如果一个实验者能控制事件发生的条件,那么相对于只留心考察事件进程而不加以任何控制的观察者来说,他就会处于更有利的位置。因此,与其他的研究方法相比,实验的最大优点在于能更好地控制变量。

你是否有过这样的经验:与朋友聊天时说到某个熟悉的人名或地名时,却突然"卡壳"了,尽管过一会或换个情境你可能说得出来,但当时你无论如何都说不出来。这就是我们所说的"舌尖效应"。观察者和实验者可能都对这一现象感兴趣。但一位纯粹的观察者所能做的就是花相当长的时间和精力搜寻可能发生的"舌尖效应"的个案,通过观察试图总结出规律性的东西。而对于特殊的观察者——实验者——来说,他可以在自己愿意的任何时候、任何地点设置实验条件,制造出可以发生"舌尖效应"的情境,为精确的观察做好充分的准备;为了验证,他可以在同样的条件下重复先前的观察;他可以把所设置的条件详细地描述出来,以便其他实验者重复和检验;他还可以根据自己对"舌尖效应"的有关假设,系统地变更条件来观察结果的差异,并分析对差异起解释作用的因素是什么,从而验证自己的假设。下面就是实验心理学家们研究和解释日常生活中经常出现的"舌尖效应"现象的工作缩影。

许多对人类记忆感兴趣的实验心理学家们做了不少有关"舌尖效应"的研究。

研究者们认为,"舌尖效应"通常发生在个体不完全知道问题的答案,但又觉得自己能够再认正确答案的时候。例如,布朗和麦克尼尔(Brown & McNeill)发现,当人们说自己处于"舌尖"状态中时,他们正确再认答案的第一个字母的比率却高达 57%,即 100 次处于这种状态中,57 次能正确再认答案的第一个字母。虽然最后可能还是没能得出完整的正确答案。

心理学家们最感兴趣的舌尖问题是:什么样的信息更利于使处在这种状态中的人得出正确的答案?回答这个问题,有助于人们更好地了解人类如何在记忆中对信息进行编码和存储。布伦南(Brennen)及其同事(1990)曾做过一个实验来考证他们的假设:视觉图像能促进"舌尖"状态中的回忆。第一个实验非常简单。他们以 15 名大学本科生为被试,向他们呈现 50 个有关电视明星的问题,然后记录被试什么时候报告自己处于"舌尖"状态。结果每个被试平均有 10.5 次碰到这种情况,也就是说,平均大约有 20% 的问题能导致"舌尖效应"。一旦被试发生"舌尖效应",实验者或者是重复问题,或者是呈现一张相应的影视角色的头像。实验结果见

图1-2-1。

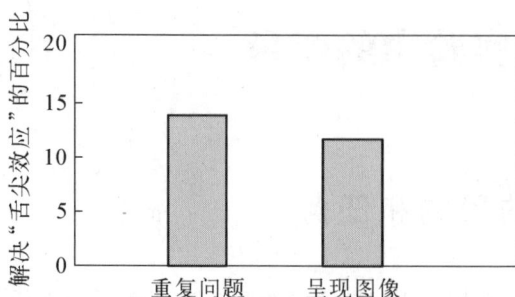

图1-2-1 两种实验条件下被试解决"舌尖效应"的百分比(%)

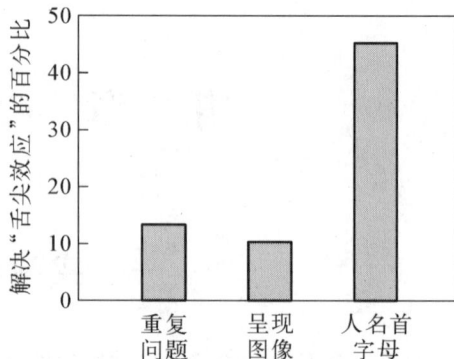

图1-2-2 增加一种实验条件后得到的对比结果(%)

很明显,呈现图像并不能帮助解决"舌尖效应",它的作用和仅仅重复问题差不多。

对实验心理学家来说,单个实验本身并不能说明太多问题。布伦南及其同事又做了第二个实验,不仅为了得到更深入的研究结果,而且为了确保能重复第一个实验结果。这一次,他们将被试人数增加到30,并且增加了呈现有关人名的首字母这样一个新的实验条件。如此一来,当被试报告自己处于"舌尖"状态时,实验者可能会重复问题,也可能会呈现有关图像,还可能会提供正确人名的第一个字母。这次实验的结果见图1-2-2。

结果显示:首先,重复问题和呈现图像的作用是相等的。这意味着第一个实验的结果得到了重复。其次,相对于重复问题和呈现图像,提供人名的首字母明显更有利于解决"舌尖效应"问题。这个实验的结果证明:在记忆中按照名字拼写的方式存储信息,能够促进"舌尖"状态下的记忆提取,但如果你习惯于通过视觉表象对信息进行编码。那么你可能很难避免这种令人着急的"卡壳"状况。

上面这个例子告诉我们,在第一个实验中,我们难以区分在"重复问题"和"呈现图像"中,哪个是促进记忆提取的原因;在第二个实验中,呈现人名的首字母确实导致了记忆的提高。可见,实验者可以从问题入手,通过设置和变更实验条件来解释行为。实验者的最终目的是解释人类行为和心理,那么通过实验可以达到这一目的吗?

19世纪,哲学家约翰·斯图尔特·米尔(John Stuart Mill)认为,如果结果X紧随事件A之后发生、A与X共同变化,并且可以证实事件A产生结果X,那么我们可以作出推论:A与X是因果关系。也就是说,如果发生了A,那么X也会发生;如果没有A,也就不会有X。这就是米尔提出的达到解释效应的必要条件,他列出的这些条件很好地界定了实验。让我们来看看上述"舌尖效应"的实验是否符合这样的推理关系。其中,解决"舌尖效应"是结果X,提供人名的首字母是事件A。从图1-2-2中,我们可以看到,事件A导致了结果X。而且,如果没有A(例如,重复问题或提供图像,但没有提供人名首字母),结果X也不明显。

然而,现实并非总是如此简单。我们知道,在实验中,事件A并非总是产生结果X;没有A的时候也并非总是没有X。图1-2-2表明,呈现人名首字母并非百分之百地解决"舌尖效应",而仅仅重复问题也能解决一小部分问题,远远超出了推论中的 0 比率。事实上,实验者感兴趣的是:事件 A 是否比事件 B 或 C 更能导致结果 X。因此,大多数实验都不求通过单个事件来说明因果关系。

所以,更确切地描述实验中的因果关系,应该是:事件 A(呈现人名首字母)比事件 B(重复问题)或事件 C(呈现图像)等更能产生结果 X(解决"舌尖效应")。这里需要注意几个问题。

首先,实验应该有个基线条件来衡量无关事件,处于基线条件以下的事件不具备因果影响。那些导致行为的事件必须比无关基线事件有更强的效应。否则,我们可能得出不正确的结论,即认为事件 A 导致大量 X,而事件 B 则小部分地产生结果 X。例如,实验者假设提供图像(事件 C)与解决"舌尖效应"存在因果关系,但如果他们忽视基线事件 B,则他们可能会错误地认为,提供图像确实能够促进"舌尖"状态的记忆提取,因为它产生这一结果的比率大于 0。然而,通过图 1-2-1,我们知道,事件 C 和事件 B 的作用是一样的。在上述"舌尖效应"的实验中,重复问题就是个无关的基线事件。我们对它可能产生的作用不感兴趣,但它提供了一个尺度让实验者衡量其他事件是否有更大的效应,从而表明因果关系。因此,我们得出结论,事件 C 和结果 X 之间不存在任何因果关系。事实上,正是第一个实验的结果促使实验者做了另一个实验(图 1-2-2),从而获得了因果关系的说明。

其次,若实验未能证实事件间的因果关系,可能反映了实验设计的不足。一般来说,未能揭示任何因果关系的实验很难得到发表。这在某些情况下是事实,但我们知道,实验的最终目的是解释人类的行为和心理。对实验来说,探寻因果关系更为重要。可是,有的实验者认为,实验没有得到预期的因果关系,至少它在理论上推翻了原先的假设,对理论的确立并非毫无意义。而且,如果通过变更实验条件,完善实验设计,实验者发现了至少一个因果关系,那么这在一定程度上也就足够了,因为同一个实验中的其他事件不能说明因果关系这一结论可能是正确的,即它并非是由实验本身的缺陷所导致的。

总之,实验者为了能够解释人类行为和心理,就必须对产生现象的情境或影响现象的条件加以操纵、变化和控制,并予以观察,人为地使现象发生。至于如何创造实验情境、如何控制实验条件、如何得到有解释力的结果,这就涉及实验的变量问题。

二　基　本　变　量

变量是指在性质上、数量上可以变化、操纵和测量的特性。在心理学的实验情境中,实验者必须考虑三类基本变量:处于实验者操纵之下的自变量、保持稳定的无关变量(额外变量)以及通过观察得到的因变量。早在武德沃斯时代,心理学家们就已经把实验看作一种系统的研究。通过实验,研究者直接改变某些因素,控制其他因素保持稳定,并观察系统变更的结果。

一、自变量

前面我们已经说过,做实验是为了探讨事件与结果之间的因果关系,所以任何一个实验都可以说是考察事物 A 对结果 X 的影响效应的研究。这里 A 就是自变量,它是实验者感兴趣的因素。之所以说实验者是"操纵"自变量,是因为自变量完全控制在实验者手中,实验者通过自变量来创设被试将要面对实验情境,从而引起不同的反应。当然,有的自变量是不能被操纵和改变的,比如被试变量,我们在后面将专门讨论这种特殊的自变量。但在这里,我们只讨论完全由实验者来控制的自变量。

任何一个实验至少涉及两种条件或情境的比较,因此自变量至少有两个水平。有时候,它是某一维度上量的变化,如灯的亮度、音调的强度、喂老鼠的食物丸的数目。有时候,它是性质上的变化。自变量可以多于两个水平,多于两种性质。例如,在上述有关"舌尖效应"的第一个实验中,它提供了基准,使自变量"呈现图像"的效应得到比较和衡量。也就是说,在第一个实验中,只有一个变量,它的两个水平是"有"和"无","重复问题"相当于"不呈现图像"。第二个实验中就有两个自变量:呈现人名首字母和呈现图像。要注意的是,重复问题只是个无关条件。所以,有的时候,它是不同性质的几个自变量在各自的几个水平上的变化。事实上,在实验中,两个以上水平的自变量或多自变量常常明显优越于两个水平的自变量或单自变量,这在后面将有所说明。

自变量所涉及的范围取决于实验者的思考。但在大多数情况下,实验者操纵的自变量主要有情境变量、任务变量和指导语变量三类。这几种类型的自变量可以同时出现在一个实验里。

(一)情境变量　指被试可能面临的具有不同特征的环境。例如,在一个有关助人为乐行为的研究中,实验者感兴趣的是旁观者的人数对助人为乐行为发生的影响。实验者可能创设一个有人需要帮助的情境。被试可以被安排单独与需要帮助的人相处,也可以是与数目不等的旁观者共同面对需要帮助的人。在这个例子中,情境自变量是,除了被试以外,现场有可能提供帮助的旁观者数量。这个自变量的水平可以变化,比如或者没有旁观者,或者有 3 个或 6 个或更多的旁观者。

(二)任务变量　指被试将要执行的任务类型。操纵任务变量的一种途径就是,让不同组的被试解决不同的问题。例如,有关推理的心理学实验中,常常让被试解决不同的逻辑问题,以观测他们常常犯哪种错误。这些难题可以在复杂度上不同,也可以通过不同的感觉通道呈现,还可以是任务所要求的逻辑能力不同。

(三)指导语变量　指导语是心理实验中必不可少的。实验者通过指导语,要求被试以设定的方式执行某一任务,以操纵变量的不同水平。指导语对实验结果的影响是不可忽视的。指导语不同,实验结果可能会不同。例如:在有关内隐记忆的实验中,指导语对内隐与外显记忆的分离就起着关键作用。因此,实验者制定指导语时要仔细斟酌,语言要简明扼要,措词清楚,以使被试对自己应该做什么以及如何做了如指掌。

在心理学研究中,实验者有时不能如愿地获得自变量与因变量之间的因果关系,也就是说,实验者选择的自变量不能引起被试行为上的变化。我们已经说过,这种无效的结果可能是因为实验设计存在某些不足,表现在自变量上,具体可能有以下几种情况。

第一,实验者认为自己选择的自变量很重要,实际上却并不重要,它不能引起被试行为上的变化,更不能解释行为。这表明实验者的理论假设是错误的。这方面的例子并不罕见。比如前面有关"舌尖效应"的第一个实验,再比如那些没有带来学生学习成绩提高的许多教学方法的改革。

第二,实验者没有真正地操纵自变量使之发挥其原有的效力。比如,在许多动物实验中实验者一般都要让它们空腹,有时甚至要饿上 24 小时。只有这样,实验者给予动物的食物奖赏才能发挥作用。再比如在信号检测论的实验中,暗示强度不够,常常看不到被试行为上的明显变化。一旦把暗示量加大,即加重惩罚或加大奖赏的分量,就会发现行为上的差别了。这说明之前对自变量的操纵不到位,以至于不能显示自变量的效果。因此,实验者一定要选择足够强且有足够影响力的自变量。

第三,自变量在实验过程中被"偷换"了。因为自变量并不总是实验者所规定或认为的那个自变量,实验中一些意外的因素可能会"擅自"充当起自变量,混淆原定自变量的效应。这在实验中必须随时给予注意。霍桑效应就是一个典型的例子。1924 年,美国芝加哥西部电力公司接受了一个关于工厂照明条件与劳动效率关系的研究。实验分两个组(实验组和控制组)进行。结果发现,不管实验组的照明增加或减少,生产效率都在提高;而照明条件没有变化的控制组的生产效率也有所提高。后来,经过几年的实验研究才发现,由于控制组和实验组都知道他们在做实验,并认为这是厂主关心工人的表现,因而提高了生产效率。所以,导致生产率这个因变量提高的自变量,不是实验之初所设定的"照明条件",而是"厂主是否关心工人"这样一种认识。原先的实验组和控制组实际上都成了实验组,予以对照的是他们以往的生产效率。

二、无关变量

心理实验的第二项任务是尽量控制无关变量(又称额外变量)。无关变量是潜在的自变量,是实验者不感兴趣的一些因素。如果它们保持恒定,可能对研究无甚大碍;但如果它们没有得到适当的控制,就可能以某种系统的方式影响行为的结果,从而引起混淆。也就是说,无关变量可能与自变量一同发生变化,成为解释结果的另一个因素。因此,如果某个实验发生了混淆,结果就有可能是无关变量引起的,也可能是自变量的效应,还可能是两者共同导致的,实验者将无法确定哪个才是真正解释结果的因素。正是因为无关变量与自变量是同时变化的,所以无关变量的效应难以同自变量的效应区分开来。所以,在实验中,实验者应该控制无关变量,使之保持恒定。

为了说明无关变量可能造成的混淆现象,我们一同来看一个有关学习的实验。实验者的假设是:试图一次性集中学习大量材料的学生学习成绩不如分块学习的学生。将被试分成三组,实验者向每组被试提供相同的学习材料——《普通心理学》五个章节的内容。但第一组被试只有周一的三个小时可供学习,第二组有周一和周二各三个小时的时间,第三组则在周一、周二、周三都可以学习三小时。然后,所有学生都在周五接受测验(实验设计见表 1 - 2 - 1)。结果表明,第三组成绩最好,其次是第二组,而第一组的成绩最差。实验者因此认为,实验证实了他的假设,分配学习比集中学习效果好。而事实上,这个实验至少有两处严重混淆。第一,虽然被试确实在对学习时间的分配上有所不同。分别是一天、两天和三天,但他们的总的学习时间量是不同的,分别是 3 个小时、6 个小时和 9 个小时。学习时间的分配和学习时间总量同时都发生了变化。所以,实验者很难说结果的差异是由学习时间的分配不同造成的,还是由总的学习时间量不同所导致的。第二,被试对学习材料的保持时间间隔不同。所有的被试都在周五接受检测,但每组被试从学习到测验之间的时间间隔并不相同。第三组成绩最好,这有可能是因为他们学习材料的时间与测验时间相隔最短,遗忘得较少。因此,在这个实验中,被试假定的自变量"学习时间的分配"受到了"学习时间总量"和"保持时间间隔"的混淆。

表 1-2-1　存在混淆的有关学习时间分配的实验设计

	周一	周二	周三	周四	周五
第一组	3 小时	—	—	—	测验
第二组	3 小时	3 小时	—	—	测验
第三组	3 小时	3 小时	3 小时	—	测验

　　这个例子中的混淆错误是很明显的,但在大多数情况下,可能发生的混淆是相当隐蔽的。对任何一个实验来说,理想中需要控制的变量是相当多的。所以,实验者要有科学严谨的思维,要提防潜在的混淆因素,并学会运用适当的方式控制它们,要做到这一点并非易事。实际中能够控制的变量往往无法满足理想的需要。例如,在上述这个有关学习的简单的实验中,就有许多变量应该控制。每个人在一天中不同时段的学习效率可能不同,需要控制。温度也很重要,如果太热,容易打瞌睡,降低学习热情和效率,需要控制。还有,每个人的智力情况会直接影响学习结果,这也需要控制。还有其他许多会影响实验结果的因素。实验者总是想尽可能地控制那些有显著影响的变量,并希望未控制的因素对自变量的混淆尽可能小。并且自变量产生的效应越小,严格控制无关变量就越重要。下面介绍一些影响实验结果的因素,在实验中必须加以控制。

　　(一)实验者效应　　实验者做实验是为了验证自己提出的有关因果关系的假设。在实验中,他的动作、表情和语言等可能有意无意地对被试有所暗示,从而导致实验结果有利于证实他的假设。这种效应就是实验者效应,最初是心理学家在一匹马的表演中发现的。20 世纪初,流传着这样一件事:一个驯兽员训练了一匹聪明的马,这匹马叫"汉斯",它能通过敲击前蹄来回答算术题。这引起了心理学家的兴趣。经过研究发现,每当汉斯完成正确回答所要求的敲击数时,主人就会在无意中轻微地点一下头或放松面部紧张的肌肉。这匹马能够解答算术题并不是因为它具备思维能力,而是他对主人及观众的动作和表情非常敏感。这表明马的行为是由它的训练者或观众未意识到的微妙的交流方式控制的。但当时这个发现并没有引起心理学界的足够重视。直到罗森塔尔在用人类被试及动物被试完成一系列有关实验者效应的实验研究后,才使人们认识到这一效应在心理实验中普遍存在。实验者效应与科学实验是格格不入的,克服实验者效应的一个重要方法就是采用双盲实验。

　　(二)安慰剂效应　　安慰剂效应是指患者在接受一种药物的治疗后,尽管这种药不能医治患者的病,但患者的病情还是有所好转。这个效应最初是在医学研究中发现的。后来,心理学家们专门做了研究,分别通过静脉注射、肌肉注射和口服三种方式将葡萄糖稀释液注入病体内。结果表明,静脉注射的疗效明显大于肌肉注射的疗效,而肌肉注射的疗效又大于口服的疗效。这实际上是病人的心理因素所导致的效应。安慰剂效应在医疗实践和心理治疗实践中应该是有利的,但在医学研究和心理学研究中却是应该控制的。控制安慰剂效应的一个较好的方法是设置控制组。

（三）顺序效应　顺序效应在心理学实验中非常常见,是指后发生的行为往往受到先前发生的行为经验的影响。由于实验的先后顺序不同,实验结果往往会受到污染。例如,在学习实验中,先学习甲材料,然后测试;再学习乙材料,再测试。结果通常是即使甲、乙材料的难度相等,甲材料的学习成绩也比乙材料的好。这是因为,先学的甲材料对乙材料的学习产生了干扰作用。当然,后发生的行为也可能对先前行为有干扰或促进作用。总之,对于顺序效应,如果只有两种顺序,可以通过每种顺序各分配一半被试来控制。但如果顺序不止两个,就需要更为精密和复杂的设计。

在心理学实验中,还有很多无关变量引起的效应,如系列效应、练习效应、疲劳效应、期望效应和习惯效应等。控制无关变量的方法也有很多,其中保持变量不变是控制无关因素的最主要方法。另外,统计方法也能控制无关变量。但要记住,使变量保持恒定是控制无关变量的最直接的实验技术。许多实验失败的原因就是因为没有有效地控制无关因素,结果这些因素导致了意想不到的变化,从而"污染"了实验结果。

三、因变量

心理实验的第三项任务是观测可能受自变量影响的行为。因变量就是实验中观测到的行为结果。例如,在上述学习分配的实验中,因变量是学习测验的成绩。在有关电视暴力对儿童攻击性的影响的研究中,因变量是观测到的某种形式的攻击性。在心理实验中,因变量总是应该能够反映行为方面的变化。一般来说,实验者可以从反应的正确性、速度、难度、次数和概率以及反应的强度和大小幅度几个方面来度量因变量。但在度量的时候,要注意以下几点。

（一）考虑操作定义　任何实验的可靠性及发现有价值的因果关系的可能性,在一定程度上都取决于实验者将观测到的作为因变量的行为指标及其变化。还是以电视暴力对儿童攻击性影响的研究为例。我们知道,该实验的因变量是儿童的攻击性。但如果从经验的角度来观测攻击性就显得比较困难,而且不够严谨。因为"攻击性"这个术语没有得到界定。什么样的行为算是有攻击性的行为,如果这一点很含糊的话,可能整个实验结果的可信度都会受到置疑。这就提醒我们要考虑操作定义。在实验设计中,一个很关键的部分就是因变量必须有明确的操作定义。也就是以可观测到的行为变化作为因变量。否则,实验将无法重复,其可靠性和科学性也就不复存在。

（二）观测的稳定性　衡量好因变量的一个标准是它的稳定性。如果准确重复一个实验,即以相同的被试、相同的自变量等重做该实验的话,那么测得的因变量的情况应该相同。但有时,我们观测因变量的方法有缺陷,则不稳定的现象就会发生。比如:研究训练方法对运动员百米赛跑成绩的影响,如果第一天测甲方法的训练效应时,运动员是顺风而跑;第二天测甲方法的效应时,运动员却是逆风而跑,那么测得的成绩就缺乏稳定性和可信度,因此无从比较。只有当风向和风速恒定时,测得的运动员的成绩才是可靠的。这其实也是上述要控制的无关变量中的一种——保持观测条件的恒定性。

（三）观测的范围　保持因变量的观测环境恒定,控制无关因素的干扰,才有可能避免实验失败。但有时,实验的失败是由于对因变量的观测范围不当引起的。例如,在运用信号检测论的实验中,实验者呈现的信噪材料过于简单,以致多半被试的击中率达到100%;或者,材料的难度过大,被试的击中率平均不到10%。前者我们称为"天花板效应",后者是"地板效应"。在这两种效应中,由于选择测量的因变量对被试来说过于简单或过于困难,致使观测到的成绩过高或过低,没有区分度,因而反映不了因变量的变化,也就阻碍了对自变量效果的体现。

对于实验的变量,很重要的一点是:实验者要意识到任何一个因素都可能是自变量,也可能是无关变量,还可能成为因变量,关键取决于当前所要研究的问题是什么。比如焦虑这个因素,既可以做被操纵的自变量,也可以是须控制的无关变量,还可以是受观测的因变量。实验者告诉被试,他们将体验轻微的电击或强烈的电击,然后问被试是愿意单独还是与别人一同等待接受电击。这里通过不同强度的电击引起了被试不同程度的焦虑,焦虑是受操纵的自变量。在有些实验中,焦虑是需要控制保持恒定的因素。例如,实验者对不同年龄被试的言语表达能力感兴趣。要求被试阅读一段材料,并用简洁的话把主要内容表达出来,但如果有的被试是在与实验者一对一的情境下完成,有的则当众接受测验,那么结果可能就受到污染。因为在不同的情境下被试的焦虑水平不同。当然,焦虑还可以作为因变量得到观测。例如,要考察不同类型的测验(如多重选择、作文等)对学生焦虑水平的影响,其中的因变量就是学生的焦虑表现。除此之外,焦虑还可以作为一种人格特征,有的人焦虑水平高一些,有的人低一些。

三 选择被试变量

我们知道,自变量是指研究者能够直接操纵的某些因素。在这样的实验中,研究者比较的是自己创设并控制的实验条件下的结果。然而,如果研究者要用被试变量,那么他们就不能直接操纵这些自变量,而必须根据研究所需,选择已经具备这些特征的被试,从而形成不同的实验条件以待比较。在这类实验中,比较是在某些特征不同的几组人之间进行的。自然的、不受操纵的组间变量就是被试变量。它们指参与实验的被试已经具备的某些特征,如性别、年龄、智力、身体障碍或心理障碍,以及某些人格特征。

为了说明操纵变量与被试变量之间的区别,我们一起来看一下关于焦虑的这个研究。如研究焦虑对学习迷宫的影响,我们可以有两种做法:一种做法是直接操纵"焦虑"这个自变量。我们可以创设情境,让一组被试在一大群旁观者面前走迷宫,从而引起他们的焦虑;另一组被试走迷宫时则没有旁观者,这样他们就不会因旁观者的存在而感到有压力。如此一来,焦虑这个自变量就被人为地区分出两个水平。另一种做法是通过被试变量来研究这个问题。先让被试接受有关焦虑倾向的人格测验,从中选择两组焦虑水平不同的被试(焦虑型/放松型)。显然,由被试变量造成的情境和通过操纵自变量形成的焦虑情境有很大区别。当焦虑作为被试变量时,主试不能任意地将被试分配到创设的高焦虑组或低焦虑组,而必须根据他们已经具备的特征对他们进行归类,从而得到高焦虑组和低焦虑组。

对于被试变量,由于实验者有选择权,能在一定程度上控制它,所以后来有人将被试变量作为自变量的一个特例。这是"自变量"含义的一次拓展。因为武德沃斯最初运用"自变量"这个术语时,是将它定义为实验者能够直接操纵的变量。所以尽管如此,人们仍然认为,只有操纵自变量的研究才是严格意义上的实验,将其称之为"真实验"。而将被试变量作为自变量的研究有时则被称为"准实验"。事实上，许多实验都是既要操纵变量又要选择被试变量。由于含有被试变量的研究并不是真正意义上的"实验"，所以，研究者在下结论的时候须格外注意。

前面我们已经多次强调，心理学的研究目的或者说心理实验的目的是为了解释心理和行为，也就是说，我们希望了解为什么有些行为会发生。如果研究者操纵变量，那么他们能简单地得出行为的因果关系，因为可以使自变量先于行为发生，行为可能会随自变量的不同而变化，重要的是，它假设可能存在的混淆因素都已得到控制，而实验的结果可以对行为作出最合理的解释。但如果他们选用被试变量，则不能作出因果推论，因为在运用被试变量时，虽然实验者通过选择具备某种特性的被试，也能改变某些因素，但却不能使其他因素保持稳定。在这两种情况下，研究者对情境的控制程度是不同的。换句话说，如果你改变某些因素，并且成功地控制了其他因素，使之保持稳定，那么结果就只能是由被操纵和改变的因素所引起的。在不存在混淆的实验研究中，组与组之间除了被操纵的因素有所不同，其他各方面都必须等同，即使有差异，也是随机的。然而，选择焦虑倾向性不同的两组被试作为自变量，这并不能确保他们在其他方面是相同的，如自信水平。而后者在很大程度上可能影响研究结果。在这样的情况下，尽管自变量也是先于因变量发生，并且因变量随自变量的不同而改变，但由于未能控制所有的无关因素，我们还是不能消除其他可能的因果解释。所以，在这类研究中，即使各组被试的行为反应有差异，我们也不能贸然地肯定，这些差异是由选定的被试变量造成的，而只能说"观测到的各组间的行为不同"，或者"某组比某组更可能作出什么样的行为"，然后推测可能的原因。

四　多自变量和多因变量

一、多自变量

多自变量不是指同一自变量的多个水平，而是指在一个实验中包含两个或两个以上的自变量。在心理学杂志上，只有一个自变量的实验研究是很少见的。多数实验是同时操作两到三个自变量。因为这么做具有下列四点明显的优势。

首先，效率高。同时操纵两个自变量的实验比分别做两个单自变量的实验的效率高。也就是说，事半功倍，花同样的时间，做双倍的事情。

其次，实验的控制较好。通过操纵多个自变量，将分散的多个单变量实验融合在同一个实验中，实验者更易于控制和稳定某些无关变量。如被试的条件是一样的，时间条件一样，许多外界环境也一样，如温度、湿度和气候等。

第三，实验结果更具普遍性。由多个自变量的实验获得的结果适合于解释多种情况下的行为，这就比多个单独实验所概括的结果更有价值。例如，我们想要知道两种奖励办法中哪种促进了学生的学习。第一种奖励是对正确完成规定的学习项目给予物质奖励；第二种奖励是让学生提前下课。我们可以选择一门课程，考察这两种方法对学生学习这门功课的作用。但如果把研究结果作为一项规定运用到学校中去，我们还必须考察两种方法的作用在大多数学生的学习中是否都是一致的。如果我们将课程作为第二个自变量，把奖励方法与不同课程结合在同一个实验中,这么做要比进行两个连续的单自变量的实验更有说服力。

第四,有利于研究变量之间的相互关系,即交互作用。在多自变量的实验中,不仅每一自变量存在各自的效应,而且常常是一个自变量的效应依赖于另一个自变量的水平,这在单自变量实验中是无法揭示的。当一个自变量产生的效果在第二个自变量的每一个水平上不一样时,交互作用就发生了。通过交互作用,多自变量实验能更真实地体现事物之间的关系。

我国心理学者杨治良(1981)曾做过一个实验,目的是了解年龄对再认能力的影响。实验的第一个自变量是年龄,这里我们以其实验中的初中学生年龄组和大学生年龄组为例(其实验中含有多个年龄水平的实验组)。第二个自变量是实验材料,这里我们选取具体事物图形组和词组(原实验有三个材料组)。该实验采用再认法,把被试识记过的材料和没有识记过的材料混在一起,要求被试把两种材料区分开来。同时,将信号检测论方法用于再认实验,采用 d' 作为再认能力的指标,即因变量。实验结果如图 1-2-3 所示。

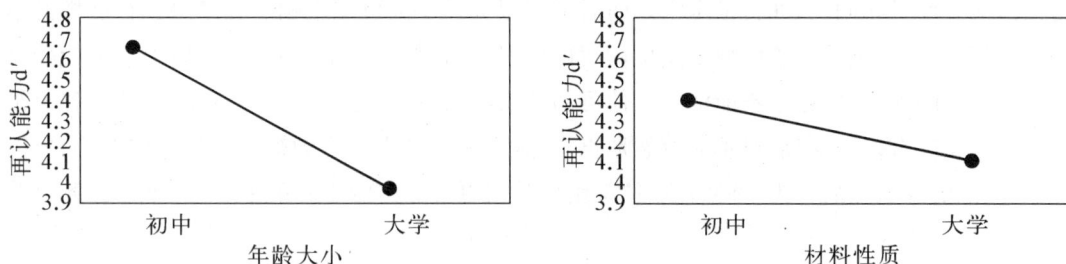

图 1-2-3　两个自变量(年龄大小和材料性质)分别对再认能力 d' 的影响

从图 1-2-3 中可以看出:第一,在该实验条件下,初中学生的再认能力较强;第二,个体对具体图画的再认能力较强。然而,两个自变量的效应是分别表现的。在左图中,初中学生的再认能力指标既包括了对具体图画的再认,也包括了对词的再认。大学生的情况也一样。而在右图中,对具体图画的再认能力指标既包括了初中学生的能力,又包括了大学生的能力。同样,词的再认能力指标也是如此。

如果把同样的实验结果,用一张图表现出来,即把两个自变量的效应融合在同一张图中,我们就可以看到,实际情况并非这样简单。图 1-2-4 显示了交互作用的发生。

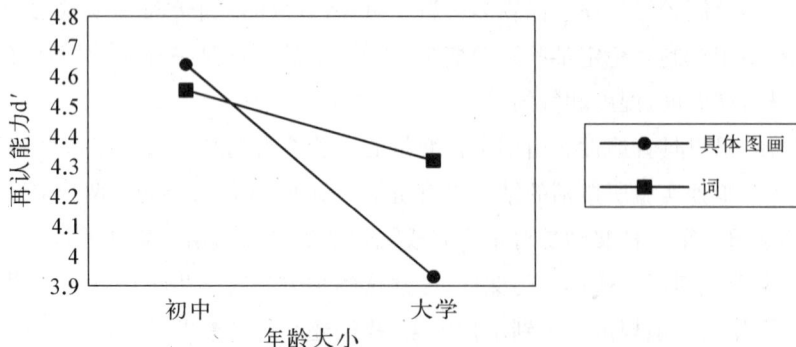

图 1-2-4　两个自变量融合在一张图中,显示出再认能力 d' 的交互作用

图1-2-4告诉我们:第一,在该实验条件下,大学生对具体图画的再认能力较低;第二,无论是对具体图画还是词,初中学生都表现出较高的再认能力。比较图1-2-3和图1-2-4,差异很明显。具体地说,大学生对词的再认能力在两张图上有不同的表现。图1-2-4能明确指出:一个自变量受到另一个自变量的影响,这种影响就是交互作用。

为了进一步分析多自变量的优越性,我们可以设想两个自变量没有交互作用的情况。图1-2-5表明了虚构的情况。

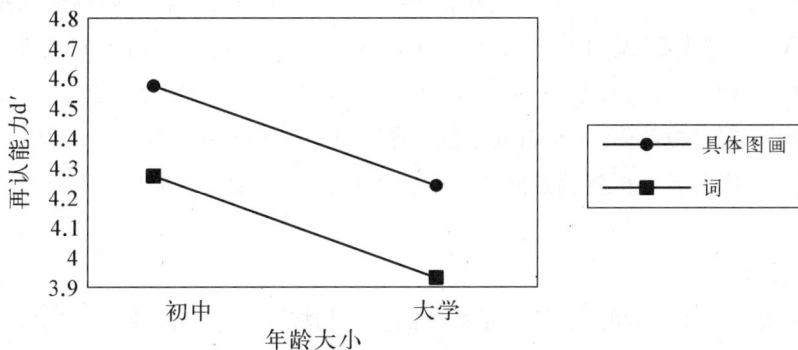

图1-2-5 两个自变量对再认能力的影响,平行线表示没有交互作用(虚构数据)

从中我们可以看出,任何一个自变量的效应对于另一个自变量的两个水平来说,都是相同的。也就是说,初中学生总是表现出较高的再认能力,不管实验材料是具体图画还是词;对于具体图画,不管是初中学生还是大学生,都表现出较高的再认能力。平行线总是意味着没有交互作用发生。但我们已说过,图1-2-5中的情况是虚构的,实际情况并非如此,而是如图1-2-4所示,再认能力的高低既依赖于年龄大小,也依赖于实验材料:一个自变量的效应依赖于另一个自变量的水平。

上述三种情况的图解分析表明,多自变量的实验能够揭示自变量之间存在的交互作用。这是单自变量实验不能做到的。假如这个实验是单自变量实验,那么它就要分两部分进行。实验的第一部分,以年龄为唯一的自变量,实验材料就成了控制变量。我们知道,控制变量在实验过程中应保持稳定。如果我们选择具体图画作为实验材料,实验结果将表明:初中学生的再认能力比大学生高很多,如图1-2-3中的左图所示。但是,实验者不会知道,如果以词为材料,结果会如何。在第二部分的实验中,实验材料是唯一的自变量,年龄大小成了控制变量。如果用初中生做被试,将获得意义不大的结果。也就是说,不管材料性质如何,个体的再认能力是基本相同的。而实验者并不知道,如果用大学生做被试,结果将完全不同。

图1-2-4是实际的实验结果。从这个双自变量的实验,我们知道:第一,如果用词做材料,初中生和大学生的年龄因素对再认能力的影响较小;第二,如果用具体图画做材料,初中生和大学生的年龄因素对再认能力的影响较大;第三,如果用初中生做被试,实验材料对再认能力的影响不大;第四,如果用大学生做被试,实验材料的影响较大。不难发现,一个双自变量实验实际上等同于四个单自变量实验,而且还要看单自变量实验中的无关因素控制得如何。由

此可以看出,上述两个实验得到的信息反而不如一个双自变量实验。做多个单自变量实验不如做一个多自变量实验。

综上所述,当一个自变量的水平对另一个自变量水平的影响不同时,交互作用就发生了。在有交互作用的情况下,分别讨论每一变量的效应是没有意义的。因为一个变量的效应依赖于另一变量的水平,因此,讨论交互作用才能揭示事物之间的本质关系。

多自变量的实验是效率高、价值高的实验。随着实验中自变量数目的增加,交互影响的数目也迅速增加。两个自变量只有一个交互影响的可能,三个自变量就有四种交互作用的可能。如自变量为 A、B、C,则交互作用可能发生在 A 与 B、A 与 C、B 与 C 两者之间或者 A、B、C 三者之间。如果每个自变量有两种水平,则三者之间的交互作用就必须用四条非平行线来表示。由此可见,自变量的个数越多,每个自变量的水平越多,交互作用就越复杂。但交互作用过于复杂,有时不利于实验者分析各因素间的本质关系,所以,在设计实验的时候自变量取两到四个比较适宜。

二、多因变量

因变量是实验者要观测的变量,它是被试的行为指标。我们已经说过,实验者要考虑被观测行为的操作定义。也就是说,在做实验前,实验者必须先测定行为的哪些方面能代表该行为,而且还必须确认这些方面能得到准确的观测。研究者多选择常用的、传统的因变量,在一定程度上是因为这类因变量的观测准确性能得到仪器和技术的保证。但有时,它们不一定是唯一的或最好的行为指标。例如,对于老鼠按压杠杆或鸽子啄击键盘的行为来说,最常用的因变量是观测到的按压或啄击的次数。但是,如果考察按压或啄击键盘的力量,有时也会有意外的发现。另外,反应时或反应的潜伏期也可能是很好的因变量。可见,研究者常常有多个可供选择的因变量。随着仪器和技术的发展,这种选择也越来越多。例如,我们想研究读物的易读性。当然,我们无法观测到"易读性"。那么,什么样的因变量既可以代表"易读性",又能观测到呢?我们可以列出不少有用的指标,如阅读后有意义信息的保持量、读一定字数所需的时间、重新打印该读物的速度。如果设备许可,还可以考察阅读时的心跳以及肌肉的紧张程度等。

一次实验测量多个因变量,这与多自变量一样,是一种经济的行为。但是,大多数实验通常最多同时观测两个因变量。这是因为同时对好几个因变量作统计分析有一定困难。虽然计算机技术的发展使统计变得十分便利,但许多心理学工作者还没有受到多因变量统计的训练,所以他们不敢采用多因变量的实验设计。事实上,如同对自变量进行单独分析会使实验者忽视交互作用一样,对因变量作单独分析也会导致信息的丧失。因此,在实验仪器、观测技术与统计技术许可的情况下,应采用多因变量的实验设计。

五　教学实验的特点

每个心理学专业的学生都必须选修"实验心理学实验"这门课,这门课要求学生做大量的心理实验,但其目的却与一般的科研实验不太一样。前者强调学生对实验仪器和研究方法的熟悉、对实验过程的了解以及对实验报告写作程序的掌握;而后者则强调对心理现象的把握和对实验的预见和控制能力。故而,教学实验与科研实验不同,它有自己的特点。

第一,实验涉及的通常是前人研究且已得出定论的内容,是对经典实验的重复或是一种验证性的实验,如感知觉、反应时等方面的实验。通过复制这种考虑得较周全、控制也较好的实验,学生能够切实体会在实验设计和实验操作过程中要注意的问题。

第二,实验比较注重介绍研究方法及其应用,如以传统的心理物理方法及现代心理物理法——信号检测论的应用为主题的实验。

第三,尽量选择需要仪器的实验。因为学生在使用仪器做实验的过程中,对如何在实验中控制(恒定、抵消)无关变量会更有感受。尽管随着计算机的发展,越来越多的实验可以无需仪器而在电脑上完成。

第四,注重对实验程序的引导。教学实验多采用"目的"、"仪器和材料"、"方法和步骤"、"结果"和"讨论"这样的程序来引导学生,实验中的许多基本问题都已经有所交代,学生只要照着做就可以顺顺当当地得到结果。无需学生自己设定自变量,也无需学生考虑最关键的有待控制的无关变量。一方面,这使学生在实验中有据可依,尤其是刚接触实验时知道自己要思考什么、做什么;另一方面,学生通过这样的程序能更快地掌握实验报告的写作要求。

另外,由于被试的特殊性,教学实验受到以下两方面的限制。

(一)不适宜采用双盲或单盲实验　在教学实验中,学生既是被试,又是主试,对实验的目的和有关的心理学知识都比较了解。例如,有关内隐记忆的实验,就不能采用指导语来区分内隐和外显表现。因为对熟知指导语背后含义的被试来说,不同的指导语将难以实现原先的目的。因此,有些需要主试或被试在不知情的情况下做的实验就不适合列入教学实验,否则实验结果的可靠性会受到影响。

鉴于此,我们在设计心理学教学实验软件时特别设置了"本人为被试"和"本人为主试"两种选择。目的就是在做有些实验时,学生可以作为主试,找一些"不知情"的同学作为被试来完成实验,以期得到准确的实验结果。

(二)不太适宜选取被试变量作为自变量　教学实验的被试特点是数量有限、年龄和各方面条件相当,除了性别等少数特征,被试其他方面的特征很难作为自变量区分出不同水平。因此,一般采取被试内实验设计。

教学实验主要是为了培养学生的基本实验操作能力,由于其本身的特殊目的和条件,显示出一些独有的特点。某些实验不适宜作为教学实验介绍给学生,这使学生在课堂内没有机会去学习和尝试各种类型的实验,是教学实验的一大缺憾。但有些特点可能在一定程度上限制了学生某些能力的发展。比如,学生无需进行实验设计,只要按部就班即可,这可能阻碍了学生对自身实验思维的锻炼,有时也会扼杀他们的积极性和创造性。因此,教学实验应该在传统形式的基础上有所发展。其一,教师可以在课堂上根据循序渐进的原则提出一些较简单的现实问题,引导学生从具体问题入手,自己设计实验,考虑各种基本的变量,从而达到解释现象的目的。其二,教师可以引导学生阅读某些已发表的论文,尤其是涉及那些有争议的问题的论文,然后让学生提出自己对问题的假设和对实验设计的修改意见,如果有条件的话,可以实际操作,进一步论证或反驳有关假设。当然,这样的实验应该在学生掌握了基本的实验能力之后进行,旨在进一步提高学生的能力。这可能会使学生对实验更有兴趣,而且可以启发他们的创造性思维。

参考文献

黄希庭.心理学实验指导.北京:人民教育出版社,1988

第三章　心理实验报告

任何实验在完成之后,都应该有一份实事求是的实验报告。心理实验也是如此。实验报告是总结科研成果的一种形式。和其他学科一样,心理学的实验报告既是对过去研究工作的总结,更重要的是能够为进一步研究提供线索和证据。因此,撰写规范的实验报告是一种最基本的心理学研究能力,每一位实验者都必须具备实验报告的写作能力。实验研究涉及的范围较广,解决问题的方法也各有不同。实验者所写的实验报告可能有些差别。但一般的实验报告都应该符合其基本形式和要求。

一　心理实验报告的基本形式和要求

一般而言,一个完整的实验报告必须包括以下几项内容:题目和作者、摘要、引言、方法、结果、讨论、结论和参考文献及附录。每一部分都有重要的作用,必不可少。

一、题目或标题

题目是文章主要内容的浓缩,说明所研究的具体问题或研究的主题,如"照度对视敏度的影响",要言简意赅,最多不超过 22 个字,同时要指出实验的自变量和因变量,这句话中"照度"是自变量,"视敏度"是因变量。而"光刺激与时间估计准确性研究"则显得题目的自变量不明确,如改为"光刺激频率对时间估计准确性的影响研究"就较恰当。很多读者就是通过题目来选择是否要仔细阅读该篇文章的。因此文章的题目起得好,读者一看题目,就知道该实验关注的是什么问题了。题目之下是署名,要注明研究者所在单位的名称及邮编(对学生实验报告来说只需注明系、专业、班级、学号即可)。这看似很小的一个细节,实则体现了学术观点的个性化。多数研究者会将自己的研究范围集中在某个领域内,通过不断的探究来积累自己在该领域的知识,并逐渐形成自己独特的学术观点和风格。因此,作者的名字本身可能就代表了一定的研究领域和论点,它常常成为读者选择文章的标准之一。

二、摘要

摘要是概括文章要点的简短段落。在国内杂志上发表的论文摘要一般 150—300 个字。好的摘要应该包含以下信息:本研究要探讨的主要问题是什么;前人对该问题的争论;本研究的被试、方法、结果、结论以及研究发现的价值或启示。摘要使文献查阅者能在很短的时间里对研究报告有一个基本了解。它使读者进一步了解文章的主要内容,在一定程度上影响读者对全文的兴趣。

摘要的最后还要列出 3—5 个关键词。关键词不仅有助于读者了解研究报告的主要内容,而且也是文献检索的主要依据。

三、引言

引言是作者在查阅资料基础上对所要研究问题的文献综述。作者所查阅的文献应遵循权威性、全面性和第一手资料原则。它既要说明所要研究问题的来龙去脉，更要对前人的研究结果予以综合论述，从中发现问题、提出问题，并在此基础上提出假设。如果学生实验提不出假设，则可以说明本实验的研究内容或者试图证明什么。一般来说，所要研究的问题来自以下几个方面。

第一，前人曾做过的研究，尤其是尚未有定论、对结果还存在许多争论的问题。对于这类实验，在引言中要系统、简要地介绍以前的相关研究方法及结论，以便与本实验进行衔接和对比。

第二，以某一理论为根据所提出的假设。在引言中要介绍有关理论的内容和背景，并清楚地解释假设的由来。

第三，现实生活中提出的实际问题（问题的提出）。在引言中要明确实际工作中存在的问题，并提出可能的解决方法，然后通过实验来证实。

四、方法

方法部分主要说明整个实验的操作过程，需做到详细准确，以便其他实验者能够参照实验的研究条件重复该实验，主要包括三个方面：被试、仪器（或材料）及实验程序。

1. 被试　主要说明选择被试的方式和数目，被试的年龄、性别、文化层次和职业以及在感知觉方面的具体要求（如视觉、听觉正常）等情况。若实验设计为组间或混合设计还须明确被试的分组情况及其依据。

2. 仪器或材料　包括用来测试被试的所有设备和问卷、词组表等材料。要标明设备的型号等细节。有时由于型号不同，同类仪器作出的结果也不同。实验采用的材料要说明选取的依据和数量。如果材料过长，可以在附录中详细列出。

3. 实验程序　即实验的具体过程。这部分要写清楚，以便他人可以重复验证。具体涉及实验是怎么进行的，研究者对被试做了什么，它包括实验设计、方法步骤、指导语、如何控制无关变量等。

五、结果

结果部分主要说明实验者在实验中收集到的数据处理情况。实验者必须先对原始数据进行统计加工，然后再以描述性统计或推断统计的形式将结果表示出来。在大多数情况下，这一部分无需列出实验的原始数据。推断统计能让研究者确定自变量能够在多大程度上引起因变量的变化。所以，结果部分必须完全来自实验，忠实于实验，既不能任意修改或增减，也不能加入自己的主观臆断。

不管是描述统计还是推断统计，除了用数据加言语来表示外，还需辅以图表来说明。后者比前者更直观、更简明。作者还可以在结果中对统计结果及图表进行简要的描述性说明。本章的下一节将具体介绍图表的使用方法。

六、讨论

这一部分是整个实验报告中最具个人风格的一部分。实验者可以对本实验结果的有关数据作出自己的解释,指出事先的实验假设是否可靠。另外,在这一部分中学生还可以对本实验的程序(实验设计)、使用的仪器和材料以及今后进一步的研究提出改进意见和建议。在分析结果并加以讨论时有以下几种情况:如果结果不能充分说明问题或各部分有矛盾,实验者要进行分析,找出原因;如果实验得到意外的结果,实验者也要进行分析,因为意外的结果可能引出意外的发现;如果结果与前人的研究结果不一致,实验者也可以讨论,提出自己的见解和理由;如果理论预测将要发生什么,但事实上却什么也没发生,这样的发现仍然十分有用,也应在这一部分一并进行讨论。

七、结论

这部分说明本实验结果证实或否定了什么问题。一般用简明扼要的语言并以条文形式来表述,内容要具体。实验者必须注意,应以实验所得的结果为依据,确切地反映整个实验的收获,结论应该恰如其分,不可夸大,也不可缩小或隐瞒。

八、参考文献

参考文献列在文章的最后,与其他学科的期刊不同,心理学的期刊要求实验者列出所有参考文章的题目、出处、作者、发表日期等。参考文献能向读者提供许多有价值的信息。受众人关注的文章往往参考了该领域最近出版和发表的作品,以及最重要的前期公开成果。著作的参考文献要包括尽可能多的引用材料,而在实验报告的参考文献中,只有实验引用过的文章才能被列入。另外,如果你的学术成果频频在参考文献中被引用,这也说明了你在该领域的学术地位。要注意的是,实验论文不同于学术著作。参考文献格式如下:

期刊:著者.题(篇)名.刊名,出版年;期(卷)号:页次

著作:著者.书名.版本,出版地:出版者,出版年:页次

九、附录

附录一般包括了实验的原始数据和记录,以及实验的具体材料(如果材料较长的话)。对学生来说附录一定不能少,因为教师要对学生的计算过程、原始数据等作检查。通过附录,实验者更详细、更具体地向读者展现了自己的实验,使读者能够方便地进行核对与验证。但在正式的心理学刊物上,由于篇幅所限,实验者往往无需列出这一部分。

一般摘要、参考文献不要注明标题序号,而正文中的引言等可以注明标题序号,如"1.引言、2.方法"等,若再要分级可分别标为"1.1"、"1.2"及"2.1"、"2.2.1"、"2.3.1"……最多3级。

总之,撰写实验(研究)报告时,语言要精练,行文要客观,避免使用第一人称的代词。具体要求可以参阅《心理学报》、《心理科学》等专业期刊上的论文格式和要求。

二 统计结果的表述方式

上一节已经介绍过,实验的结果部分通常包括了实验者对原始数据进行统计加工后得出的描述性统计和推断统计。这两种统计都能向读者提供有关实验结果的大量信息。所以,实

验者必须掌握如何准确、简洁、直观地表示统计结果。

最基本的表述方式是,用简洁的文字将有关的数据表述出来。统计图表通常能够比单纯的文字描述更加充分、直观地体现实验结果。因此,适当适时地运用统计表和统计图来表示统计结果,能够达到事半功倍的效果。因为实验涉及多个变量以及变量间的交互作用时,言语表述会显得相当复杂和难懂,需要读者花费较长时间去仔细推敲。

一、统计表

统计表是对实验研究的心理现象和过程的数字资料加以合理叙述的一种形式。有人称之为统计的速记。好的统计表能够将统计资料表现得充分、明显而又深刻、有力,避免冗长的叙述。

统计表一律使用三线表(当中可视情况加细短线),不用竖线。统计表是由标题、横行和纵栏、数字资料等要素组成的。统计表的标题有总标题、横行标题和纵栏标题三种。总标题就是表的名称,一般放在表的上端中央,应简要地说明全表的内容;横行标题又称横标目,说明横行的内容,写在表的左端;纵栏标题又称纵标目,说明纵栏的内容,写在表的上端。

为了使统计表能用数字对所研究的心理现象作出富含信息的表述,实验者在制表时应注意以下几点。

第一,内容应紧凑而富有表现力,避免过分庞大和琐碎。否则,其传达的信息可能与原始数据无甚差别。

第二,每一张统计表都必须有名称,统计表的各种标题,特别是标题的表述,应该十分确切和明了。

第三,表中各栏通常是根据从局部到整体的原则编列的。

第四,表内不应有空白格。如果在某种情况下得到的结果是零,必须在相应的格内写上"0";如果在某种情况下未做实验,那么就在相应的格内标上"一"。

第五,统计表应有计量单位名称。计量单位名称通常加用圆括号,并置于表头的右上方,或者置于标题或标目旁。

我们已经说过,结果部分呈现的都必须是经过统计加工的数据,统计表作为呈现方式之一,其中的数据自然也是如此。不过,这种经过加工的表,有的容纳了数据的全部统计结果,因而叫做总结表,如表1-3-1;有时这种表由一部分统计结果组成,可以叫做分析表,如表1-3-2。

表1-3-1　对字母"R"进行正、反辨别的反应时(毫秒)

正或反	偏　转　度　数					
	0度	60度	120度	180度	240度	300度
正　的						
反　的						
平均数						

表 1 - 3 - 2　不同分析器反应时间的比较

分　析　器	反　应　时　间	
	绝对值(毫秒)	相对值(%)
视		
听		
触		

　　这里必须强调,一个实验的结果可以按要讨论的问题分几个表,在表的名称前写上编号。制作统计表是为了更确切地表明实验结果,更明确地显现实验者感兴趣的问题,更方便地进行分析讨论。因此切忌脱离讨论的问题而别出心裁地制作包罗万象、毫无目的的大表。

　　二、统计图

　　要写好实验报告,利用统计图来表明心理现象的数量关系,显得非常重要。有了适当的统计图,实验者无需作过多言语解释就可以让读者明白结果。统计图不仅能对统计资料和实验结果作出具体、明确的表达,易被读者理解并使读者获得深刻的印象,而且由于其形式生动、醒目,所以具有较强的说服力。可以说,统计图是分析统计资料的重要工具。通过作图,实验者可以揭示通过单纯的数据结果不易发现的心理规律。当然,统计图也有不足之处,读者不能通过它获得确切数字。所以在运用图时,往往要辅以文字数据的说明,或者将统计表一并列出。

　　要熟练运用统计图,必须明确它的功能、制作原则以及常见的形式。

　　1. 功能　如果运用恰当,统计图可以说明心理现象之间的相互依存关系;表明总体内部的结构;显现统计指标在不同时间和条件下的对比关系;揭示心理现象的发展趋势;说明总体单位的分配情况;表明现象在地区上的分布状况。

　　2. 制图原则　虽然统计图有多种形式,绘制方法也各不相同,但在绘图中存在实验者必须遵循的一般原则:制图必须以明确的目的为指导。图示内容要简明扼要,不应包括过分庞杂的材料,如果把一些与任务无关的指标包括进去,会喧宾夺主,影响效果。图形的设计要严格符合图示方法的要求,保持图形的科学性,同时做到图示准确、数据分明,图形中的文字表达力求通俗易懂。为向读者指明图示的概括内容,必须有简明的标题(一般放在图的下端中央)。对于图中各项内容,必要时也应附上注释和说明。选择图形时,应依据图示目的和图示资料的性质决定合适的图形形式。

　　3. 常见形式　常用的统计图有曲线图、直方图、圆形图和点图等。曲线图常用来表示心理现象发展的连续性;有关频数分布的数据可用直方图(条形图)来表示;圆形图常用来表示事物各组成部分的构成情况;点图可用来表示两种事物的相关性和趋势。其中最常用的是直方图和点图。直方图是以相同宽度的条形长短来比较图形指标的大小。对于点图来说,其横轴和纵轴的尺度均无需从零点开始。例如,直方图 1 - 3 - 1 表明,被试在即时回忆的情况下对词的保持量多于延时回忆的情况;点图 1-3-2 显示,司机读速度计的平均反应时在路况好的时候与交通密度无多大关系,但在路况差的时候则随密度降低而减少。

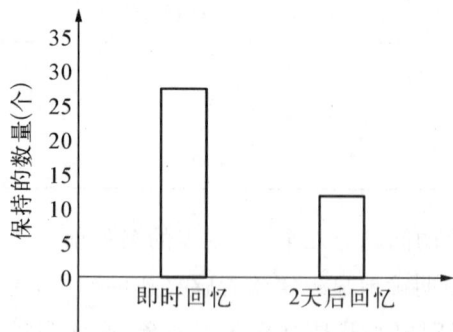

图 1-3-1 即时回忆和延时回忆对词的保持量的影响

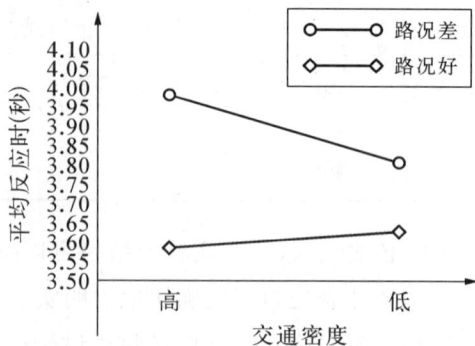

图 1-3-2 司机读表的平均反应时与交通密度的关系

显然,统计图能使读者很直观地明确实验结果。可是假如实验者画图方式不当,其结果可能对人对己都产生误导。比如,图 1-3-2 所表示的这个实验。实验者研究的是司机读速度计的快慢与交通密度的关系。如果实验者不是取"秒"做反应时的单位,而是用"毫秒",并且他没有将路况好与路况差两种情况画在同一张图中进行比较,而是作两张图分别表示,那么最后读者可能会认为,在路况好的时候,司机的反应时随交通密度降低而增加;在路况差的时候,则随交通密度降低而降低。这个结论与实际的结果(见图 1-3-2)不符。因为在路况好的情况下司机反应时与交通密度的关系图(图 1-3-3)

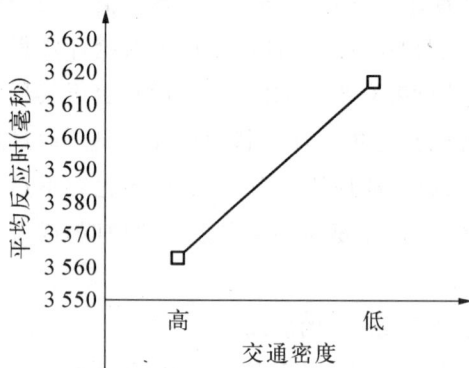

图 1-3-3 路况好的情况下司机的读表反应时与交通密度的关系圈(以毫秒为单位)

可能会让读者得出错误的结论。图 1-3-3 给人一种感觉,司机读速度计的平均反应时随交通密度的降低而增加。

图 1-3-2 的下半部分与图 1-3-3 是以两个刻度表示的同一数据,但是它们得出的结论却有如此大的差异,关键在于它们的纵坐标不同。因为事实上,如果检验差异显著性,会发现在路况好的情况下,交通密度的高低对司机读表的反应时并没有实质性的影响。从某种意义上说,两个图都对,因为两者都能精确地描述事实。

图 1-3-2 的下半部分更准确地表达了这种关系。另外,图 1-3-2 将不同路况下的情况纳入同一张表中,能向读者提供更清晰的对比关系。

所以,实验者在作统计图的时候,要慎重考虑某些细节,否则,即使实验过程非常顺利,测得的数字资料也能反应实际情况,得出的结论也未必正确(或者漏掉某些重要的信息)。因此,制图时须考虑作图单位是否恰当、用一张图表示几个因素的关系等。

图的标题放在图下正中,若有多张图还要标出图的序号,以便作者讨论。

三 教学实验报告的重要性及常见问题

心理实验课的任务之一就是让学生学会写实验报告。教学实验报告给学生提供了练习的机会。要写出好的科研实验报告需要反复练习。教学实验报告与前面介绍的科学实验报告的基本项目是相同的。由于实验报告的写作过程能训练学生敏锐、严谨、有条理的科学思维，所以要求学生尽量按照科研实验报告的标准来衡量自己的教学实验报告，这有利于他们今后的科学研究。但由于教学实验有不同于科学实验的独特之处，所以教学实验报告不可能完全符合科研实验报告的要求。

学生在写教学实验报告的过程中，尤其是刚接触教学实验报告时，常常会出现以下几个问题。

第一，轻视题目和摘要。题目与摘要能够训练学生的概括能力，因此绝不可忽视。学生在写教学实验报告时，没有意识到题目的重要性。他们极少考虑报告的题目，一般都是直接把书本上的题目照抄下来。有的题目中实验的自变量及因变量不明确，也看不出实验要研究或探讨什么。摘要中至少应该有被试、方法和结果三部分。摘要的最大问题是没有实验结果，或者有结果但表述不具体。

第二，引言过于简单。事实上，正是因为学生还不会查阅文献，引言部分才显得尤为重要。许多学生都把实验目的作为自己的文章引言，或者照抄讲义上的简介内容。有些教师也因为觉得低年级的学生不可能阅读大量文献而放松要求。笔者认为教师对引言的写作应严格要求。要鼓励和督促学生学会查文献，并养成翻阅文献的科研习惯。此外，有些学生在引言中对本实验的来龙去脉写得过于详细，而对该领域近年来的研究理论或成果阐述不够。其实对背景应该简述，对新理论、新进展、新发现却要详细述之。因为学生应该明白，阅读实验报告的人大都是有心理学知识背景的。引言的最后还要说明本实验的目的或者试图证明什么。当然最好能提出假设，即在前人的理论基础上对本实验可能得到的结果的预期。学生实验报告中往往会忽略这个问题。

第三，结果部分易出现原始数据。实验指导书上有时会附有原始数据记录表，但学生却常把整张表原封不动地搬到实验报告上作为结果的一部分。他们这样做可能是因为：首先，他们或许不知道科研报告的结果部分很少出现原始数据。教师在教学过程中对这点应予以强调。其次，他们或许混淆了原始数据记录表与实验结果中常用的统计表的区别。这也反映了一个问题，学生不会设计整理实验结果的表格（三线表），或者他们根本就没有认识到应该学会设计统计表。前者是未经加工整理的记录表，应放在附录中；后者是概括、突出有关问题的统计结果表，应放在报告的结果中。

第四，结果分析较多是描述性的，缺乏推断统计。这说明学生还不明确验证假设的科学方法。另外，结果中有时还会出现公式和详细计算过程。具体表现为学生在刚写实验报告的时候，常常根据平均数等描述性统计指标得出"某某与某某存在明显差异"等类似的结论。

第五，报告中讨论部分首先应以本实验数据为依据，并结合前人的理论和实验研究成果进行分析和讨论。容易出现的问题是报告缺乏自己的见解。较好的做法是除了参考实验手册上的提示针对本实验的结果展开讨论外，也可以根据自己在实验中感兴趣的或发现的问题展开。有些学生写实验报告时，习惯按照实验手册上的提示，以回答问题的形式进行讨论（似考试论述题）。整个讨论部分显得呆板、没有生气。事实上此部分还可以对本实验的仪器、实验材料、实验设计和实验控制等提出自己的看法与建议并展开讨论。

第六，结论应该是本实验的结果经过讨论后得出的，表述上应该具体明确。但学生往往会将一些与本实验结果无关的内容写上，或者写一些众所周知的、已为前人证明的观点或结论。

第七，没有参考文献。并不是学生忘了写参考文献，而是除了相应的教科书，他们确实没有参考其他什么资料，这与第二点是相呼应的。现今计算机已经普及，学生完全可以通过互联网来查阅相关的文献资料。提倡学生查阅文献对提高学生的科研能力是非常重要的。

上述列举的是学生在教学实验报告中常见的几个问题。在实验过程中对学生循循善诱，使他们逐步学会关注某些研究课题，并在实验课后逐渐深入，让学生自行设计实验主题，可以在一定程度上弥补这些不足。实际上这些问题主要源于学生对教学实验缺乏重视和主动性，习惯于被实验手册上的指导"牵着鼻子走"。虽然有些教学实验本身不利于引导学生的兴趣，但通过让学生明确实验报告各个部分的作用和重要性可以较好地予以解决。

第二部分

操作实验

第一章 变量实验

一 有无反馈对速度估计准确性的影响

本实验将全体被试随机分为实验组和控制组,采用组间(被试间)实验设计方法,通过对两组被试的不同实验处理(有反馈和无反馈),观察其对速度估计准确性的影响。首先,对实验组实施某种实验处理(有反馈),对控制组则不作任何实验处理(无反馈)。然后对两个组被试进行同样的后测。实验组和控制组实验设计不失为一种简单而有效的方法。如果经过处理的实验组与控制组的心理和行为指标有显著差异,则说明这种差异是由于实验处理产生的,于是就可以得出相应的结论。要正确估计处理效应,关键是要保证实验组和控制组在实施实验处理前是无差异的。一般先是对随机选取的两组被试进行前测,对实验组实施实验处理后再对两组被试进行后测,并根据数据推测效应。本实验设计的前提假设是两组被试在实验处理前无差异。通过对实验组和控制组的后测数据进行比较,推测实验处理是否带来效应。由于被试是同班同学,他们的年龄和文化层次都基本相同,可以认为在实施实验处理前是无差异的。实验者比较两组被试的测试结果,进而推测实验处理的效应或作用。因此只要随机分为实验组和控制组而不必进行前测,实验组接受实验处理而控制组不接受处理。

实验组和控制组实验设计是一种简便易行的方法,在单变量的定性实验研究中是有一定使用价值的。如检验两种教学方法的区别、两种训练方案的效果、两种药物的作用等。

一、实验目的

1. 通过本实验,学会确定心理实验中的自变量、因变量和额外变量。

2. 学习和掌握如何对自变量、因变量下操作定义并进行有效的控制。

3. 学习如何有效控制额外变量,避免产生随机误差和系统误差。

二、仪器与材料

1. 仪器:计算机及 PsyTech 心理实验系统。

2. 材料:黄亮点从左至右以恒定速度移动,距离终点约 1/3 处亮点被遮挡。

三、实验方法

1. 首先将全体被试(年龄和年级相同)随机分成两个组,即实验组和控制组。

2. 登录并打开 PsyTech 心理实验软件主界面。点击实验列表中的知觉实验" + "。

对实验组:单击"速度知觉(有反馈)",出现实验简介,可不看简介直接点击"进入实验"。参数选默认值。点击"开始实验"按钮进入指导语界面,并开始按要求做实验。

对控制组：单击"速度知觉（无反馈）"，出现实验简介，可不看简介直接点击"进入实验"。先要进行参数设置，将呈现方式设为快速（120 像素/秒），其余不必改动，以使参数与有反馈一致。"确定"后再点"开始实验"按钮进入指导语界面，并开始按要求做实验。

3.（1）实验组指导语是：实验开始后屏幕上会有一个黄色亮点以一恒定速度从左边（红线处）开始向右边移动，你要认真观察它的速度。此亮点在移到挡板处就看不见了，但它仍以原来速度移动。你估计它到达终点（右边红线）就按 1 号的反应盒上的任意键。同时你将看到你估计时间的准确性情况。然后程序自动开始下一次实验。实验要做很多遍，请你集中注意，认真估计。当你明白了实验要求后，请点击下面的"正式实验"按钮开始。

（2）控制组指导语是：实验开始后屏幕上会有一个黄色亮点以一恒定速度从左边（红线处）开始向右边移动，你要认真观察它的速度。此亮点在移到挡板处就看不见了，但它仍以原来速度移动。你估计它到达终点（右边红线）就按 1 号反应盒上的任意键。程序自动开始下一次实验。实验要做很多遍，请你集中注意，认真估计。当你明白了实验要求后，请点击下面的"正式实验"按钮开始。

4.由于要进行两组实验结果的比较，他们的实验参数（条件）须相同，即速度都是 120 像素/秒，实验次数同为 40 次。参数最好由指导教师事先设定好。

5.实验结束，数据被自动保存，被试可以直接查看并导出数据。也可以换被试继续实验，然后在主界面"数据"菜单中查看。

四、结果

1.根据计算机给出的数据，分别统计实验组（有反馈）和控制组（无反馈）对速度估计的误差绝对值的平均数，填入设计的三线表中。并以有反馈和无反馈为横坐标，绝对误差值为纵坐标画直方图。

2.比较有无反馈对速度估计准确性是否有差异，并作检验。

五、讨论

1.本实验自变量是什么？因变量是什么？它们的操作定义是什么？

2.有无反馈是唯一影响被试判断准确性的因素吗？本实验控制了哪些额外变量？还有哪些没被有效控制？

3.在有反馈实验中，被试判断的准确性是否有误差越来越小的趋势，是否存在个体差异？

六、参考文献

1.杨治良.实验心理学.杭州：浙江教育出版社，1998：4—6，45—57

2.杨博民.心理实验纲要.北京：北京大学出版社，1989：432—433

3.胡琳丽，郑全全，周冰心.以计算机为中介的交流与权力对谈判结果的影响.应用心理学，2008，14（3）：226—231

4.佐斌，高倩.熟悉性和相似性对人际吸引的影响.中国临床心理学杂志，2008，16（6）：634—636

二 迷宫实验

迷宫实验通常是研究一个人只靠自己的动觉、触觉和记忆获得信息的情况下,如何学会在空间中定向。用迷宫(迷津)研究学习始于 20 世纪初。迷宫种类很多,结构方式也不一样(本迷宫难度中等),但它们都有一条从起点到终点的正确途径与从此分出的若干盲巷。迷宫的学习一般可分为四个阶段:(1) 一般的方位辨认;(2) 掌握迷宫的首段、尾段和中间的一两个部分;(3) 扩大可掌握的部分,直至全部掌握空间图形;(4) 形成机体对空间图形的自动化操作。被试的任务是寻找与巩固掌握这条正确途径。迷宫学习与被试的智商有关,它涉及被试的空间定向能力、思维、记忆等诸多方面。

本实验以学习遍数为自变量,以所用时间和错误次数为因变量,让被试在排除视觉条件下,用小棒从迷宫起点沿凹槽移动到达终点,迷宫学习量度是以达到一定标准所需尝试的次数、时间和错误数为指标的。其间小棒每次进入盲巷并与巷末端金属片接触算一次错(机器鸣响)。学会的操作定义为连续三遍不出错。实验中主试需要做到:测试前不能让被试看到迷宫的结构,测试中主试不能给予暗示和指导。被试要运用动觉、思维、记忆等自己认为有效的方法独立完成。测试中为了控制疲劳带来的误差,若被试感到疲劳,可稍事休息再进行实验。

一、实验目的

1. 通过迷宫学习的过程了解心理实验中确定自变量和因变量的方法。

2. 学会使用迷宫。

二、仪器与材料

EP2004 型心理实验台及 EPT713 型迷宫装置。

三、实验方法

1. 将主机与附机 EPT713 迷宫装置连接好,打开电源,按<**运行/待机**>键,调节遮挡板,以使被试不能看到盲道。

2. 主试根据显示屏内容设置:联机模式→学号→姓名,按<**确定**>键,主机背后的绿色指示灯亮,提示被试实验开始。

3. 指导语为:这是一个迷宫实验,你要在排除视觉条件下,尽快学会走迷宫,中间不要停顿,要积极运用动觉、记忆和思维,期间若触棒进入盲巷并到达盲巷终点,仪器会发出蜂鸣声,并计错一次,到达终点,仪器会长鸣一秒。当你连续三次无错走完迷宫,主机背后黄色指示灯亮,提示实验结束。

4. 被试看到绿色指示灯后,手握触棒(使用优势手),手臂悬空。由主试带入放在起点位置,按指导语提示,开始测试(仪器自动开始计时),直至连续 3 次无出错走完迷宫。黄色指示灯亮,提示实验结束。

5. 主试打印数据或查看数据并记录,换被试按<□>键,进入下一轮测试。

四、结果

根据打印结果,如下所示,按时间和错误次数两项指标画出练习曲线图。

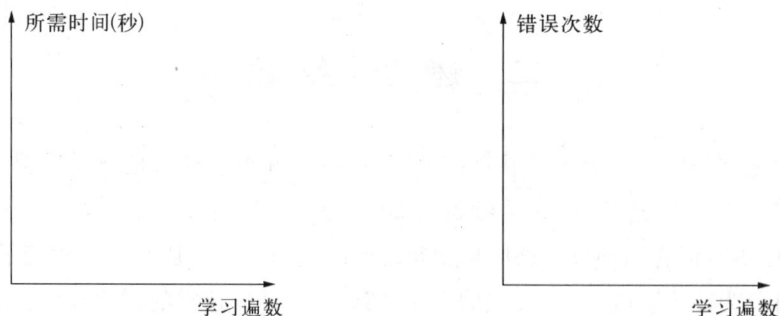

图 2-1-1

注：每遍所花时间及错误次数也可通过查看数据记入附录的实验记录表中。

五、讨论

1. 本实验自变量是什么？为什么在实验前要对所用的自变量提出操作上的定义？

2. 本实验因变量是什么？它的作用是什么？

3. 根据本实验的练习曲线，分析在排除视觉条件下动作技能形成的进程及趋势。

4. 根据被试口头报告，分析其是依据什么线索完成练习的，总结迷宫学习的效果、方法。

5. 分析迷宫学习的个体差异和性别差异。

六、参考文献

1. 杨治良. 实验心理学. 杭州：浙江教育出版社，1998：4—6，45—57

2. 刘芳娥，刘利兵，化前珍，杨芳，于军. 褪黑素对睡眠剥夺大鼠记忆的影响. 中国心理卫生杂志，2006，20(3)：147—149

附录

实验记录表

表 2-1-1

自变量\因变量	学 习 遍 数																
	1	2	3	4	5	6	7	8	9	10	11	12	13	14	15	16	17
所需时间(秒)																	
错误次数(次)																	

注：1. 学习遍数超过 17 遍可自行增加列。

　　2. 如果使用的仪器是 EP713 小台式机，实验方法与实验台差不多，不同处为：

（1）实验时被试要闭上眼睛或戴遮眼罩。

（2）被试每走完一遍迷宫，主试要按 N/T 键，分别记录被试的测试时间和错误次数，才能进行下次测试，直至连续 3 次无出错。

（3）起点位置在方块"END"左边，触棒离开起点巷中的金属片，仪器自动开始计时和记录错误次数。

三　两 点 阈 测 量

一、实验目的

1. 学会使用两点阈测量器测量手背触压觉。

2. 学习用极限法(最小变化法)测定绝对阈限。

二、仪器与材料

EPT506 型两点阈测量器,EPT713 型迷宫(作为挡板)。

三、实验方法

1. 主试事先拟定好实验顺序。递减系列和递增系列的每次起点不同,增减序列按随机原则,刺激两点距离从 0—15 mm 不等,做 20 个序列。正式实验前,主试先在自己手上练习数次,然后按事先拟好的刺激序列,顺序呈现刺激,每步变化 1 mm,被试报告"两点"则记录"+",报告"一点"则记录"—"。主试用两点阈测量计两脚垂直地、轻轻地、同时落在被试手背上,对被试试测几次,要求被试根据感觉报告"两点"或"一点",分不清也需报告(仅两种报告结果)。在做渐增系列时,当被试第一次报告"两点",在做渐减系列时,第一次报告"一点"之后,此系列停止,再进行下一系列测试。主试每次刺激前发出"注意"口令,测量计与皮肤接触不要超过 2秒,两刺激间隔不得少于 5 秒,做 4 个序列休息 2 分钟。

2. 被试坐在实验台的被试位置,将左手绕过迷宫挡板,手心向下平放(主试调节挡板角度,以使被试看不见刺激点),然后据刺激报告。

四、结果处理

计算个人手背触压觉绝对阈限,并求出本组两点阈的平均值。

五、讨论

1. 练习和疲劳对肤觉两点阈的变化有何影响?

2. 两点阈与触觉部位、神经分布密度是否有关,试分析之。

3. 实验时每次起点为何不能相同?

六、参考文献

1. 杨治良. 实验心理学. 杭州:浙江教育出版社,1998:4—6,45—57

2. 翟强,郭大海. 不同疲劳程度对投篮命中率感觉能力影响研究. 沈阳体育学院学报,2004,23(4):581—585

四　动觉后效实验(检查系统误差)

动觉后效是迪纳斯坦(D. Dinnerstein)发现的,其表现在动觉方面的图形后效可以说成是触摸插入刺激对标准刺激宽度产生的影响。实验中估计宽度均用优势手,触摸标准刺激和插入刺激要用非优势手,且各次判断标准要相同,被试要在排除视觉条件下操作。

皮特里(A. Petrie)在测定动觉后效时发现,动觉后效有扩大型、缩小型和中间型三种。扩大型指无论插入刺激比标准刺激宽还是窄,动觉后效(N+B)都是正值;缩小型与扩大型相反,即无论插入刺激比标准刺激宽还是窄,动觉后效(N+B)都是负值;中间型为插入窄刺激时动觉后效为正值,插入宽刺激时动觉后效为负值,或动觉后效的正负随插入刺激的宽窄同步变化。所以中间型又称为受刺激影响型。皮特里还发现,动觉后效为扩大型的人易忍受感觉剥夺,不耐痛,且多为内向者;缩小型的人不易忍受感觉剥夺,较耐痛,且多为外向者,详见下表。

表 2 - 1 - 2　确定动觉后效类型表

种　类	N(2 cm)	B(8 cm)	N＋B	动觉后效类型
1	－	－	－	缩小——外向
2	－	＋	－	偏缩小——中间
3	＋	＋	＋	偏扩大——中间
4	＋	＋	＋	扩大——内向

　　朱克曼(M. Zuckerman)等人 1972 年用各种量表证明,感觉寻求的要求高者喜欢复杂图形,而感觉寻求的要求低者则喜欢简单图形。张雨青的实验又进一步证明了感觉寻求要求高动觉后效缩小型的人,偏向于选择复杂的图形;而感觉寻求要求低动觉后效扩大型的人则偏向简单图形。

　　实验中由于会受到某些不能避免的变量的影响,使反应变量有系统地发生变化。为了避免这种系统误差对实验结果产生影响,必须采取适当的实验安排,使总的实验结果中能消除或均衡这种系统误差的影响。例如随着实验次数的增加,练习的效果越来越大,疲劳的后果也越来越严重。于是反应变量指标就逐渐升高或下降,也就是出现了系统误差。

　　一、实验目的

　　1. 学习检查动觉后效类型的方法。

　　2. 了解无关变量(潜在自变量)对实验结果产生的影响,学会如何进行控制。

　　二、材料

　　1. 标准刺激:宽 4 cm(长 120 cm,高 5 cm)的木条。

　　2. 变异刺激:宽从 1 cm 到 7 cm(长与高同上)的斜木条。

　　3. 插入刺激:宽度分别为 2 cm 和 8 cm(长与高同上)的木条 2 根。

　　4. 遮眼罩、记录纸。

　　三、实验方法

　　1. 标准刺激和变异刺激(刻度朝上)分别放在等高的两个桌子上,使两者平行,距离 50 cm,人在中间(非优势手边放标准刺激和插入刺激,优势手边放变异刺激)。若是一张台子,被试先用非优势手摸标准刺激,之后转身,再用优势手摸斜木条(变异刺激)。被试摸时须戴上遮眼罩或闭上眼睛。

　　2. 指导语为:"请你用非优势手触摸标准木条,然后用优势手的拇指和食指摸斜木条的两边(此时非优势手应放开)。手可以来回触摸,在斜木条上找到一个在感觉上与标准刺激同宽的地方就报告。你要等主试看清楚读数后,手指才能离开斜木条。各次判断标准要相同。"

　　3. 为了避免产生系统误差,实验采用递减↓和递增↑方法即被试用优势手触摸斜木条(变异刺激)由宽头向窄头方向(或递增↑由窄向宽)慢慢移动,待判断为相同宽度时停止,并报告。主试记录数据。重复上述步骤共 4 次,顺序按 ABBA 法进行。

　　4. 插入刺激:方法基本同前面,不同的是被试摸标准刺激后,要插入一个刺激,即让被试用非优势手再来回摸一摸窄的(2 cm)刺激木条,之后,再去斜木条上判断相同宽度。被试用优势手触摸斜木条(变异刺激)的方法同样是递增↑和递减↓共4次(插入8 cm刺激方法与窄的2 cm相同)。

实验中须注意,被试触摸斜木条(变异刺激)作判断时,每次起始点不应相同。

四、结果

1. 分别整理各被试在插入刺激前后的每次宽度估计的结果,填入三线表。分别求出每次宽度估计中↑的平均值和↓的平均值以及插入刺激前后的宽度估计的平均数 $\overline{x}_{前}$,$\overline{x}_{后}$。

2. 检查是否有系统误差存在。

3. 分别计算各被试的动觉后效(KAE)

$$KAE = x_{后} - x_{前} \quad (注意结果应有正负号)$$

动觉后效类型: $KAE(N) + KAE(B) = (+)$ 扩大型(或偏扩大一中间)

$$= (-) 缩小型(或偏缩小一中间)$$

五、讨论

1. 比较插入刺激较宽和较窄时的动觉后效。

2. 动觉后效是否存在个体差异(根据质和量的指标作比较)?

3. 除了触摸插入刺激,还有哪些无关变量未加控制,影响了对标准刺激的宽度估计?

4. 本实验是如何通过控制无关变量(潜在自变量)来防止系统误差的产生的?

5. 你认为根据一个人的动觉后效类型来确定他的性格类型(内向或外向)有何优点和不足。

六、参考文献

杨博民.心理实验纲要.北京:北京大学出版社,1989:122—125,388—391

附录

实验记录表

表 2-1-3

估 计 情 形	触 摸 方 式				平 均 值		
	↓	↑	↑	↓	D↓	D↑	D
插入刺激前							
插入 2 cm 刺激后							
插入 8 cm 刺激后							

第二章 反 应 时

一 视觉简单反应时

简单反应时(Simple Reaction Time)又称 A 反应时。是指呈现单一刺激,要求被试立即作出固定反应的时间。由于这种反应时间是感知到刺激就立即作出反应,中间没有其他的认知加工过程,因此也称为基线时间(Baseline Time)。任何复杂刺激的反应时间都是由简单反应时和其他认知加工过程所需时间合成的。

本实验通过计算机呈现的视觉材料,测定视觉简单反应时。

一、实验目的

学习掌握视觉(光)简单反应时的测量方法。

二、仪器与材料

1. 仪器:计算机及 PsyTech 心理实验系统。

2. 材料:直径为 100 像素 4 种颜色(红、黄、绿、蓝)圆。

三、实验方法

1. 登录并打开 PsyTech 心理实验软件主界面,选中实验列表中的"视觉简单反应时"。单击呈现实验简介。点击"进入实验"到"操作向导"窗口。实验者可进行参数设置(或使用默认参数),然后点击"开始实验"按钮进入指导语界面。可先进行练习实验,也可以直接点击"正式实验"按钮开始。

2. 指导语如下:

这是一个视觉简单反应时实验。请你使用 2 号反应盒,端坐在屏幕前,手指放在红色键上(注意不要下压),眼睛注视屏幕。当出现"预备"时你要准备反应,一旦出现颜色圆立即按反应键,要求反应既快又准。程序将自动记录抢按和按错的次数。每 10 次为一组,抢按则本组重做,两组之间可稍事休息。

当你明白了上述实验步骤后,可以先进行一组练习。练习结束后点击"正式实验"按钮开始。

3. 实验开始,每次呈现刺激前屏幕出现"预备",时间为 2 秒。为保障数据的有效性,防止被试抢按,预备时间设置为±0.2 秒随机化,即预备时间在 1.8—2.2 秒之间随机分布。若出现抢按,则程序显示警告信息,本组(10 次)实验重新做,程序记录抢按次数。被试每次作出按键反应后,自动进入下一次实验,直至做完设定的次数。

4. 实验结束,数据被自动保存。实验者可直接查看结果,也可换被试继续实验,结果可在主界面"数据"菜单中查看。

四、结果

1. 计算每个被试的视觉平均反应时、标准差。

2. 收集多名被试的实验结果数据,检验视觉简单反应时是否有性别差异。

五、讨论

1. 不同被试间是否存在个体差异?

2. 不同颜色的实验材料对反应时是否有影响?

3. 影响视觉简单反应时的因素有哪些? 应如何控制这些额外变量?

4. 优势手和非优势手的简单反应时是否有差异?

六、参考文献

1. 杨治良.实验心理学.杭州:浙江教育出版社,1998:104—144

2. 刘学勇.浅谈简单反应时测定实验的改进.新疆师范大学学报(自然科学版),2003, 22(2):30—34

二 听觉简单反应时

本实验通过计算机呈现的听觉材料,测定听觉简单反应时。

一、实验目的

学习掌握听觉(声)简单反应时的测量方法。

二、仪器与材料

1. 仪器:计算机及 PsyTech 心理实验系统。

2. 材料:选取频率为 350 Hz、750 Hz 和 2000 Hz 的纯音。

三、实验方法

1. 登录并打开 PsyTech 心理实验软件主界面,选中实验列表中的"听觉简单反应时"。单击呈现实验简介。点击"进入实验"到"操作向导"窗口。实验者可进行参数设置(或使用默认参数),然后点击"开始实验"按钮进入指导语界面。可先进行练习实验,也可以直接点击"正式实验"按钮开始。

2. 指导语如下:

这是一个听觉简单反应时实验。请你使用 1 号反应盒,端坐在屏幕前,手指放在红色键上(注意不要下压),眼睛注视屏幕。当出现"预备"时你要准备反应,一旦听到声音立即按反应键,要求反应既快又准。程序将自动记录抢按和按错的次数。每 10 次为一组,抢按则本组重做,两组之间可稍事休息。

当你明白了上述实验步骤后,可以先进行一组练习。练习结束后,点击"正式实验"按钮开始。

3. 实验开始,每次呈现刺激前,屏幕出现"预备",时间为 2 秒。为保障数据的有效性,防止被试抢按,预备时间设置为 ±0.2 秒随机化,即预备时间在 1.8—2.2 秒之间随机分布。若出现抢按,则程序显示警告信息,本组(10次)实验重新做,程序记录抢按次数。被试每次作出按键反应后,自动进入下一次实验,直至做完设定的次数。

4. 实验结束,数据被自动保存。实验者可直接查看结果,也可换被试继续实验,结果可在主界面"数据"菜单中查看。

四、结果

1. 计算每个被试的听觉平均反应时、标准差。

2. 收集多名被试的实验结果数据,检验听觉简单反应时是否有性别差异。

五、讨论

1. 不同被试间是否存在个体差异?

2. 不同频率的实验材料对反应时是否有影响?

3. 声音强度是否会影响反应时?还有哪些因素影响反应时?应如何控制这些额外变量?

4. 根据视觉简单反应时的结果,比较听觉与视觉简单反应时之间的差异。

六、参考文献

1. 杨治良.实验心理学.杭州:浙江教育出版社,1998:104—144

2. 孙志华,姜峰,姬成伟.感觉统合训练对儿童神经心理功能影响的研究.中国儿童保健杂志,2005,13(2):96—97

三　视觉选择反应时

选择反应时(choice reaction time)又称 B 反应时,指的是测试中呈现的刺激不止一个,对每一个随机呈现的刺激要求被试作出相应的反应。选择反应时的研究对理解人类对复杂信息的认知加工过程有重要的意义。有研究表明,人类在对特定的刺激作出特定的动作或反应前,在大脑内有一个信息加工过程,又称心理潜伏期。在复杂任务中心理潜伏期可划分为:(1)刺激识别阶段;(2)选择反应阶段;(3)反应组织阶段和反应执行阶段。因此通过对个体的选择反应时和反应过程的分析,可推测其内在的信息加工过程。

影响选择反应时的因素是复杂的。年龄、性别、疲劳等因素都会对选择反应时产生影响。此外,选择反应刺激的数目越多,则反应时间越长;选择的任务越复杂,则反应时间亦越长。

本实验材料为不同颜色实心圆,共 4 个,分别为红、黄、绿和蓝色。实验时随机呈现,要求被试根据呈现的颜色刺激,选择对应的颜色按键。

一、实验目的

1. 学习掌握视觉(颜色)选择反应时的测量方法。

2. 了解视觉选择反应时与视觉简单反应时的区别。

3. 了解选择反应时在信息加工过程研究中的应用。

二、仪器与材料

1. 仪器:计算机及 PsyTech 心理实验系统。

2. 材料:直径为 100 像素的 4 种颜色(红、黄、绿、蓝)圆。

三、实验方法

1. 登录并打开 PsyTech 心理实验软件主界面,选中实验列表中的"视觉选择反应时"。单击呈现实验简介。点击"进入实验"到"操作向导"窗口。实验者可进行参数设置(或使用默认参数),然后点击"开始实验"按钮进入指导语界面。可先进行练习实验,也可以直接点击"正式实验"按钮开始。

2. 指导语如下:

这是一个不同颜色刺激的选择反应时实验。请你使用 2 号反应盒,端坐在屏幕前,用优势手放在反应盒上。眼睛注视屏幕。当出现"预备"时,你要准备反应。并根据屏幕呈现的不同颜色,按相对应的颜色键,要求反应既快又准。程序将自动记录抢按和按错的次数。

当你明白了上述实验步骤后,可以先进行练习,练习结束后点击下面的"正式实验"按钮开始。

3. 实验开始,每次呈现刺激前屏幕上先出现"预备",然后随机呈现 4 种颜色圆(各种颜色呈现次数相等)。被试根据呈现作出相应选择反应。若出现抢按或选择错误则程序自动记录次数,且按错的反应时不参与统计平均反应时。被试每次作出反应后,自动进入下一次实验,直至做完设定的次数。

4. 实验结束,数据被自动保存。实验者可直接查看结果,也可换被试继续实验,结果可在主界面"数据"菜单中查看。

四、结果

1. 计算个人不同颜色光的选择反应时的平均数、标准差。
2. 比较不同被试的选择反应时,检验是否存在性别差异。
3. 根据视觉简单反应时的结果,计算简单反应时与选择反应时的相关系数。

五、讨论

1. 视觉选择反应时与视觉简单反应时有何区别?
2. 本实验中简单与选择反应时的相关系数说明了什么?
3. 本实验是否有明显练习效应?还有哪些无关变量需要控制?
4. 选择反应时是否受左右手的影响,是否存在个体和性别差异?
5. 举例说明反应时在认知心理学研究中的应用意义。

六、参考文献

1. 郭秀艳. 实验心理学. 北京:人民教育出版社,2004:224—227
2. 赵春爱,周鹏,许以诚. 上海女子花剑队三线运动员选择反应时的训练、测定与分析. 体育科研,2007,28(6):68—71

四 听觉选择反应时

本实验材料为三种不同频率的纯音。实验时随机呈现,要求被试根据呈现的声音刺激,选择相应的反应按键。

一、实验目的

1. 学习掌握听觉选择反应时的测量方法。

2. 了解听觉选择反应时与听觉简单反应时的区别。

二、仪器与材料

1. 仪器：计算机及 PsyTech 心理实验系统。

2. 材料：频率为 350 Hz、750 Hz 和 2000 Hz 的纯音。

三、实验方法

1. 登录并打开 PsyTech 心理实验软件主界面，选中实验列表中的"听觉选择反应时"。单击呈现实验简介。点击"进入实验"到"操作向导"窗口。实验者可进行参数设置（或使用默认参数），然后点击"开始实验"按钮进入指导语界面。可先进行练习实验，也可以直接点击"正式实验"按钮开始。

2. 指导语如下：

这是一个不同频率声音的选择反应时的实验。请你使用 1 号反应盒，端坐在屏幕前，用优势手放在反应盒上。眼睛注视屏幕。当出现"预备"时你要注意听并准备反应。根据听到的声音高低，按相应的反应键。其中高音按"＋"号键、低音按"－"号键、中音按"＝"号键。要求反应既快又准。程序将自动记录抢按和按错的次数。由于声音的频率高低是相对的，所以你在实验前一定要进行练习，目的在于熟悉本实验中的高、中、低音之区别。

当你明白了上述实验步骤，请先做练习实验，然后点击下面的"正式实验"按钮开始。

3. 实验开始，每次呈现声音刺激前，屏幕先出现"预备"，然后随机呈现三种不同频率的纯音（每个频率呈现次数相等）。被试根据声音刺激作出相应选择反应。若出现抢按或选择错误则程序自动记录次数，且按错的反应时不参与统计平均反应时。被试每次作出选择按键后，自动进入下一次实验，直至做完设定的次数。

4. 实验结束，数据被自动保存。实验者可直接查看结果，也可换被试继续实验，结果可在主界面"数据"菜单中查看。

四、结果

1. 计算个人不同频率的听觉选择反应时平均数、标准差。

2. 比较不同被试的听觉选择反应时，检验是否存在性别差异。

五、讨论

1. 听觉选择反应时与听觉简单反应时有何区别？

2. 本实验是否有明显练习效应？还有哪些无关变量需要控制？

3. 呈现材料的数量多少对选择反应时有何影响？

六、参考文献

1. 杨治良. 实验心理学. 杭州：浙江教育出版社，1998：104—144

2. 余凤琼，袁加锦，罗跃嘉. 情绪干扰听觉反应冲突的 ERP 研究. 心理学报，2009，41(7)：594—601

五 视觉辨别反应时

辨别反应时（indentification reaction time）又称 C 反应时，指的是在测试中呈现的刺激为两个或多个，要求被试只对其中一个刺激作出反应，而对其他刺激则不作反应。根据唐德斯（Donders）的减数法，用被试的辨别反应时的时间减去被试简单反应时的时间就是其辨别时间。影响辨别反应时的因素主要有：（1）呈现的刺激数目。数目增加，个体的辨别反应时可能会有增加的趋势。（2）刺激的物理特征，如形状、大小、颜色等。（3）辨别反应的数目。另外，年龄、性别、疲劳等也会影响个体的辨别反应时。

本实验材料为不同颜色实心圆，分别为红、黄、绿和蓝色。实验时随机呈现。要求被试只对事先设定的颜色（称为有效刺激）作出反应（按键），而对未设定的颜色则不作反应。

一、实验目的

1. 学习掌握视觉（颜色）辨别反应时的测量方法。

2. 学会分析个体在信息加工中的辨别加工过程。

二、仪器与材料

1. 仪器：计算机及 PsyTech 心理实验系统。

2. 材料：直径为 100 像素的 4 种颜色（红、黄、绿、蓝）圆。

三、实验方法

1. 登录并打开 PsyTech 心理实验软件主界面，选中实验列表中的"视觉辨别反应时"。单击呈现实验简介。点击"进入实验"到"操作向导"窗口。实验者可进行参数设置（或使用默认参数），然后点击"开始实验"按钮进入指导语界面。可先进行练习实验，也可以直接点击"正式实验"按钮开始。

2. 指导语如下：

这是一个不同颜色刺激的视觉辨别反应时实验。请你使用 2 号反应盒，端坐在屏幕前，用优势手放在反应盒上。眼睛注视屏幕，当出现"预备"时，你要准备反应。当出现有效刺激颜色圆时你就反应，按对应颜色键，要求反应既快又准。程序将自动记录抢按和按错的次数。

当你明白了上述实验步骤（特别是有效刺激颜色）后，可以先进行练习，练习结束后点击下面的"正式实验"按钮开始。

3. 实验开始，每次呈现刺激前，屏幕上先出现"预备"，然后随机呈现 4 种颜色圆（每种颜色呈现次数相等）。被试只对事先设定的颜色即有效刺激作出反应，若出现抢按或选择错误则程序自动记录次数，且按错的反应时不参与统计平均反应时。被试每次作出反应后，自动进入下一次实验，直至做完设定的次数。

4. 实验结束，数据被自动保存。实验者可直接查看结果，也可换被试继续实验，结果可在主界面"数据"菜单中查看。

四、结果

1. 计算个人视觉辨别反应时的平均值、标准差。

2. 比较不同被试的视觉辨别反应时,检验是否存在性别差异。

五、讨论

1. 错误次数与辨别反应时是否有相关性?

2. 不同颜色有效刺激的辨别反应时是否有差异?

3. 如何用视觉简单反应时和视觉选择反应时的结果计算被试的视觉辨别反应时间?

4. 视觉辨别反应时是否存在个体差异?

5. 实验中还有哪些因素影响视觉辨别反应时? 如何加以控制?

六、参考文献

1. 杨治良.实验心理学.杭州:浙江教育出版社,1998:104—144

2. 张学民,李永娜,周仁来,黄俊红.非空间线索相容性事件相关电位研究.中国临床康复,2005,9(36):1—3

六　听觉辨别反应时

本实验材料为三种不同频率的纯音。实验时随机呈现。要求被试只对事先设定的频率声音(即有效刺激)作出反应(按键),而对未设定的频率声音则不作反应。

一、实验目的

1. 学习掌握听觉辨别反应时的测量方法。

2. 学会分析个体在信息加工中的辨别加工过程。

二、仪器与材料

1. 仪器:计算机及 PsyTech 心理实验系统。

2. 材料:选取频率为 350 Hz、750 Hz 和 2000 Hz 的纯音。

三、实验方法

1. 登录并打开 PsyTech 心理实验软件主界面,选中实验列表中的"听觉辨别反应时"。单击呈现实验简介。点击"进入实验"到"操作向导"窗口。实验者可进行参数设置(或使用默认参数),然后点击"开始实验"按钮进入指导语界面。可先进行练习实验,也可以直接点击"正式实验"按钮开始。

2. 指导语如下:

这是一个听觉辨别反应时实验。请你使用 1 号反应盒,端坐在屏幕前,用优势手放在反应盒上。眼睛注视屏幕。当出现"预备"时你要注意听并准备反应。当听到有效频率声音时你就按对应键,其中高音对应"+"号键,低音对应"-"号键,中音对应"="号键,要求反应既快又准。程序将自动记录抢按和按错的次数。由于声音的频率高低是相对的,所以你在实验前一定要进行练习,目的在于熟悉本实验中的高、中、低音之区别。同时要知道有效刺激声音的频率。

当你明白了上述实验步骤,请先做练习实验,然后点击下面的"正式实验"按钮开始。

3. 实验开始,每次呈现声音刺激前屏幕先出现"预备",然后随机呈现三种纯音(每个频率声音呈现总次数相同)。被试只对事先设定的有效频率声音作出反应,若抢按或按错(对非设定频率声音反应)程序将自动记录次数。被试每次做出反应后,自动进入下一次实验,直至做完设定的次数。

4. 实验结束,数据被自动保存。实验者可直接查看结果,也可换被试继续实验,结果可在主界面"数据"菜单中查看。

四、结果

1. 计算个人听觉辨别反应时的平均数、标准差。

2. 比较不同被试的辨别反应时,检验是否存在性别差异。

五、讨论

1. 错误次数与辨别反应时是否有关系?

2. 不同频率声音的有效刺激听觉辨别反应时是否有差异?

3. 听觉辨别反应时是否存在个体差异?

4. 实验中还有哪些因素影响辨别反应时? 如何加以控制?

六、参考文献

1. 杨治良. 实验心理学. 杭州:浙江教育出版社,1998:104—144

2. 张积家,张倩秋. 普通话和粤语记忆中的语言依赖效应. 心理学报,2006,38(5):633—644

七　反应时间和运动时间

反应时间(反应时)指的是从刺激呈现到外部反应开始所用的时间。运动时间(运动时)指的是从外部反应开始运动到运动完成所用的时间。反应时间反映的是知觉过程需要的时间,它和刺激呈现前被试的准备状况和灵敏程度等有关;而运动时间反映的是运动过程所需要的时间,它和运动的距离以及要击中目标的难度有关。因为知觉和运动是两种性质不同的过程,所以反应时间和运动时间不应该有显著相关。菲茨(P. M. Fitts)等人用运动时间和选择反应时所作的实验研究证明了此观点。杨博民等对 80 名被试用简单反应时和运动时作了比较研究,结果为二者相关系数如果用手反应为 0.21,用脚反应则为 0.29,虽达到显著水平,但因相关系数太小,对于预测来说没有意义。

本实验是由运动时间和选择反应时两部分组成,随机呈现不同方位的刺激,测定被试的选择反应时和运动反应时。

一、实验目的

1. 学习测量运动时间的方法。

2. 检验优势手的反应时与运动时是否相关。

二、仪器与材料

EP206—P 反应时运动时测定仪。

三、实验方法

1. 打开仪器电源开关,显示"SEL"。按面板上 10 或 20、30 等设置次数。若选 20 次则显示为"n——20"。被试食指按住仪器中心下方的黑色大反应键,实验就自动开始。目标键上小亮灯会随机呈现,同时仪器开始计时。

2. 指导语:这是一个反应时测运动时的实验。请你用优势手的食指按住中间大的黑色反应圆键,此时呈扇形分布的目标键(小圆)上方的指示灯会随机呈现。你一旦看到有灯亮,就立即将食指离开并去按住亮灯下面的对应目标键。然后再回到原来中间那个黑键,进入下一次实验。实验要做很多次,请你尽量做到既快又准。

3. 实验中,仪器将分别记录被试离开反应键的时间和从反应键到按住目标键的时间即运动时间等。完成设定的实验次数后,显示"END"。主试可以按功能键依次呈现以下数据:(1)实验次数;(2)总反应时间;(3)平均反应时;(4)总运动时间;(5)平均运动时间;(6)出错次数。

四、结果

1. 分别计算每个被试的平均反应时和正确平均运动时。

2. 收集全体被试数据,计算优势手的选择反应时和运动时的相关系数 r。

五、讨论

1. 根据本实验结果所得的相关系数,说明它的意义和可靠性,并与前人的研究结果作比较。

2. 反应时和运动反应时的关系是否随年龄而变化,试作分析。

3. 你认为一个人的工作效率与他的反应速度是否相关,为什么? 如何用实验来检验?

4. 本实验(或作改进后)对体育运动中哪些项目的运动员选拔有参考价值?

六、参考文献

程勇民,王跃平,梁承谋. 羽毛球运动员的反应时与竞技能力. 浙江体育科学,2006,28(2):60—63

第三章　传统心理物理法

　　1860年，费希纳(G. T. Fechner)编著出版了《心理物理学纲要》一书，创立了研究心理量和物理量之间关系的心理物理法，总结出测量感觉阈限的方法，从而为心理学实验方法的发展奠定了基础。

　　感觉是由物质刺激作用感觉器官而引起的，因此可以用物理量来说明感觉量。如以"刚刚感觉到"的物理刺激量来代表感觉的绝对阈限(简称 RL)，用"刚刚感觉到"有差别的两个物理量之差来代表感觉的差别阈限(简称 DL)。"刚刚感觉到"是指这种感觉正处在"感觉到"与"感觉不到"的过渡地带，这样大小的感觉量可以用有 50％的次数能感觉到、有 50％的次数感觉不到的物理刺激量来表示。

一　极限法测定几种频率的听觉阈限

　　传统心理物理法有三种基本方法。作为心理物理学方法之一的极限法是一种测定阈限的直接方法，又称最小变化法、最小可觉刺激或差别法。其特点是刺激按"渐增"和"渐减"两个序列交替变化组成，且每次变化的数量是相等的。每一个序列的刺激强度包括足够大的范围，能够确定从一类反应到另一类反应的瞬间转换点或阈限的位置。因为极限法刺激的两个系列被试预先知道，他也知道每次都有一定强度的刺激出现，因此极限法便易产生两种误差：一种是在渐增序列中提前报告"有"和在渐减序列中提前报告"无"的倾向所产生的期望误差；另一种是在渐减序列中坚持报告"有"、在渐增序列中坚持报告"无"的倾向所产生的习惯误差。渐增序列和渐减序列相互交替出现，在确定阈限时，求各次结果均值的方法就是为了平衡这一系统误差(一般称作"常误")。因为极限法的刺激系列反复出现，被试很快就会了解刺激范围，为了克服定势的影响，两个系列的起始点不要相同，要经常无规则地变化才行。为了检查被试是否有期望或习惯误差，渐增序列与渐减序列的操作顺序还要作适当的安排。因为在多次的测定过程中，往往会受练习或疲劳的影响而产生不一致的情况。要检查渐增序列与渐减序列所测结果是否有差别，就要使两者受练习或疲劳影响的程度相等，也就是使两者在测定顺序上机会均等(假设练习或疲劳的作用随测定次数增多而等速变化)。

　　声音响度(心理量)与声波的振幅(物理量)相对应，音高(心理量)则是与声波的频率(物理量)相对应的。但是这种对应关系并不是简单的直线性的。对不同频率的纯音进行听觉阈限的测定，可以揭示这种对应关系，而且也是一切与听觉有关的研究的基础工作之一。同时,这种工作对于通讯器材的设计、医用测听器的校准和聋症的诊断等有很大的裨益。

极限法是测定阈限的直接方法,它能形象地表明阈限这一概念。也就是说,在记录纸上可以直接看出这一类与那一类(感觉得到和感觉不到)反应的界限。极限法一般交替地使用递增和递减系列,这样既能抵消习惯误差,又能抵消期待误差。

一、实验目的

1. 熟悉极限法的应用。

2. 了解纯音听觉阈限与不同频率的关系。

二、仪器

EP304A 听觉仪。

三、实验方法

1. 被试面对仪器背面坐下,戴上耳机。主试打开仪器开关。按亮耳机插口对应的开关和左右耳输出开关。声音刺激的呈现是从弱到强(递增)或从强到弱(递减),被试分别报告听到声音和听不到声音。

2. 实验时主试使用 200、400、1000、2000、4000、8000(Hz/s)六种频率作为刺激。可以先使用 1000 再顺序使用 2000、400、4000、200 和 8000 Hz。每种频率都交替进行递增、递减各 4 个系列的测试(共 8 次)。每次增减(改变)的分贝幅度都要相同(5 分贝或 3 分贝任选一个)。递减系列从远超于听觉阈限的声音强度开始逐渐衰减分贝,直到被试报告听不到为止,记下这时的衰减分贝值。递增系列从远在阈限以下的声音强度开始逐渐增加分贝,直到被试刚刚听到声音为止,记下这时的衰减分贝值。不论是递增系列还是递减系列,主试必须随机改变每次测试的起始点。

为了避免被试疲劳,可组成主被试小组,每完成两种频率测试,主试与被试轮换一次。主试应事先准备好两个人的实验记录表格,分别记录实验数据。

四、结果

1. 记录并计算每次测得的不同频率的纯音听觉阈限,用平均数作为听觉阈限。

2. 以声级(以微巴为基准的分贝数 db)为纵坐标,以频率(Hz/s)为横坐标,画出被试六种不同频率声音刺激的纯音听觉阈限曲线图。

五、讨论

1. 本实验为什么要随机改变相继系列的起始点?

2. 在本实验中,被试的练习和疲劳对实验结果有无影响?还有什么主客观因素影响了实验结果?

3. 极限法用于本实验听觉阈限的测定有什么缺点?如何改进?

六、参考文献

1. 杨治良. 实验心理学. 杭州:浙江教育出版社,1998:167—174

2. 刘源. 对音乐速度差别感受阈限的研究. 重庆师范大学学报(自然科学版),2009,26(4):127—130

附录

1. 实验记录表

表 2 - 3 - 1　不同频率响度绝对阈限实验记录表(单位 Hz)

频率	200				400				1000				2000				4000				8000			
顺序	↑	↓	↓	↑	↓	↑	↑	↓	↑	↓	↑	↑	↑	↑	↑	↓	↑	↓	↓	↓	↓	↓	↑	↓
各次阈限值																								
平均																								

2. 实验记录图

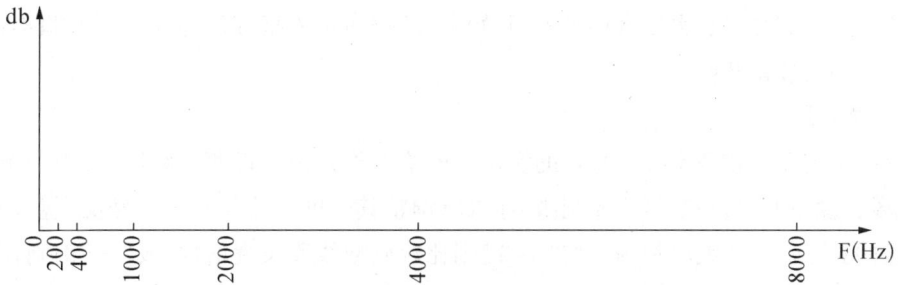

图 2 - 3 - 1　不同频率声音刺激的纯音听觉阈限曲线

3. EP304A 的升级产品是 EP304S 型听觉实验仪,该仪器特点如下。

(1) 频率选择既可固定也可自由输入。

(2) 按"音量/频率"键可以分别显示音量值 db 和频率值 Hz。

(3) 附有耳机频率响应表格,可以对实验结果的音量分贝进行校正。

二　平均差误法测定线段长度差别阈限

传统心理物理法之一的平均差误法(method of average error),又称调整法。它最适用于测量绝对阈限和等值,也可用于测量差别阈限。平均差误法的特点是:呈现一个标准刺激,让被试再造、复制或调节一个比较刺激,使它与标准刺激相等,如光的明暗、声音强弱高低、线条长短等。其调节幅度是连续变化的,不像最小变化法那样以等距离、间断变化的,也不像恒定刺激法那样是几个固定刺激按随机顺序呈现的。平均差误法的比较(变异)刺激大都是由被试操作或调整而产生的连续量的变化。接近阈限时,被试可反复调整,直到其满意为止。被试调整到在感觉上相等的两个刺激值,其物理强度之差的绝对值的平均数就是所求的阈限值。平均误差 $AE = \sum |X - St| / N$,式中 X 为每次调整的结果,St 为标准刺激,N 为实验次数。

本实验是用平均差误法来测量线段长度的差别阈限。实验中为消除动作误差,通常使一半比较刺激长于标准刺激,另一半则短于标准刺激。同时通过使比较刺激的位置在标准刺激左右各半来消除空间误差。又由于被试在实验过程中可能产生期望误差和练习误差,可采用多层次的 ABBA 法和拉丁方设计来排除。

一、实验目的

通过对线段长度的测量,学习和掌握用平均差误法测量差别阈限的原理和技术。

二、仪器与材料

1. 仪器:计算机及 PsyTech 心理实验系统。

2. 材料:两根不同长度的线段,一个为标准刺激,长度固定不变,另一个为比较(变异)刺激。

三、实验方法

1. 登录并打开 PsyTech 心理实验软件主界面,选中实验列表中的"平均差误法测定线段长度差别阈限",单击呈现实验简介。点击"进入实验"按钮到"操作向导"窗口。实验者可进行参数设置,选择实验次数,也可直接点击"开始实验"按钮进入指导语界面。本实验不设练习,点击"正式实验"按钮开始。

2. 指导语是:

这是一个需要比较两个线段长短的实验。屏幕上将并排呈现两条线段,其中一个是标准刺激,线段长度不变;另一个是比较刺激,你可以调整其长度。请你使用 1 号反应盒调整比较刺激线段的长度使两条线段相等。按"+"键则比较刺激线段长度增加,按"−"键则比较刺激线段长度减少。如果认为已调整至相等请按中间的"="键予以确认,然后自动进入下一次实验。实验需要做很多次。

当你明白了上述指导语后,请点击下面的"正式实验"按钮开始。

3. 实验中为消除位置误差和顺序误差,每 5 次实验为一组,每组内顺序一样,但长短随机,具体排列顺序为:"右长"、"右短"、"左短"、"左长"、"左长"、"左短"、"右短"、"右长"。将比较刺激在右,长于标准刺激称为"右长"。同理设定"右短"、"左短"、"左长"。一个循环共 40 次。如做 60 次或 80 次则按上面顺序增加。20 次则只取前 20 次。被试每按键一次,线段长度改变一个像素单位。

4. 实验结束,数据被自动保存,实验者可直接查看结果,也可换被试继续实验,以后在主界面的"数据"菜单中查看。

四、结果

计算被试线段长度估计的平均误差 AE。

五、讨论

1. 平均差误法有什么特点?

2. 本实验是如何避免空间位置误差和动作误差的? 是否存在个体差异?

3. 实验中是否还有一些变量没有得到很好控制而影响了实验结果?

六、参考文献

杨治良.实验心理学.杭州:浙江教育出版社,1998:177—180

三　恒定刺激法实验

实验一　恒定刺激法测定重量差别阈限

恒定刺激法又叫正误法或次数法。其测定方法是让被试将比较刺激与标准刺激加以比较。标准刺激是被试感觉到的某一刺激强度,比较刺激可在标准刺激上下一段距离内确定,一般选 5—10 个作为比较刺激,随机呈现。用此方法测定差别阈限时,要求被试以口头报告形式表示"大于"、"等于"和"小于",分别记为"＋"、"＝"和"－",这样就得到一个是"从感到比较刺激轻"到"相等",即差别阈限下限(L_1);一个是从"感到相等"到"重",即差别阈限上限(L_u),一般是用直线内插法求得上下阈限,然后利用如下公式求出绝对差别阈限。

计算公式:上差别阈限(DL_u) = 上限(L_u) － 标准刺激(st)

下差别阈限(DL_1) = 标准刺激(st) － 下限(L_1)

绝对差别阈限(DL) = ($DL_u + DL_1$)/2

或(DL) = ($L_u - L_1$)/2

主观相等点 PSE = ($L_u + L_1$)/2

常误 CE = PSE － st

重量差别阈限常数 K(韦伯常数)＝DL/st

一、实验目的

通过重量差别阈限的测定,学习和掌握用恒定刺激法测量差别阈限的原理和技术。

二、仪器与材料

EPT512 重量鉴别器一套

三、实验方法

1. 主试首先画好实验记录表(附后),每个比较刺激(包括一个 100 克)须与标准刺激 100 克比较 20 次,共 140 次,表中"先"表示先呈现标准刺激后再呈现比较刺激,"后"表示先呈现比较刺激后再呈现标准刺激。无论是"先"还是"后",被试回答都是用第二个重量去比较第一个重量,并且口头报告是"重"、"相等"和"轻"。记录也是相对标准而言分别记录为"＋"、"＝"和"－",这没有问题。但实验若是先呈现比较刺激再呈现标准刺激时记录要注意。如先呈现 88 克,再呈现 100 克,被试根据第二与第一比较原则报告"重",回答正确,记录却要记为"－"(相对标准刺激 100 克轻)。而不是"＋"号。同理"轻"则"＋"而不是"－"。总之在"后"一栏,记录"＋"、"－"要与被试回答相反。实验时主试呈现刺激应遵循随机原则。当然标准刺激与比较刺激都为 100 克时无所谓先后呈现,但还是要作比较并记录被试感觉的轻重。

> **注意:**(1)主试记录也可按被试实际回答记录,即报告"重"记"＋"、报告"轻"记"－",而在实验结束整理数据时将"后"栏中的"＋"、"－"再颠倒过来。

（2）实验中可以借用 EPT713 迷宫的挡板，以挡住被试的视线（如果没有实验台 EPT713 挡板，被试实验时须戴上遮眼罩或闭上眼睛。）。呈现两个刺激的时间间隔不要超过 1 秒，以免第一感觉消退，两次之间间隔不要低于 5 秒，以免各次之间相互干扰。

2. 被试坐在实验台前，手绕过挡板接受刺激，被试用优势手拇指和食指捏住圆柱体慢慢向上举，上下掂两下约两秒就放下，当掂过第二个时，根据感觉口头报告第二个比第一个"重"、"相等"还是"轻"，直至做满 140 次，期间每做完 20 次可以稍事休息。

3. 主试记录完毕，将内容再整理成恒定刺激法测定重量差别阈限的结果表，然后分别画出相对标准刺激是"重"、"相等"和"轻"的三根曲线，用直线内插法在纵轴 50% 处作一水平线，交于 a、b 两点，由 a 向横轴做垂线，其交点即为下限 L_1，同理，b 作垂线交点为上限 L_u，然后根据公式求出绝对差别阈限（DL）$=(L_u-L_1)/2$。

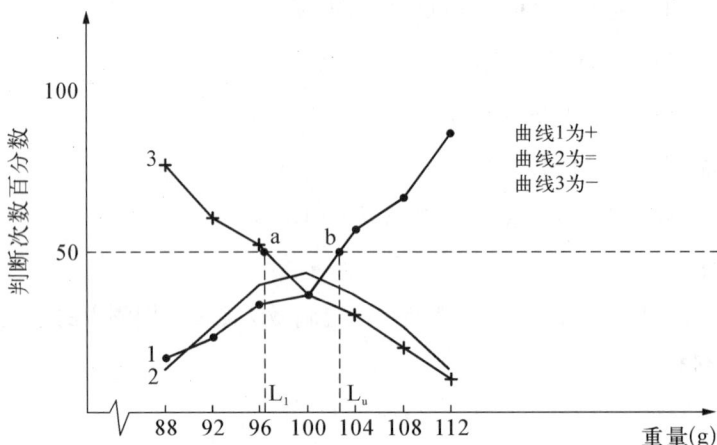

图 2-3-2　三类反应的心理测试函数曲线示意图

四、结果

用直线内插法分别根据图表求出重量的差别阈限 DL 和韦伯常数 K。

五、讨论

1. 用恒定刺激法测定差别阈限有什么特点？它与极限法、平均差误法有何异同？

2. 实验结果是否符合韦伯定律，为什么？

3. 根据本实验结果说明有没有时间误差？如有，它是否影响了测定的结果？

六、参考文献

1. 郭秀艳. 实验心理学. 北京：人民教育出版社，2004：301—304

2. 王优，邵志芳. 笔划频率和字体对汉字大小辨认阈限的影响. 心理科学，2009，32（1）：134—136

附录

1. 重量判断记录表（标准刺激为 100 克）

表 2 - 3 - 2

比较刺激 判断 结果 序号	88 克		92 克		96 克		100 克		104 克		108 克		112 克	
	先	后	先	后	先	后	先	后	先	后	先	后	先	后
1														
2														
3														
4														
5														
6														
7														
8														
9														
10														
次数 % 重														
相等														
轻														

2. 恒定刺激法测定重量差别阈结果表

表 2 - 3 - 3

比较刺激(g)	比较的结果(次数%)		
	(1) "+"	(2) "="	(3) "-"
88			
92			
96			
100			
104			
108			
112			

实验二　恒定刺激法测定频率差别阈限

恒定刺激法又叫正误法或次数法。是测量绝对阈限、差别阈限和其他一些心理值的主要方法之一。用恒定刺激法测定差别阈限的方法是让被试将比较刺激与标准刺激加以比较,比较刺激可在标准刺激上下一段距离内确定,一般选 5—7 个作为比较刺激,随机呈现每对刺激(一个标准,一个比较)。用此方法测定差别阈限时,要求被试以反应按键来表示"高于"、"等于"和"低于",分别对应于"+"、"="和"-"键。这样就得到一个从"感到比标准刺激低"到"相等"的差别阈限下限,一个是从"感到相等"到"高"的差别阈限上限。一般是用直线内插法求得上下限,再求出差别阈限 DL。

本实验以频率为 1000 Hz 的声音为标准刺激,分别与 985 Hz、990 Hz、995 Hz、1000 Hz、1005 Hz、1010 Hz、1015 Hz 共 7 个频率的比较刺激作比较。

一、实验目的

1. 通过对频率差别阈限的测定,学习如何用恒定刺激法测量差别阈限。

2. 掌握直线内插法计算差别阈限的方法。

二、仪器与材料

1. 仪器:计算机及 PsyTech 心理实验系统。

2. 材料:标准刺激为 1000 Hz 频率的纯音,比较刺激声音频率为 985 Hz、990 Hz、995 Hz、1000 Hz、1005 Hz、1010 Hz 和 1015 Hz 的纯音共 7 个。

三、实验方法

1. 登录并打开 PsyTech 心理实验软件主界面,选中实验列表中的"恒定刺激法测定频率的差别阈限"。单击呈现实验简介。点击"进入实验"到"操作向导"。实验者可进入参数设置窗口设定实验次数等参数,也可直接点击"开始实验"进入指导语界面。本实验不设练习,点击"正式实验"按钮开始实验。

2. 指导语是:这是一个用比较声音频率高低来测定差别阈限的实验。每次实验计算机将先后发出两个频率的声音(频率可能相同也可能不同)。请你使用 1 号反应盒判断哪个声音的频率更高。如果你觉得第二个声音比第一个声音的频率高,请按"+"键,觉得第二个声音比第一个声音的频率低,请按"-"键,如果觉得两个声音频率相同,请按"="键。实验将进行很多次。

当你明白了上述指导语后,请点击下面的"正式实验"按钮开始。

3. 实验开始后出现成对的声音,每次两个声音中一个是比较刺激另一个是标准刺激。总次数中一半次数为标准刺激在先,一半次数为标准刺激在后,随机呈现。如果实验次数超过 70 次,则每做完 70 次可稍事休息。

4. 实验结束,数据被自动保存。实验者可直接查看结果,也可换被试继续实验,结果可在主界面"数据"菜单中查看。

四、结果

1. 将判断为高频、相等、低频的次数分别填入三线表,并计算出相应的百分数。

2. 以声音频率为横轴,判断次数的百分数为纵轴,作三类反应的心理测量的函数曲线。

3. 用直线内插法求出单个被试和全体被试的差别阈限。

五、讨论

1. 根据本实验结果,说明实验有无顺序误差,如果有,它如何影响测定的结果。

2. 用恒定刺激法测量差别阈限有什么特点?

3. 实验结果是否符合韦伯定律,为什么?

六、参考文献

1. 杨治良.实验心理学.杭州:浙江教育出版社,1998:180—185

2. 王健,邵志芳.电子地图汉字大小辨认阈限和合理字间距.应用心理学,2008,14(1)：60—65

四　对偶比较法制作颜色爱好量表

心理量表是传统心理物理法中用来测量阈限上感觉的一种方法。根据其测量水平的不同,又分称为命名量表、顺序量表、等距量表和比率量表。其中顺序量表没有相等单位,没有绝对零点,是按某种标准或等级对事物进行排序。在心理学实验中,一般用等级排列法和对偶比较法来制作顺序量表。

对偶比较法是制作心理顺序量表的一种间接方法。这种方法是把所要测量的刺激配成对,让被试对刺激的某一特性进行比较,并作出判断：这种特性的两个刺激中哪一个更为明显或更喜欢哪一个刺激。如果有 n 个刺激,则配对的数目应为 n(n−1)/2 对。每对刺激需要比较两次。为了消除顺序误差和空间误差,在第二轮比较时每对刺激的呈现顺序要与第一轮相反,左右位置也应对调。

一、实验目的

通过对不同颜色的爱好程度的测定,学习用对偶比较法制作心理顺序量表的方法。

二、仪器与材料

1. 仪器：计算机及 PsyTech 心理实验系统。

2. 材料：红、橙、黄、绿、蓝、青、紫共 7 种颜色圆,配成对,每对刺激比较两次,第二次呈现的顺序相反,左右位置对调,共 42 次。

三、实验方法

1. 登录并打开 PsyTech 心理实验软件主界面,选中实验列表中的"对偶比较法制作颜色爱好量表"。单击呈现实验简介。点击"进入实验"到"操作向导"窗口。本实验无参数设置,实验者可直接点击"开始实验"进入指导语界面,然后点击"正式实验"按钮开始。

2. 指导语是：下面每次将呈现两种不同的颜色,请你使用 1 号反应盒对每次呈现的一对颜色进行选择。如果你喜欢左边的颜色,请按"−"键;喜欢右边的颜色,请按"＋"键。实验将进行很多次。当你明白了上述指导语后,请你点击下面的"正式实验"按钮开始实验。

3. 实验开始,被试按任意键,屏幕就会左右显示一对颜色圆,呈现时间不限,不计反应时。被试对两种颜色作出选择(按键后),两圆消失,直至做完 42 次后自动结束。

4. 实验结束,数据被自动保存。实验者可直接查看结果,也可换被试继续实验,结果可在主界面"数据"菜单中查看。

四、结果

1. 根据每种颜色被选中的次数,从多到少排出顺序。

2. 制作颜色爱好顺序量表：将每种颜色第一、二轮被选中颜色的总次数作为选中分数 C,计算选中比例 P,算出选中分数 C',C' 的比例 P' 可用 C'/2n 算出来,此时能得出被试对刺激爱好的顺序,但如把 P 转换成 Z 分数,就可得到对各样品颜色爱好程度的大小。由 P' 查 PZO 转换表得到 Z 值。因这个程度本来就是相对的,为消除负值,把每个 Z 分数加上负值中最小数的绝对值,得到 Z' 值。这样 Z' 的最小值恰好为零,就可以在坐标轴上排列出爱好程度的顺序。将各项数据分别填入下面的"实验记录表"。

表 2 - 3 - 4

	颜　色						
	红	橙	黄	绿	蓝	青	紫
总计选中分数 C							
$P=C/2(n-1)$							
$C'=C+1$							
$P'+C'/2n$							
Z							
Z'							
顺序							

五、讨论

1. 本实验中为什么要改变左右的位置?

2. 对偶比较法的应用范围是什么?

3. 请用对偶比较法设计一个调研方案,考察同种类型商品的多个广告设计的效果。

六、参考文献

杨治良. 实验心理学. 杭州:浙江教育出版社,1998:190—193

五　等级排列法制作心理顺序量表

等级排列法是一种制作顺序量表的直接方法。它与对偶比较法的不同是把许多刺激同时呈现,让许多被试按照一定标准对所有刺激进行排序。然后把许多人对同一刺激评定的等级加以平均,就能求出每一刺激的各自平均等级。最后把各刺激按平均等级排出,就是一个顺序量表。因此,在空间误差可以忽略的前提下,等级排列法是制作心理顺序量表的一种最简捷最直接的方法。这种方法在市场研究和调查中较常用,如调查消费者对同类商品的评价和购买意向、收视率调查以及对一组广告优劣的评判等。

一、实验目的

通过对 8 种手机外观的喜好程度的排列,学习用等级排列法制作心理顺序量表的方法。

二、仪器与材料

1. 仪器:计算机及 PsyTech 心理实验系统。

2. 材料:8 张不同型号的手机图片。

三、实验方法

1. 登录并打开 PsyTech 心理实验软件主界面,选中实验列表中的"等级排列法制作心理实验量表"。单击呈现实验简介。点击"进入实验"到"操作向导"窗口。本实验无参数设置和练习实验,实验者可看完指导语后直接开始实验。

2. 指导语如下:

下面将要呈现的是一组不同款式和颜色的手机图片。请你根据自己对这些手机外观的喜好程度进行排序,将手机图片拖到下面相应的框内。框分别用 1、2、3、4、5、6、7 和 8 表示,最喜欢的排第 1 位,依此类推。你可以修改排序,直至完全从高到低排列为止。

在你明白了上述实验步骤后,请点击下面的"正式实验"按钮开始实验。

3. 实验界面中,上面并排有 8 张手机图片。下面是编号从 1 到 8 的 8 个框。被试排序完毕,点"确定"按钮予以确认。

4. 实验结束,数据被自动保存,实验者可直接查看结果,也可以换被试继续实验,结果可在主界面"数据"菜单中查看。

四、结果

1. 根据结果中被试对手机的喜好程度排出顺序。

2. 将所有被试(n个)对某一图片上手机的评分等级全部加起来(等级总和),求出平均等级(MR),平均选择分数($MC=n-MR$)、选中比例 P、$M'c$ 和 P'。并由 P' 查 PZO 转换表,得到 Z 值,以最小值为 O(排名最后),消除负值(取绝对值)算出各手机图片(代号)的对应 Z' 值。在 Z 轴上表示出来,Z'值越大,排名越前。结果填入附表。

五、讨论

1. 对本实验的排列结果(本人和全体)进行分析,说明心理学的依据。

2. 图片呈现时的排序是否会影响实验结果?

3. 在市场研究和调查中,等级排列法有哪些应用?

4. 某服装厂准备对女性风衣的流行款式和颜色进行调研,请你设计一个调研方案。

六、参考文献

1. 杨治良.实验心理学.杭州:浙江教育出版社,1998:187—190

2. 田晓明,冯成志.对偶比较法、等级排列法和两极递进式排序法的比较.心理科学,2009,32(4):788—791

附录

实验记录表

表 2 - 3 - 5

	手机图片代号							
	C128	C308	E578	I308	I819	S159	X648	X899
全体被试等级总和								
平均等级(MR)								
MC＝n－MR								

	手机图片代号							
	C128	C308	E578	I308	I819	S159	X648	X899
$P=Mc/(n-1)$								
$M'c=Mc+0.5$								
$P'=M'c/n$								
Z								
Z'								
名　次								

第四章　现代心理物理法

传统的心理物理学方法以阈限值的倒数表示感受性大小,阈限越小,感受性越高。现代心理物理学认为,采用传统心理物理法所测定的阈限往往是感受性和被试反应的主观因素相混合的产物。例如,关于精神分裂症患者与正常人大小常性的对照研究,帕雷斯(Perez, 1961)等人认为患者比正常人的大小常性要高;汉密尔顿(Hamliton, 1963)等人认为低。而皮什克姆-史密斯(Pishkm-Smith, 1962)等人的看法则是没有差别。出现这些差异的根本原因是研究者无法把感受性的测量和被试的动机态度等主观因素所造成的反应偏好区分开。而信号检测论在测定感受性上能把被试的主观态度区分开,因此信号检测论是心理物理法的新发展。当然,我们并不能因此而否定传统心理物理法在测定感受阈限方面的作用,只是应用信号检测论的实验更宜用于人的主观因素对实验结果影响较大的实验当中。

信号检测实验一般是在信号和背景不易分清的条件下进行的。对信号检测起干扰作用的背景均称"噪音"。被试对有无信号出现的判定有四种结果,用矩阵表示如下。

表 2 - 4 - 1

刺　激＼反　应	Y	n
信号 SN	f_1	f_2
噪音 N	f_3	f_4

方阵中:f_1 为击中次数,f_2 为漏报次数,f_3 为虚报次数,f_4 为正确否定次数,击中概率 $P(Y/SN) = \dfrac{f_1}{f_1 + f_2}$,虚报概率 $P(Y/N) = \dfrac{f_3}{f_3 + f_4}$。主试通过改变先定的概率 P(SN) 和 P(N)、改变判定结果的奖惩方法及改变指导语等来改变被试采用的判定标准 $\beta = \dfrac{O_{击中}}{O_{虚惊}}$,而辨别力 $d' = Z_{击中} - Z_{虚惊}$,则不受情绪、动机等影响。显然被试会由于主试改变先定概率等因素,而采用不同态度,即判定标准,进而影响到实验结果($\beta > 1$,被试掌握标准较严;$\beta = 1$,不严不松;$\beta < 1$,标准较松)。d' 越大,敏感性越高;d' 越小,则敏感性越低。

一　信号检测论(有无法)

实验一　比较不同频率的声音

本实验用两个不同频率的声音刺激作为"信号"和"噪声",随机呈现。根据被试的击中率和虚报率计算辨别力 d′和判定标准 β,并绘制操作者特性曲线,即 ROC 曲线。

信号与噪声之间的强度差异要与被试的感觉辨别阈限接近。这样可以保证实验结果的可靠性,能客观地测量出被试的感受性和判断时的反应倾向性。因此,实验前须首先用传统心理物理法进行预备实验,测量被试的感受性水平,以确定信号与噪声的强度。

一、实验目的

1. 测定和比较不同频率声音的辨别力和判定标准。

2. 考察不同先定概率下被试的辨别力和判定标准。

3. 掌握信号检测论(有无法)的实验设计过程。

二、仪器与材料

1. 仪器:计算机及 PsyTech 心理实验系统。

2. 材料:1000 Hz、1005 Hz、1010 Hz 和 1015 Hz 4 种频率的声音刺激。

三、实验方法

1. 登录并打开 PsyTech 心理实验软件主界面,选中实验列表中的"信号检测论(有无法)"。单击呈现实验简介。点击"进入实验"到"操作向导"。在参数设置中,实验者可以让被试先进行预备实验确定信号的频率。如果没有时间做预备实验可以人工选取 1005 Hz、1010 Hz、1015 Hz 中的一种频率的声音作为信号,直接开始实验。

2. 预备实验的指导语是:这是一个预备实验,使用 1 号反应盒。每次实验,计算机将先后发出两个不同频率的声音。请你判断哪个声音的频率更高。如果你觉得第二个声音比第一个声音的频率高,请按"+"键;如果觉得第二个声音比第一个声音的频率低,请按"-"键。预备实验将进行 30 次。

当你明白了上述指导语后,请点击下面的"预备实验"按钮开始。

3. 预备实验结束后,实验者在"预备实验结果"中将正确百分比中最接近 80% 的频率作为正式实验的信号(SN),而 1000 Hz 则作为噪声(N)。

4. 正式实验指导语是:这个实验要测验你对声音频率的辨别力,实验将逐个呈现一系列声音。请你使用 1 号反应盒,判定出现的声音刺激是信号还是噪声。是信号就按"+"号键,是噪声就按"-"号键,即使不能肯定也要凭感觉选择。实验将做很多次,每 50 次为一组。每组信号和噪声出现的概率可能是不同的。本组实验信号出现的概率为 50%。实验开始前请先分别按"信号"按钮和"噪声"按钮熟悉两者的区别,按"信号"按钮将响一次信号声,按"噪声"按钮将响一次噪声。可以多按几次试听。

当你明确了下面实验的先定概率以及了解了信号与噪声的区别后就可以点击"开始本组实验"按钮进行实验了。

5. 本实验有三个先定概率,不同先定概率刺激的呈现按如下顺序进行:0.50、0.20、0.80、0.80、0.20、0.50,并将每种先定概率下的 100 次实验分为两个 50 次进行。每 50 次实验前,指导语会告知被试下面要做的实验中信号出现的概率,同时要求被试去点击"信号试听"和"噪声试听"按钮,以熟悉信号与噪声的声音区别。被试明确以上两点对准确完成实验非常重要。然后再点击"正式实验"开始。做完 6 个单元(50 次/单元)弹出实验结束提示语。

6. 实验结束,数据被自动保存。实验者可直接查看结果,也可换被试继续实验,结果可在主界面的"数据"菜单中查看。

四、结果

1. 整理结果中的三个表,分别算出 3 个不同先定概率的击中概率 $P(Y/SN) = f_1/(f_1 + f_2)$ 和虚惊概率 $P(Y/N) = f_3/(f_3 + f_4)$。然后由 PZO 转换表分别查得 $Z_{击中}$ 和 $O_{击中}$ 以及 $Z_{虚惊}$ 和 $O_{虚惊}$,算出辨别力 $d' = Z_{击中} - Z_{虚惊}$ 和判断标准 $\beta = O_{击中}/O_{虚惊}$,填入下面的三线表中。

表 2 - 4 - 2

P(SN)	0.20	0.50	0.80
P(Y/SN)			
P(Y/N)			
d'			
β			

2. 根据所估计的三对 $P(Y/SN)$ 和 $P(Y/N)$ 的数值,以虚惊 $P(Y/N)$ 为横坐标,以击中概率 $P(Y/SN)$ 为纵坐标,画出 ROC 曲线图。

五、讨论

1. 比较被试 d' 和 β 值,说明不同先定概率下被试对声音频率的辨别力和判定标准有什么差异。

2. 不同被试的 ROC 曲线与标准的 ROC 曲线是否有区别,如何解释?

3. 信号检测论与传统心理物理法之间有何区别和联系?

4. 为什么用有无法进行实验前要预先选定信号和噪声? 否则将有可能出现什么情况?

六、参考文献

杨治良. 实验心理学. 杭州:浙江教育出版社,1998:227—249

实验二 先定概率下的重量鉴别

一、实验目的

通过重量鉴别,学习信号检测论实验的有无法。

二、仪器与材料

1. EPT512 重量鉴别器,其中 100 克(黑)、104 克、108 克、112 克各一个。

2. EPT713 迷宫(作为挡板)。

三、实验方法

1. 首先用传统心理物理法进行预备实验,测量被试的感受水平,以选出适合该被试测试的信号。方法是主试把 104 克、108 克和 112 克分别让被试与 100 克比较 10 次,共 30 次(信号在前和在后各 5 次）。选出一个在 10 次比较中 7 或 8 次觉得比 100 克重的作为信号刺激。而 100 克(黑色)则作为噪音(具体操作可以参阅恒定刺激法测定差别阈限)。

注：如无时间做预备实验,可以用 100 克作噪音,108 克作为信号直接进行鉴别。

2. 主试按下列三种不同的 SN 和 N 出现的先定概率安排实验顺序。

	(1)	(2)	(3)
P(SN)	20	50	80
P(N)	80	50	20

每种先定概率做 100 次(分两轮,每轮 50 次),实验记录表参阅附录。

3. 指导语是：实验开始时请你用优势手绕过迷宫的挡板,手心向上。每次实验我会放一个小盒子在你手上。请你根据盒子重量的感觉告诉我是信号还是噪音。每 50 次实验前我会多次在你手上试放,并告诉你哪个是信号哪个是噪音,你要记住它们的区别。同时我还会告诉你下面这 50 次实验中信号出现的概率。实验要做很多遍,你要认真判断。

4. 每 50 次实验开始前,主试都要让被试熟悉信号(SN)和噪音(N)的区别(将 SN 和 N 分别放置在被试的手心),同时告诉被试这 50 次中信号出现的概率。接着正式实验开始,主试给被试重量刺激。

举例：实验记录表中第一大列 0.50 概率。第 1 次主试呈现信号刺激,被试回答"信号",则主试记录"＋",第 2 次呈现信号,被试回答"噪音"则记录"－",第 3 次呈现噪音,回答"噪音"则记录"－",第 4 次呈现噪音,回答"信号",则记录"＋",第 5 次呈现信号,回答"噪音"则记录"－"。

总之,呈现信号在信号"SN"列记录,呈现噪音在噪音"N"列记录。主试按随机原则呈现信号和噪音,只要信号的呈现次数满足先定概率即可(本例 0.50,25 次,而在 0.20 概率中,呈现信号 10 次)。每做完 50 次,休息 3 分钟,然后告诉被试下面要做实验的先定概率及让其再次熟悉信号与噪音的区别。之后重复上述方法测试,直至做完 300 次为止。两次呈现刺激时间间隔应大于 3 秒。

5. 被试用优势手绕过迷宫的挡板,接受刺激,被试提举重量时,提的高低,快慢要前后一致,并根据自己的判断报告"信号"或"噪音"。

四、结果

1. 统计整理记录表中的内容。SN 下的"＋"号为击中次数 f_1,"－"号为漏报次数 f_2,N 下的"＋"号为虚报次数 f_3,"－"号为正确拒斥次数 f_4。按先定概率不同,列出三个 2×2 矩阵(见附录),并计算出相应的"击中"概率 P(Y/SN) 和虚报概率 P(Y/N)。

2. 根据所估计的三对 P(Y/SN) 和 P(Y/N),以 P(Y/N) 为横坐标,以 P(Y/SN) 为纵坐标,画出接受者操作特性曲线,简称 ROC 曲线。

3. 把各对 P(Y/SN) 和 P(Y/N) 相对应的 Z 值和 O 值通过 PZO 转换表查出来,并计算 d' 和 β,填入下表。

表 2-4-3

P(SN)	先　定　概　率								
	0.20			0.50			0.80		
	P	Z	O	P	Z	O	P	Z	O
Y/SN									
Y/N									
d'									
β								·	

五、讨论

说明被试重量鉴别的感受性,以及 SN 的先定概率对被试判定标准的影响。

六、参考文献

杨治良.实验心理学.杭州：浙江教育出版社,1998,227—249

附录

1. 实验记录表

表 2-4-4

	0.50		0.20		0.80		0.80		0.20		0.50	
	SN	N	SN	N	SN	N	SN	N	SN	N	SN	N
1	+											
2	−											
3		−										
4		+										
5	−											
...												
49												
50												

2. 先定概率的 2×2 矩阵举例

表 2-4-5　先定概率 P(SN)=0.50(测 100 次)的矩阵表

	Y	n
SN	40	10
N	22	28

第二部分　操作实验

$$P(Y/SN) = \frac{f_1}{f_1 + f_2} = \frac{40}{40 + 10} = 0.80$$

$$P(Y/N) = \frac{f_3}{f_3 + f_4} = \frac{22}{22 + 28} = 0.44$$

注：先定概率为 0.20、0.80 的矩阵与上表相同，由学生自行画出。

二 信号检测论（迫选法）

迫选法是信号检测论的又一种方法。它与有无法一样也是用两类刺激：信号（SN）和噪音（N），且信号和噪音的差别也要用心理物理法通过预备实验来确定。迫选法的实验程序有下列几方面的特点：

1. 刺激方式是每次给被试呈现刺激数目为 2—8 个。其中一个是信号，其余均为噪音，称为 m AFC 方式。m 代表刺激数目。呈现的多个刺激可以同时呈现也可以相继呈现。信号在刺激系列中的呈现位置是随机的。

2. 反应方式是当呈现多个刺激后，要求被试判断哪一个是信号。被试作出判断的依据是他对当前多个刺激引起的感觉量差异（本实验是频率差异）。被试无需自己再确定一个判断标准。如判断后发现错误可及时更正。

3. 计算感受性的方法是根据实验次数算出正确判断概率 P(c)＝C/N（C 为被试正确判断次数，N 为被试判断的某刺激数目的总次数）。P(c)是反应被试辨别力的指标，P(c)越大表示感受性越高。一般说来，被试的辨别力与每次呈现的刺激数目有关。数目越多，被试分辨信号的难度就越大。

一、实验目的

1. 考察不同数目的刺激对被试判断信号准确性的影响。

2. 学习信号检测论的迫选法。

二、仪器与材料

1. 仪器：计算机及 PsyTech 心理实验系统。

2. 材料：4 种频率声音 1000 Hz、1005 Hz、1010 Hz 和 1015 Hz。1000 Hz 作为噪音，信号的频率由预备实验确定或人工选取。

每组呈现的声音刺激数为 2 AFC、4 AFC 和 6 AFC，各占总次数的 1/3。

三、实验方法

1. 登录并打开 PsyTech 心理实验系统主界面，选中实验列表中的"信号检测论（迫选法）"。单击呈现实验简介。点击"进入实验"到"操作向导"。在参数设置中，实验者可以让被试先进行预备实验确定信号的频率。也可以不做预备实验，人工选取一种频率作为信号，直接开始实验。

2. 预备实验的指导语是：这是正式实验前的预备实验，方法是用 1000 Hz 的声音分别与另外三个频率的声音作比较，每次呈现两个声音，你的任务是用后面的声音与前面的声音作比较。觉得比前面音高按"+"号键,比前面音低按"一"号键,直至做满 30 次。实验完毕,可查看结果,将正确百分比中最接近 80% 的这个频率作为下面实验的信号(SN),而 1000 Hz 就作为噪音(N)。

3. 点"确定",回到"操作向导"。此时可进行参数设置,选取信号频率等。然后点击"开始实验"进入信号检测论正式实验指导语界面。被试仔细阅读指导语后,可点击"正式实验"开始。

4. 正式实验指导语是:这是一个测定声音辨别能力的实验。实验开始后,屏幕出现"预备",此时你要注意听。每次实验呈现的刺激是一组声音,每组声音可能是 2 个,也可能是多个。每组声音中频率最高的一个是信号,其余均为噪音。你的任务是判断信号的声音在该组中是第几次出现的,并输入出现的顺序号,输完后按回车键予以确认。实验要做很多次。实验开始前请先分别按"信号"和"噪音"按钮熟悉两者的区别,按一次响一次,可以多按几次试听。当你明白了实验步骤以及了解了信号与噪音的区别后就可以点击"开始实验"按钮进行实验了。

5. 实验结束,数据被自动保存。实验者可直接查看结果,也可换被试继续实验,结果可在主界面"数据"菜单中查看。

四、结果

1. 分别统计被试在三种条件(2 AFC、4 AFC、6 AFC)下的正确判断次数。

2. 由公式分别算出三种条件下被试辨别信号(频率)的能力,并填入下表。

表 2-4-6　刺激数目对辨别信号频率的影响

m AFC	2	4	6
P(c)			

五、讨论

1. 根据实验结果,说明被试对辨别信号频率的能力是如何随刺激呈现数目而变化的。

2. 迫选法适合在什么条件下使用?

3. 在用迫选法设计实验时,选择信号和噪音刺激系列时应注意哪些问题?

六、参考文献

杨治良. 心理实验数学内容更新的初步尝试. 心理科学通讯. 1983(3):37—45

三　信号检测论(评价法)

评价法是信号检测论最常用的方法之一。它要求被试对呈现的每一个刺激不仅回答是不是信号,而且还要求对每次判断的把握有多么大作出等级评价(在有无法中只要求被试回答是否是信号,被试只要一个判断标准就可以了)。通常把被试对信号肯定程度的回答分为五个等级。

（1）100％—80％肯定是信号(SN)，　　　　　肯定看过；

（2）80％—60％可能是信号(SN)，　　　　　可能看过；

（3）60％—40％可能是信号，也可能是噪音，　不能确定；

（4）40％—20％可能是噪音(N)，　　　　　可能没看过；

（5）20％—0％ 肯定是噪音(N)，　　　　　肯定没看过。

被试在实验中，根据以上五个等级对呈现的刺激作出是信号或噪音的判断。在判断时实际依据的是四种不同标准(C1、C2、C3、C4)，判定当前刺激引起的感觉量是属于哪一类别(见下图)。由于用评价法进行实验不必用其他实验措施(如有无法中改变呈现信号 SN 的先定概率等)，用一轮实验的结果就可以绘制 ROC 曲线。因此，评价法可以在相同的时间内得到更多的信息。

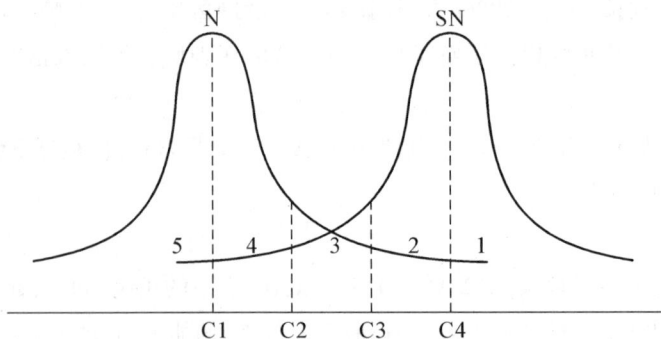

图 2-4-1　被试四种判定标准概率分布图

本实验用汉字再认来做信号检测论的评价法实验。依据五个等级反应次数，计算四个判断标准下被试的击中率 P(Y/SN) 和虚惊率 P(Y/N)，计算相应辨别力 d′ 和判断标准 β，并根据击中率和虚惊率绘制 ROC 曲线(P 坐标)。

一、实验目的

通过比较被试对汉字再认的准确性和判断标准，学习用评价法进行信号检测论实验。

二、仪器与材料

1. 仪器：计算机及 PsyTech 心理实验系统软件。

2. 材料：信号汉字 100 个，噪音汉字 100 个。

三、实验方法

1. 登录并打开 PsyTech 心理实验软件主界面，选中实验列表中的"信号检测论(评价法)"。单击呈现实验简介。点击"进入实验"到"操作向导"。实验者可进行参数设置：改变刺激呈现时间等参数或默认参数。点击"开始实验"呈现本实验指导语。

2. 指导语是：这是一个用评价法进行的信号检测论实验。实验开始后屏幕会逐个呈现一系列汉字，请你认真看并尽量记住这些汉字。当你明白了上述指导语的意思后，就点击下面的"正式实验"按钮开始。

被试按任意键后，屏幕就开始逐个呈现 100 个作为信号的汉字。呈现完毕，弹出"呈现结束"提示语,点"确定"再次出现指导语:下面屏幕将再次逐个呈现一系列汉字。其中一半是你刚才看过的,一半是没有看过的。请你对这些呈现的汉字作出判断,是否你刚才看过的,并用鼠标对你判断的肯定程度作等级评价。如果 100％肯定看过,请点击"1";如果觉得可能(75％肯定)看过,请点击"2";如果觉得不能确定(50％肯定)看到过,请点击"3";如果觉得可能(25％肯定)没看过,请点击"4";如果 100％肯定没有看过,请点击"5"。当你明白了上述实验的步骤后,就请点击下面的"正式实验"按钮开始。

3. 实验先呈现 100 个作为信号的汉字,被试只看并记忆,不作其他反应。呈现完毕,将另外 100 个作为噪音的汉字与原来呈现过的汉字混合后再次随机呈现。被试按照实验指导语要求对每个呈现的汉字作出是"信号"还是"噪音"的判断,并要求被试按五个等级评价。

4. 实验结束,点击结束提示语中的"确定"可直接查看结果,也可以换被试继续实验,结果可在主界面"数据"菜单中查看。

四、结果

1. 根据结果表 2-4-8 中的五个等级反应的次数,横坐标为评价等级数,纵坐标为次数,画出信号与噪音对比关系的直方图。

2. 根据结果表 2-4-8 中五个等级反应的次数,算出 C 值(表 2-4-9),分别填入下面表 2-4-7 中的 C1、C2、C3、C4 所对应的 P(Y/SN) 和 P(Y/N) 内(除以 100)(C1 = 1 + 2 + 3 + 4,C2 = 1 + 2 + 3,C3 = 1 + 2,C4 = 1),并以 P(Y/N) 为横坐标、P(Y/SN) 为纵坐标,作被试的 ROC 曲线。

表 2-4-7　再认汉字的 d' 和 β 值

判断标准	C1	C2	C3	C4
P(Y/SN)				
P(Y/N)				
Zsn				
Zn				
d'				
Osn				
On				
β				

3. 收集其他被试的实验数据,将 ROC 曲线画在同一个坐标上。

五、讨论

1. 根据统计的数据及 ROC 曲线,说明哪个被试对汉字的再认能力强,他们采用的判定标准有何不同。

2. 评价法与有无法的主要不同之处是什么？有哪些独特优点？

3. 如果比较 7 岁和 10 岁儿童对汉字记忆的能力，应如何用评价法进行实验？

六、参考文献

1. 杨治良. 实验心理学. 杭州：浙江教育出版社，1998：211—263

2. 赫葆源等. 实验心理学. 北京：北京大学出版社，1983：136—139

3. 杨博民. 心理实验纲要. 北京：北京大学出版社，1989：51—61

附录（某学生实验数据举例）

1. 被试再认汉字的五个等级反应次数记录表

表 2 - 4 - 8

反应等级	1	2	3	4	5	合计
信号（SN）	88	4	0	4	4	100
噪音（N）	2	4	2	6	86	100

2. 4 种判定标准的累计次数统计表

表 2 - 4 - 9

	C1	C2	C3	C4
	1+2+3+4+5	1+2+3+4	1+2+3	1+2	1
信号（SN）	100	96	92	92	88
噪音（N）	100	14	8	6	2

注：将 C1、C2、C3、C4 所对应的信号（SN）和噪音（N）值除以 100，分别填入表 1 中。查 PZO 转换表，求出 d′ 和 β。

四 信号检测论（再认）

把被试识记过的材料和没有识记过的材料混合在一起，要求被试把两种材料区分开来。与再认法不同的是信号检测论（SDT）用于再认实验时，把正确的反应分为"击中"和"正确否定"，把错误反应分为"漏报"和"虚报"。

信号检测论有两个重要独立指标，一个是 d'，它代表再认辨别的水平，一般不受情绪、期望、动机等因素影响，d' 愈大表示敏感性愈高，d' 愈小表示敏感性愈低。$d' = Z_{击中} - Z_{虚惊}$；另一个是反应偏向之一的 c 值，即判断标准，c 值高，表示被试判断标准严，反之则松，$c = (I_2 - I_1)/d' \times Z_{正确拒斥} + I_1$。

1954 年美国密歇根大学的特纳和斯怀茨首先在心理学的研究领域中引进信号检测论，用于研究知觉过程，现已扩展到记忆、思维、个性等领域，艾根（Egar）在 1958 年最早把信号检测论用于再认实验。20 世纪 80 年代初我国心理学家杨治良等人将信号检测论引入心理学研究中,并在内隐记忆和内隐社会认知方面取得了重要成果。

一、实验目的

1. 了解信号检测论可用于再认实验。

2. 学会计算信号检测论的指标 d' 和 c 的方法。

二、仪器与材料

1. EP2004 型心理实验台及 EPT801 速示仪。

2. 具体图形卡片 50 张、抽象图形卡片 50 张、词(汉字)卡片 50 张。50 张图(词)中,新旧各 25 张,内容具有一定对称性。

三、实验方法

1. 将主机与附机 EPT801 连接好,打开电源,按<**运行/待机**>键。

2. 主试根据屏显内容设置:联机模式→信号检测论→学号→姓名→A 视场(2 秒)→间隔(7 秒)→测试(25),主试把具体卡片中的"旧"卡片抽出随机排列好,把第 1 张插入 A 视场,讲完指导语后,按<**确定**>键,主机背后绿色指示灯亮,提示被试实验开始。实验时屏幕上"□"指着间隔时,主试依次将"旧"卡片插入 A 视场,直至测试暂停,鸣响。主试将看过的卡片与没有看过的"新"卡片混合,按卡片编号排列好,选"再做一次",设置中次数改为 50 次,其余不变;再次向被试呈现,直至做满 50 次,鸣响,黄色指示灯亮,第 1 套材料实验结束。稍事休息 3 分钟,主试选再做一次,按上述相同方法测试抽象卡片和词卡片。

3. 指导语为:下面给你呈现 25 张卡片,请你认真看,用心记,不必作反应;待结束后,我会再呈现 50 张卡片给你看,这 50 张卡片中 25 张是你刚才看过的,而另 25 张是你没有看过的;当你认为是刚才见过的卡片时,请按<**是(＋)**>键,认为是刚才没有看见过的卡片时,请按<**否(－)**>键。

4. 被试见绿色指示灯后,眼睛靠近观察窗口,手按附机上的<**确定**>键,测试即开始。当同样材料第二次呈现时,被试根据指导语作出反应,直至做满 50 次,鸣响,黄色指示灯亮,实验结束。

5. 主试按上述相同方法测定 3 套材料后,打印或查看数据,并将数据中"是"和"否"分别改为"＋"和"－"填入记录表中。

6. 选"进行测试",更换被试。

四、结果

根据记录表中的＋、－,对照卡片上的新旧,分别统计出 3 种材料 f_1(击中次数)、f_2(虚报次数)、f_3(漏报次数)和 f_4(正确拒斥次数)的反应次数填入下面矩阵,并根据公式计算 d' 和 c 的值。

表 2-4-10

反应 刺激	报告"旧"的	报告"新"的
旧刺激	f_1	f_3
新刺激	f_2	f_4

五、讨论

1. 比较具体图形、抽象图形、词三种材料的不同结果,并用信号检测论分析、说明产生差异的原因。

2. 评论信号检测论用于再认实验的优缺点。

3. 分析被试的短时记忆能力。

六、参考文献

1. 杨治良,叶奕乾等. 再认能力最佳年龄的研究. 心理学报,1981,13(1).42—50

2. 毛伟宾,杨治良. 重复学习对错误记忆通道效应的影响. 心理科学,2008,31(6):1326—1329

3. 钟杰,谭洁清,匡海彦. 高、低强迫症状个体的词语再认差异. 心理学报,2005,37(6):753—759

附录

1. 举例(某学生实验数据通过公式计算的实验结果举例)

表 2-4-11　再认实验中某被试的刺激——反应矩阵表

刺激 　　　　　反应	y	n
SN(旧)	42	8
N(新)	4	46

在横坐标(判断轴)上,设新刺激强度 I_1 为 0,旧刺激强度 I_2 为 1,则

$$d' = Z_{击中} - Z_{虚惊} = 0.994 - (-1.405) = 2.399$$

式中　击中概率 $P = \dfrac{42}{50} = 0.84$　查 PZO 转换表得 0.994

虚惊概率 $P = \dfrac{4}{50} = 0.80$　查 PZO 转换表得 -1.405

$$c = \frac{I_2 - I_1}{d'} \times Z_{正确拒斥} + I_1$$

式中 I_2 为高强度刺激,I_1 为低强度刺激

Z 为低强度刺激时正确拒斥概率的 Z 值 $P = \dfrac{46}{50} = 0.92$

查转换表 Z 为 1.406

由以上公式,可算出某被试在再认图形中的报告标准为

$$c = \frac{1 - 0}{2.399} \times 1.406 + 0 = 0.59$$

数值 0.59 在判断轴上的位置略靠 I_2,所以认为判断标准略严一些。

2. 统计表

表 2-4-12　具体图片表

	新		旧	
	次数	百分比	次数	百分比
新				
旧				
保持量				

注：(1) 抽象图及文字的统计表与具体图片表相同,同学自行画出。
　　(2) 若 100％正确,为了计算方便按 99％计算。

表 2-4-13

	d'	c
具体图片		
抽象图片		
文字材料		

3. 记录表

表 2-4-14　原始数据记录表

次数	具体	抽象	词	次数	具体	抽象	词	次数	具体	抽象	词	次数	具体	抽象	词	次数	具体	抽象	词
1				11				21				31				41			
2				12				22				32				42			
3				13				23				33				43			
4				14				24				34				44			
5				15				25				35				45			
6				16				26				36				46			
7				17				27				37				47			
8				18				28				38				48			
9				19				29				39				49			
10				20				30				40				50			

第五章　感　觉　实　验

一　颜　色　混　合

大自然是最奇妙的造物主,一道看似无色的阳光,混合了七种色彩。雨后的晴空会出现一道美丽的彩虹;小朋友在玩三棱镜时,会发现七彩的光带。这就是颜色混合的奥秘。那么颜色混合有无规律可言呢? 究竟是什么规律呢?

颜色视觉是光波作用于人眼引起的视觉经验。光波的强度、波长、纯度三种属性分别对应着明度、色调、饱和度三种感觉。它们之间的关系可以用空间三维纺锤体来表示。

科学家对颜色混合归纳为以下三条规律。

1. 互补律　当两种颜色按一定比例混合会产生白色或灰色时,它们就为互补色。如黄—蓝为互补色,红—绿为互补色。但若两种颜色混合的比例不恰当时,则呈不饱和的颜色,色调偏于比例过大的一种。

2. 间色律　混合任何两种非互补色时,会产生一个介于它们之间的颜色。中间的色调偏于较多的一色。如红与黄混合产生橙色,蓝与红混合产生紫色。其饱和度受两种颜色在光谱中的位置所决定。位置越接近,饱和度越大。

3. 替代律　任何一种被混合的颜色都可以由其他颜色混合而成,也就是说,若 A+B=C,并且 X+Y=B,那么 A+(X+Y)=C。这一规律表明,不管颜色的组成成分如何,只要颜色的外貌相同,就可以相互代替。这就是颜色的替代律,因此我们可以用颜色混合的方法,产生各种所需要的颜色。

一、实验目的

1. 表征颜色混合及其规律,了解简单的配色公式。

2. 用同一仪器,表征螺旋后效和主观色实验。

二、仪器与材料

1. EP402H 可调混色轮。

2. 各种颜色纸盘 9 张,螺旋后效纸盘 5 张。

三、实验方法

1. 首先将颜色纸盘进行复合,使两种(或三种)纸盘同心。复合后的开口方向为顺时针,以避免旋转时纸盘切风,撕破纸盘(旋转方向为逆时针时)。根据要求调整各纸盘呈现的角度。逆时针旋下压紧螺栓,将复合好的纸盘套在塑料转盘中心轴上,重新旋紧螺栓。实验开始前先将转速调至最慢,打开电源后再顺时针方向逐步调节旋钮由慢到快。

2. 实验 A

表征颜色混合互补律。先将黑、白两种颜色的直径较大的纸板按一定比例固定于混色轮上。然后，将黄、蓝两种颜色的直径较小的纸板固定于混色轮中央位置。转动混色轮，由主试有计划地调整黑白或黄蓝纸板的比例，直到被试认为整个旋转盘成一致的灰色为止。这时，主试分别记录黑白、黄蓝的百分比例。

照样验证其余互补色（橙与蓝绿、红与浅绿、紫与绿）的配色公式，以及红绿混合与黄的公式。

3. 实验 B

表征颜色混合间色律。将红与黄、绿与蓝、红与蓝相混合。当比例不同时，观察其饱和度的异同，写下公式。

4. 实验 C

表征颜色混合替代律。用（实验一）中的方法，将红绿混合得到的黄色代替黄蓝混合中的黄色，看再混合的结果是否为灰色；用（实验二）中的方法，将红绿混合得到的黄色代替红黄混合中的黄色，看结果是否仍为橙色。

5. 实验 D

方法同前，做螺旋后效实验和主观色实验。

四、结果

写出下例配色公式中各颜色占复合后的百分比例（x/360）：

1. 互补色混合的结果：

_____％的黄色＋_____％的蓝色＝_____％的白色＋_____％的黑色

_____％的绿色＋_____％的紫色＝_____％的白色＋_____％的黑色

2. 非互补色混合的结果：

_____％的红色＋_____％的蓝色＝紫色

_____％的红色＋_____％的黄色＝橙色

_____％的红色＋_____％的绿色＋_____％的蓝色＝_____％的白色＋_____％黑色

_____％的红色＋_____％的绿色＝_____％的红色＝橙色

五、讨论

1. 实验结果是否能验证颜色混合的三项规律？

2. 如何判断两个颜色是互补色还是非互补色？

3. 颜色的明度及饱和度各由什么因素决定的？

4. 颜色是客观的还是主观的？为什么？

5. 颜色混合的实际应用有哪些？

六、参考文献

1. 杨治良.实验心理学.杭州：浙江教育出版社,1998：.297—327

2. 沈模卫,陈硕,周星,王祺群.颜色恒常知觉的影响因素探索及其非线性建模.心理学报,2004,36(4)：400—409

二 明 度 辨 别

传统心理物理法中测量感觉阈限的基本方法有三种：极限法、恒定刺激法和平均差误法。

极限法可用于测定绝对阈限,也可用于测定差别阈限。极限法测定绝对阈限或绝对差别阈限时,首先要确定刺激强度的最小变化值。一般最小变化值越小,越精确,测得的结果越可靠。在测量差别阈限时,每次要呈现两个刺激,让被试比较。一个是标准刺激,一个是比较(变异)刺激。标准刺激的值始终不变,只有比较刺激的值会变化。

影响明度差别感受性的因素主要有：(1) 刺激的波长或颜色变化；(2) 环境背景亮度的影响；(3) 被试的身心因素,如疲劳、心理状态等。

极限法测定差别阈限的误差主要有四种：习惯误差、期望误差、练习误差和疲劳误差。应通过实验的设计与控制,排除上述各种误差。常用的方法有 ABBA 或 BAAB 法、拉丁方设计等。

一、实验目的

学习用极限法测量不同颜色明度差别阈限的方法。

二、仪器与材料

1. 仪器：计算机和 PsyTech 心理实验系统。

2. 材料：计算机呈现不同明度的灰色方块。

三、实验方法

1. 登录并打开 PsyTech 心理实验软件主界面,选中实验列表中"极限法测定明度差别阈限"。单击呈现实验简介。点击"进入实验"到"操作向导"窗口。实验者可进行参数设置,选择颜色和实验次数等,也可直接点击"开始实验"进入指导语界面。再点击"正式实验"按钮开始实验。

2. 指导语是：下面屏幕将并排呈现两个灰色方块,但明度有所不同。一个是标准刺激,另一个是比较刺激。标准刺激有时在左,有时在右。请你使用 1 号反应盒,将比较刺激与标准刺激进行对比。当你感觉比较刺激比标准刺激亮,就按"＋"号键,按若干次后如你感觉两者相等就按"＝"号键,再按若干次"＝"号键直到你感觉比较刺激比标准刺激暗,就按"－"号键,则一次实验结束。同理,如果开始觉得比较刺激比标准刺激暗,就按"－"号键,接着是"＝"号键和"＋"号键。顺序正好与前面相反,而方法相同。实验要做很多次。

当你明白了上述实验步骤后,请点击下面的"正式实验"按钮开始。

3. 实验中为了控制误差,多采用 ABBA 法控制顺序。比较刺激在屏幕上呈现的位置及排列顺序是右(↑↓↓↑)、左(↓↑↑↓)、左(↓↑↑↓)、右(↑↓↓↑)。箭头"↑"表示比较刺激的初始明度比标准刺激暗,需要调亮；而"↓"表示需要调暗。被试每按一次改变一个单位明度。在递增("↑")系列中,先连续按"－"到非"－"即按"＝",得到差别阈限下限 L_1(相等点减

心理实验操作手册

去 0.5），再由"＝"连续按直到第一次按"＋"，得到差别阈限上限 Lu（终止点减 0.5）。同理，在递减（"↓"）系列中，先连续按"＋"到非"＋"即按"＝"，得到差别阈限上限 Lu（相等点＋0.5），再由"＝"连续按直到第一次按"－"，得到差别阈限下限 L₁（终止点＋0.5）。每做 8 次实验可稍事休息。

四、结果

1. 由本实验结果中得到的平均上限和平均下限，用公式 $DL = (Lu - L_1) / 2$，求出绝对差别阈限。

2. 考查明度差别阈限是否存在性别差异。

五、讨论

1. 实验中被试是否有期望和习惯误差以及练习和疲劳效应？

2. 在极限法实验中，如何避免空间和顺序误差？

3. 根据极限法（最小变化法）的特点，说明它的优缺点。

4. 试分析在本实验中有哪些无关变量影响实验结果。

六、参考文献

1. 杨治良. 实验心理学. 杭州：浙江教育出版社，1998：175—177

2. 孙秀如，林志定，张家英，林仲贤，荆其诚，郭淑琴. 中国人眼对表色色差辨别的实验研究. 心理学报，1995，27(3)：231—240

3. 林仲贤，许宗惠，孙秀如，张增慧. 人眼对表面色白—黑系列明度等级的辨别. 心理科学进展，1992，10(1)：53—56

三　闪光融合频率

众所周知，随着闪光频率不断增加，闪烁感觉就逐渐消失，最后变成一个稳定的光，这叫闪光融合。其中闪光刺激所产生的忽明忽暗的感觉叫光的闪烁。感到光融合时的最低频率叫融合临界频率（critical fusion frequency），或者感到光闪烁时的最高频率叫闪烁临界频率（critical flicker frequency，简称 CFF），单位是 Hz。前人的研究结果表明：在相同条件下，不同性别被试间 CFF 不存在显著差异；红光和黄光的 CFF 存在显著差异。

本实验采用最小变化法来测定闪光融合频率。并用渐增和渐减方法克服习惯误差和期望误差。实验要求做红光和黄光两种颜色的 CFF，每个被试做 16 次，做 8 次可稍事休息。实验中须注意：主试不要将结果反馈给被试，也不要暗示。被试判断标准前后要一致。

一、实验目的
学习使用亮点闪烁仪，测量闪光融合频率。

二、仪器与材料
EP2004 型心理实验台及 EPT403 亮点闪烁仪。

三、实验方法

1. 将主机与附机 EPT403 连接好，打开电源，按<运行/待机>键。

2. 主试根据屏显内容设置：联机模式→学号→姓名→亮度（100％）→亮黑比（1∶1）→背光（关）→模式（单色）→颜色（红）→观察（双眼）→执行轮数（4），向被试讲完指导语后，按<**确定**>键，主机背后绿色指示灯亮，提示被试实验开始。

3. 被试见绿色指示灯亮后，双眼靠近闪烁仪观察口，手指分别按住<＋>、<－>键，并根据闪烁情况作相应增减，原来闪烁的向不闪烁临界频率调节（按<＋>键），原来不闪烁的向闪烁临界频率调节（按<－>键），每按一下改变 0.1 Hz，按键时间持续超过 1 秒，将快速增减，在闪烁与不闪烁附近反复调整，直到调节到最接近临界时为止，按<**确定**>键。每一轮共有 4 次测试，按 ABBA 顺序呈现刺激。当完成设定的轮数（共 16 次），黄色指示灯亮，实验结束。

4. 主试打印数据或查看数据并记录（打印格式说明参阅《EP2004 心理实验台使用说明书》中的"EPT403 亮点闪烁仪"一节）。

四、结果

1. 分别求出被试两种颜色光的临界融合频率。

2. 收集其他被试实验数据，检验不同颜色光的 CFF 是否存在显著差异。

3. 采用两因素 2×2 实验设计，并作方差分析。分析性别和颜色两个因素对 CFF 的影响。

五、讨论

1. 将实验结果与前人的研究结果作比较，并作分析讨论。

2. 本实验对无关变量是如何控制的？

3. 举例说明生活中有哪些事件和现象利用了闪光融合频率的原理。

六、参考文献

1. 杨治良. 实验心理学. 杭州：浙江教育出版社，1998：294—297

2. 周海谦. 闪光临界融合频率训练对提高视敏度的影响. 中国组织工程研究与临床康复，2007，11（9）：1716—1718

四　影响闪光融合频率的因素

闪光融合频率可以反映出眼睛对光刺激在时间上变化的分辨能力，闪光融合频率越高，其时间的视敏度越高。人眼的闪光融合频率受许多因素的影响，如闪光的强度、颜色及背景颜色，闪光的正（明）负（暗）差异和它们的比例、闪光刺激视网膜部位和面积以及年龄、练习、注意程度和疲劳等一些非视力因素。当今，用闪光融合频率作为疲劳的客观指标，有很高的应用价值。

一、实验目的

1. 学习掌握闪光融合频率的测试方法。

2. 了解不同颜色对融合频率 CFF 的影响。

二、仪器与材料

EP2004 型心理实验台及 EPT403 亮点闪烁仪。

三、实验方法

1. 为了抵消不同色调的顺序效应,选择甲、乙、丙3名被试,实验采用3×3拉丁方阵安排。

表 2 - 5 - 1

被　试＼　刺　激	颜　色		
甲	R	G	Y
乙	G	Y	R
丙	Y	R	G

2. 将主机与附机EPT403连接好打开电源,按<**运行/待机**>键。

3. 主试据屏显内容设置:联机模式→学号→姓名→亮度(100%)→黑亮比(1∶1)→背景光(关)→模式选择(三色)→次序(甲选红绿黄,乙选绿黄红,丙选黄红绿)→观测(左右眼)→执行轮数(4),按<**确定**>键,主机背面的绿色指示灯亮,提示被试实验开始。

4. 被试见绿色指示灯亮后,用左眼靠近闪烁仪观察口,手指分别按住<＋>、<－>键,并根据闪烁情况作相应调整,原来为闪烁的向不闪临界频率调(按<＋>键),原来不闪烁的向闪光临界频率调(按<－>键),每按一下改变0.1 Hz,按键大于1秒将快速增减,在闪与不闪附近可反复调节直到确认最接近临界频率为止。按<**确定**>键。每一轮共有4次测试,机器按ABBA顺序呈现刺激,当左眼完成16次后,仪器鸣响5下,提示被试换右眼,被试则按左眼方式重复测试。然后依次进行左眼绿、右眼绿、左眼黄、右眼黄测试。当左右眼对3种色调测试均达到所设轮数后,测试结束,主机背后黄色指示灯亮。

5. 主试打印被试甲的实验数据(打印格式参阅《EP2004 心理实验台使用说明书》中"EPT403 亮点闪烁仪"一节)。换被试乙,按上述同样方法测试,只是设置时次序改为绿黄红,丙改为黄红绿。

四、结果

主试将数据整理后填入下表中。

表 2 - 5 - 2

被试 CFF		色　调		
		R	G	Y
被试甲	左　眼			
	右　眼			
被试乙	左　眼			
	右　眼			
被试丙	左　眼			
	右　眼			

五、讨论

1. 左右眼的 CFF 是否有差异，原因何在？

2. 闪烁亮点色调的变化对 CFF 是否有影响？试作检验(用左右眼的平均数)。

3. 实验在增减顺序的安排上，为什么采用 ABBA 法？

4. 分析影响 CFF 的各种因素。

六、参考文献

1. 杨治良. 实验心理学. 杭州：浙江教育出版社, 1998：294—297

2. 葛盛秋, 武国城, 徐先慧, 姚永祥, 郝学芹, 金兰军. 飞行疲劳对不同年龄民航飞行人员视觉融合的影响. 中华航空航天医学杂志, 2005, 16(3)：180—183

说明： 主试也可以在机器上设定：A(100%)、B(80%)、C(40%)三种光强(亮度)选择甲乙丙 3 名被试，按 3×3 拉丁方安排实验顺序，分析改变光的强度对 CFF 的影响，见表 2-5-3。

表 2-5-3

被试　＼　刺激	光强(亮度)		
甲	A	B	C
乙	B	C	A
丙	C	A	B

五　听　觉　定　位

听空间知觉是有机体对远处刺激作出的方位反应，也是一种距离感觉。动物会把头、眼睛和耳朵转向声源，人还能用言语指出声源的方向，对于发声物体作出距离的反应。若不考虑视觉的因素，只用听觉来判断声源的方向，则主要依赖于双耳的合作。比如把一只耳朵堵住，或者一只耳朵全聋的人，是很难只用听觉分辨方向的。而在双耳的条件下是否容易分辨，则与声源所处的位置有关。

人的头部可以分为横剖面和纵剖面两个平面，它们是相互垂直的。我们知道，连接双耳的直线叫听轴；通过听轴和鼻尖与地面平行的平面叫横剖面；通过鼻尖和头顶中心与地面垂直的平面叫纵剖面。因此，当声源位于纵剖面上，和双耳的距离一样远时，声波会同时到达双耳，以致不易分辨它的方向。相反，如果声源的位置偏离了纵剖面，则它和双耳的距离就会不同，声波到达两耳所用的时间也不同。这时所产生的双耳距离差异，为判断声源的方位提供了有利的线索。

不管声源是挨近头部还是远距头部，其声源到达两耳的距离都随声源纵切面的角度(称方向角，即声源的方位和纵剖面形成的夹角)而变化。

根据统计，人头的半径是 8.75 厘米，两耳之间的半圆周长是 27.5 厘米，如果方向角为 α

（计算 α 时应以弧度为单位），则两耳距离之差计算如下：离头近的声源，其 Ds＝8.75×2α，则近声源的最大的 Ds＝27.5 cm；离头远的声源，其 Ds＝8.75＋8.75sin α＝8.75(α＋sin α)，远声源最大的 Ds＝22.5 cm。

在空气中声波的传播速度是 344 cm/s 或 34.4 cm/ms，因此声波传播 1 cm 所用的时间为 0.029 ms。故而，离头近的声源＝8.75×2α×0.029＝0.254×2α；离头远的声源＝0.254(α＋sin α)。

当方位角为 90 度时，位于左、右的声源 Dt 值最大，离头近的声源可达到 0.799 ms，离头远的声源可达到 0.653 ms。其声源的方位最容易判断。当方位角为 0 时，如位于前、后、上、下的声源，其 Dt 为 0。因而不能根据 Dt 来判断这种声源的方位；声源的方位角越大，其 Dt 越大。

对于连续发出的高频乐音来说，利用双耳时间差的线索判断声源的方位就会受到限制。但以双耳强度来判断却更容易。因为双耳的强度差随着波长的缩短而增加。高频声波的波长短，易受头部的阻拦造成双耳显著的强度差。对于低频声波来说，因其波长较短，容易绕过头部而强度不受其影响，因而双耳强度不能用作判断低频方位的依据。实验证明，3000 Hz 的乐音是个转折点，其下的声波难以用双耳强度差作为判断方位的依据，却容易以时间差作为判断方位的依据。3000 Hz 的乐音则使双耳时间差的作用大为减小，并且双耳强度差的作用尚不显著的地方，通常也是判断方位发生错误最多的地方。

一、实验目的

1. 学习用音笼测量听觉定向的方法。

2. 证明声源与判断者的相对方位对于听觉定向的影响。

二、仪器

音笼，又称声笼。

三、实验方法

1. 声音刺激分别在两个平面上呈现：一个是横剖面；一个纵剖面。根据这两个面的不同方位编制刺激呈现的顺序。

在横剖面周围包括左、左前、右前、右、右后、后、左后 7 种方位。

在纵剖面周围包括前下、前、前上、上、后上、后、后下 7 种方位。

在每一位置呈现声音 10 次，总计 150 次。每一平面上所有刺激呈现位置的顺序按随机原则排列。分别列出两个平面刺激呈现的顺序和记录表。

2. 让被试戴着遮眼罩坐在音笼的椅子上，并将他们的头固定好。

3. 指导语是：这是一个判断声源方位的实验。请先听一个声音（主试按动键，耳机里即产生"咔嗒"声，让被试熟悉一下这个声音），以后每次我喊"预备"后就给你听这个声音，听到后立即告诉我这个声音所在的位置，报告方式是：前、后、前下、前上、上、后上、后下；左、右、左前、右前、左后、右后。你觉得声音来自哪个方向，你就报告什么方向。

4. 说完指导语，主试先要让被试熟悉一下方位，然后按顺序呈现刺激。每当被试回答后，记录员在记录表上记下被试说出的方位。做完一个平面休息几分钟，直至全部做完。换另外的被试按以上方法重复实验。

四、结果

1. 统计各被试对每一方位声音刺激正确判断的次数百分数,分别填入表 2 - 5 - 4 和表 2 - 5 - 5 中。

2. 按声源的方向角将以上两表的数据分为 3 类,分别求平均数,填入表 2 - 5 - 6 中。

五、讨论

1. 根据本实验结果,说明双耳听觉差在听觉定向中的作用。

2. 怎样分辨听觉定向中时间差和强度差的作用?

3. 你认为听觉定向中还有哪些因素起作用?

六、参考文献

杨博民.心理实验纲要.北京:北京大学出版社,1989

附录

实验记录表

表 2 - 5 - 4　对纵剖面上声源方位(方向角＝a)的定向

声源方位	前下	前	前上	上	后上	后	后下
正确判断次数							

表 2 - 5 - 5　对横剖面上声源方位的定向

声源方位	前	后	左前	右前	左后	右后	左	右
方位角	0	0	45	45	45	45	90	90
正确判断次数								

表 2 - 5 - 6　声源方向角与听觉定向的准确性

方　向　角	0	45	90
正确判断次数			

六　动觉差别阈限

动觉差别阈限是用来衡量动觉感受性的指标之一,它有明显的个体差异。动觉差别阈限小的人能较准确地控制自己的动作。年龄和性别等因素都可能影响动觉差别阈限。曾有研究表明,动觉差别阈限随年龄的增长而减小。也就是说,年龄越大,个体的动觉差别感受性越强。

一、实验目的

学习使用动觉计,考察动觉感受性的性别差异。

二、仪器

动觉方位辨别仪。

三、实验方法

1. 主试将被试的前臂放在动觉计的鞍座上,起始位置为 0 度或 90 度。

2. 主试将制止棒固定在某一设定的刻度上,实验取 30 度、50 度和 70 度三个角度。

3. 被试闭上眼睛,按仪器的半圆轨迹,以肘关节为圆心,摆动鞍座上的手臂,直至碰到制止棒。主试要求被试在摆动过程中,仔细体会前臂摆动的幅度和各关节所处的部位。

4. 主试移去制止棒,要求被试闭上眼睛复制前臂摆动的幅度。误差角度越小越好。主试记录每次复制值与设定值刻度之间的误差。

5. 每个被试分别复制 30 度、50 度和 70 度,摆动幅度各 12 次,其中 6 次的手臂起始位置为 0 度,另 6 次的手臂起始位置为 90 度,起始位置的序列安排为 0 度、90 度、90 度、0 度。

6. 换鞍座,可以测手腕的动觉差别阈限,方法与手臂相同。

四、结果

1. 整理实验数据,设计一个三线表填入。

2. 以标准幅度 30 度、50 度和 70 度为横轴,被试的平均动作差别阈限为纵轴,作直方图。

五、讨论

1. 标准幅度的大小是否影响动作的差别阈限?

2. 影响动作差别阈限的主客观因素还有哪些?

3. 动觉感受性是否存在性别差异?试作分析。

六、参考文献

1. 杨治良. 实验心理学. 杭州:浙江教育出版社,1998:588—589

2. 石岩,阎守扶,申高禄. 定量运动负荷和个性特征对动觉准确性和动作稳定性的影响. 心理学报,1996,28(2):131—136

附录

实验记录表

表 2 - 5 - 7

标准幅度(度)		30		50		70	
起始位置(度)		0	90	0	90	0	90
复制误差	1						
	2						
	3						
	4						
	5						
	6						
平 均 值							

七　暗　适　应

个体由亮处转入暗处时，其视觉感受性逐步提高，这个过程被称为暗适应的过程。在人的视网膜上，锥体和棒体两种细胞参与了暗适应过程。一般在暗适应最初 5—7 分钟内，是由锥体细胞和棒体细胞共同完成的，而暗适应主要是由棒体细胞继续来完成，时间约 40 分钟，之后感受性就不再提高了。暗适应的快慢及程度对人们进行正常的工作和生产活动甚至在军事上都有着现实意义。影响暗适应的主要因素一般有以下几点。

1. 适应前的照明　照明强度越强和受光刺激的时间越长，个体达到完全适应所需的时间就越长。

2. 维生素 A 缺乏　严重者甚至夜间不能看见东西。

3. 缺氧因素　缺氧对暗适应有明显影响，它使暗适应时间延长、视阈增高。

4. 年龄因素　30 岁前感受性高，30 岁以后感受性逐渐下降。

本实验所用仪器采用固定的强光源作为亮处环境（明视）。被试在强光环境适应 30 秒后灯光自动熄灭，用呈现在暗条件下（弱光环境）的字标来检测被试的视敏度。视敏度是辨认物体细节的敏锐程度。感受性是反映客观事物的个别属性的感觉能力，用感觉阈限的大小来度量。本实验方法特点是测试时间短，明视和暗适应时间均固定为 30 秒，较适合学生实验，也可作为驾驶员夜间驾驶适应的测试。

一、实验目的

1. 学会暗适应仪的操作。

2. 测定被试的视敏度。

二、仪器与材料

1. EP404 型暗适应仪。

2. 0.1—1.0 的视力数据卡片 4 张（10 行数字相应视力由上而下为 0.1、0.2、0.3、0.4、0.5、0.6、0.7、0.8、0.9 和 1.0）。

三、实验方法

1. 装好被试观察罩，插好电源，打开仪器背面上下两扇门。主试将一张数字透明薄膜片插入（注意正面对被试）。调节电流表至 4 mA（相应暗适应的背景亮度为 0.2Lx），然后重新盖好两扇门。将接好的开关盒搁在被试观察窗右侧台子上。注意实验房间要稍暗。

2. 指导语为：请你把手指放在开关盒的红按钮上（勿下压）。眼睛贴在观察窗口，按下红键开关后，箱内灯会亮，明视开始。要睁开眼睛注视前方白板，不能因光刺激而闭眼，以免实验无法正常进行。灯灭后暗适应开始，前方窗口遮板自动下落，呈现 10 行数字。请由上而下分行读出，直到遮板再次挡住为止。明白了测试要求后，按下手中开关，测试即开始。

3. 明视和暗适应时间均为 30 秒，暗适应开始后主试要记录被试的口头报告数字实验。结束后再次换卡片和调节电流表（6 mA 对应暗适应背景亮度 0.4Lx，8 mA 对应亮度 0.6Lx，10 mA 对应亮度 0.8Lx，12 mA 对应亮度 1.1Lx，可任选 3 种），总计测试 4 张不同数字卡片，测试方法相同。

4. 为保证实验正常进行,了解被试在明视时间是否闭眼,主试可在观察窗边小孔检查被试是否真的睁着眼睛。

四、结果

1. 将原卡片与被试口头报告的数字对照,统计每个被试在不同背景光下对四种卡片数字的识别程度,即以正确读出的最低行数字为准,转换成相对应的视力值。

2. 以视力值为纵坐标,以四种不同背景亮度为横坐标作直方图。

五、讨论

1. 根据直方图,分析不同背景光下的暗适应差异情况,说明暗适应过程。

2. 如果让你分别测定锥体细胞和棒体细胞的暗适应过程,在实验方法和仪器设计上要作哪些改进?

3. 暗适应与明适应有何区别?

4. 暗适应研究在生活实践中有何价值?

六、参考文献

1. 叶奕乾等. 图解心理学,南昌:江西人民出版社,1982

2. 张芳,何存道,汤震东,葛旭海. 卡车驾驶员的夜间视力研究. 心理科学,1996,(1)

八 痛阈与耐痛阈测定

痛觉作为一种感觉,既没有确定的适宜刺激,又难以精确地确定发生的部位,而更多的是一种心理体验、心理感受或者说心理状态。1979 年疼痛国际研究会把痛觉定义为:一种与实际的或潜在的组织损伤相联系的用这种损伤来描述的不舒适的感觉和情绪体验,是一种非常复杂的心理、生理状态。由此看来,痛觉这个定义显然考虑到有两种因素,即痛觉与机体的组织损伤相联系(与身体器官的物理、化学损伤或病变造成的结果有关),以及痛觉与某种心理状态相联系(痛觉是一种感觉同时又是一种不舒服的不愉快的情绪反应)。因此对痛觉较难测量,且不易确定痛觉的绝对指标。然而,我们还是可以通过一些间接途径测定疼痛的程度。被试用语言报告有痛觉时所需要的最小刺激量称为痛阈,耐痛阈是指被试开始拒绝忍受的刺激量。痛阈具有不恒定性,它受各种生理及心理因素的影响。耐痛阈的变异范围较大,个体差异也较大。痛觉伴有一定的不愉快的情绪成分。由于不同的情绪状态会有不同的皮肤电反应。因此皮肤电的测量可以反映被试的情绪,进而了解被试的疼痛程度。

本实验采用极限法测定痛阈与耐痛阈。当痛刺激从无到有时,被试感到痛时,立即报告。主试记录下此时的电流毫安数作为痛阈量值。从弱到强逐渐增加,直至被试报告"受不了"时,主试记录下此时的电流毫安数作为耐痛量值。

一、实验目的

1. 通过痛阈和耐痛阈的测量,了解其不恒定性和复杂性。

2. 探索生理因素与心理因素对痛阈的影响。

二、仪器与材料

1. EP601C 痛阈测试仪。

2. 卫生纱布、生理盐水（替代氯化钾溶液）、棉花小球等若干。

三、实验方法

1. 被试坐好后，主试取黑色无关电极（负极），其插头插入仪器输出端黑色孔。依据电极大小裁剪一块 3—4 层厚的纱布。先让纱布在生理盐水中浸湿，然后缚在被试小腿上部，再将无关电极隔着纱布裹扎在小腿上（金属片须与纱布重合）。

2. 主试取红色电极（正极），其一头插入仪器输出的红色插孔，用棉花小球塞入另一头直径为 3 mm 的小孔内，并滴入生理盐水使其浸湿，待用。

3. 操作仪器，先将上升速率旋钮调至中间位置，并将"工作方法"置于"关闭"位置。打开电源，主试将装有棉花球一端的电极放在被试测痛部位上（三阴穴位，仪器说明书上有图示），同时将工作方法置于停止位置，此时仪器有电流输出。主试缓慢调节上升速率旋钮，则电流强度就会由弱到强逐渐增加。

4. 当被试报告有微痛感觉时，主试记录此时的电流毫安数作为痛阈。此后再缓缓增强电流，当被试报告"受不了"时，主试立即将"工作方法"置于"停止"位置，同时记下此时的电流毫安数作为耐痛阈。然后再将工作方法置于"关闭"位置，一次实验结束。

> **特别提醒**：（1）当被试报告"受不了"时，不能用关闭仪器电源的方法切断输出电流（以防电容放电，电流上升），而应通过将"工作方法"置于"关闭"位置来切断。
>
> （2）如"工作方法"在"停止"位置电流表有漂移，可调整仪器背面的"调整器"予以稳定。
>
> （3）本仪器在人体四肢同测部位测痛是安全的，但实验时最好还是在被试脚底铺上一块绝缘胶垫。
>
> （4）使用市电时要有良好的接地。

四、结果

1. 统计被试的痛阈和耐痛阈。

2. 收集全体被试数据，检验是否存在性别差异。

五、讨论

1. 分析痛阈与耐痛阈的个体差异和性别差异。

2. 分析痛阈与耐痛阈的不恒定性、复杂性以及心理因素对痛阈与耐痛阈的影响。

3. 试从语言、动作和面部表情三方面，分析被试在痛反应过程中的情绪变化情况。

六、参考文献

1. 杨治良. 实验心理学. 杭州：浙江教育出版社，1998：587—588

2. 黄希庭. 心理学实验指导. 北京：人民教育出版社，1988：136—137

3. 杨治良，蔡大卫，吴瑞良. 痛成分的心理学研究. 北京：心理学报，1979，(3)

4. 黄丽. 心智操作影响痛阈和耐痛阈的实验研究. 中国心理卫生杂志，2003，17(4)：261—262

第六章 知 觉 实 验

一 大小知觉恒常性

物体投射到视网膜上的视像的大小,主要取决于两个条件:物体的大小和物体与观察者之间的距离。如果按照物理学的光学原理,物体与观察者之间的距离对视像的大小有很大影响。然而,在实际知觉中,人仍然能比较正确地反映不同距离物体的实际大小。人能在一定范围内不随知觉条件改变而保持对客观事物相对稳定特性的组织加工过程叫做知觉恒常性。大小知觉恒常性是指人对物体的知觉大小不完全随映像的变化而趋于保持物体实际大小的特性。也就是说,对物体大小的知觉并不随视像的大小而改变,或者说视网膜上投影的大小有变化时,人的知觉保持相对恒常而并不跟着发生变化。这是因为人类所具有的学习能力已经把物体的距离因素估计在内。

如果视网膜上的视像大小没变,而知觉的大小却变大了,观察者就会把物体的距离知觉为较近。根据以往的研究,可以用下列公式表明大小知觉恒常性:S=I×D。S指知觉中物体的大小;D指知觉中物体的距离;I指视网膜上的视像。这一公式又称为大小—距离不变假设。一个人面对熟悉的物体时,其大小知觉没变,而视网膜上的视像却缩小了,这时观察者把物体的距离知觉为较远。另外,在100米以内,大小知觉保持恒常性(即1),100米以外,知觉会偏小于原物体,6米以内一般稍偏大。

常用的研究方法一般有描记法、比配法(comparative and matching method)等。

一、实验目的

1. 学会用比配法测量大小知觉恒常性。

2. 比较单眼、双眼观察时大小恒常性的差异。

二、仪器

EP510大小常性测定仪两台,一台作标准刺激,一台作变异刺激。

三、实验方法

1. 选择长度7 m以上的场地。以每1 m为一个度量级。实验时,主试先在其中一台上设一个标准刺激(三角形高在80—130 mm间任选一个)。每个被试一旦选定,实验中则不能改变。标准刺激与被试距离顺次为6 m、5 m、4 m、3 m、2 m、1 m。每做完一个距离,移动标准刺激到下一个距离(被试位置不要移动,标准刺激大小也不改变)。

2. 被试坐好后,将调节的大小常性测定仪放在距离被试25 cm正前方稍偏的位置,以不妨碍观察视线。高度与眼睛平行。在每个距离点,被试根据标准刺激大小,调节手边大小常性测定仪的三角形与标准刺激三角形大小相匹配。调节方式采用 ABBA 序列,即从大到小和从小到大交替进行。做完双眼后,再做左眼或右眼。方法同上。

3. 指导语:请你注意看正前方黑屏幕上的白色三角形大小,并照此大小调节你手边的测量仪,直到你主观感知它们一样大小为止。每个距离点要做 4 次。

4. 主试记录被试每次调节的数值。将读得的数据加上 65 mm(仪器的三角形最小高度值),记入附录的实验记录表中。连续做完 4 次,主试重新设置观视距离。实验中不得将测量数据反馈给被试。

四、结果

1. 计算各种情况下的大小常性系数与透视值。

布伦施维克提出的计算公式如下。

常性系数: $K_B=(R-S)/(A-S)$

R:调节的形状(被试调节的三角形高,表示面积大小)

A:实际的形状值(标准刺激三角形高)

S:透视形状值

透视值: $S=(A \times B)/D$

D:标准刺激的观视距离(1—6 m)

B:被试与测量仪的观视距离(本实验定为 25 cm)

2. 制作在不同观察条件下双眼、单眼(左或右)的大小知觉曲线图。横坐标为视距,纵坐标为大小常性系数。

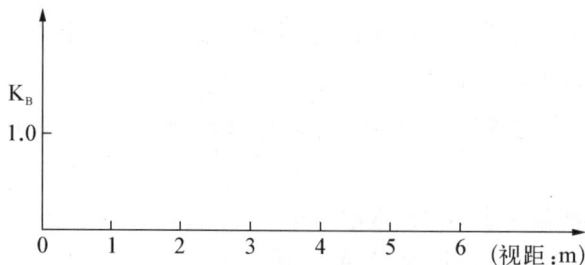

图 2-6-1

五、分析与讨论

1. 试分析单、双眼大小常性的差别及其原因。

2. 分析在这个实验中,透视值固定,常性系数随标准刺激大小和距离远近变化的趋势。

六、参考文献

郭秀艳.实验心理学.北京:人民教育出版社,2004:427—428

实验记录表

表 2 - 6 - 1　大小常性实验记录表(单位：mm)

	6 m				5 m				4 m				3 m			
	↓	↑	↑	↓	↓	↑	↑	↓	↓	↑	↑	↓	↓	↑	↑	↓
双眼																
左眼																
右眼																

注：2 m、1 m 可按此要求画表。

二　深　度　知　觉

深度知觉是指人对物体远近距离即深度的知觉。双眼比单眼有更多的深度线索可以参照，所以根据以往资料和生活实际，均可得到单眼的深度知觉准确性差于双眼的结论，认为双眼视差是深度知觉的主要线索。作为深度知觉的线索多种多样，主要有以下三种。(1)单眼视觉线索，包括遮挡、线条透视、空气透视、明暗和阴影、运动级差、结构级差等。(2)双眼线索，包括水晶体的调节和双眼视轴的辐合两种。(3)双眼视觉线索的双眼视差。当人看远近不同的平面物体时，由于两眼相距约 65 mm，两眼视像便不完全落到对应部位，这时左眼看物体的左边多些，右眼看物体的右边多些，它都偏向鼻侧。这样，不在同一平面上的物体在两眼视网膜上的成像就有了差异，这一差异便称为双眼视差。

深度知觉的准确性是对于深度线索的敏感程度的综合测定。以往对于深度知觉准确性的测定主要有以下两种方法：(1)三针实验。此实验是由黑姆霍兹(1866)设计的。它以两针为标准，被试在一定距离外，调节第三根针，使之与前两针在同一平面为止。(2)霍瓦-多尔曼深度实验。1919 年由霍瓦设计的深度知觉测量仪，代替三针实验。霍瓦的研究结果表明：双眼平均误差为 14.4 mm，单眼达 285 mm，单双眼误差比约20：1，足以表明双眼在深度知觉中的优势。本实验正是采用这种方法。为了简便起见，深度知觉误差用双眼视差角来表示。

深度知觉仪除了可以用于教学实验，还可以用于航空人员、运动员、仪表装配工、吊车驾驶等与空间操作能力相关的人员选拔。

一、实验目的

1. 探讨双眼和单眼(优势眼)在辨别深度中的差异。

2. 学习使用深度知觉测试仪测量深度知觉阈限的视差角。

二、仪器

EP503 深度知觉测试仪。

三、实验方法

1. 被试坐在仪器面前，手握开关盒，眼睛与观察窗保持水平，通过观察孔进行观察。仪器内部三根立柱中两侧的立柱为标准刺激,标准刺激对应的尺度 0 位与被试距离为 2 米。中间一根立柱为变异刺激,先由主试调到某位置,然后由被试根据观察,自由调节到他认为三根立柱在同一平面上为止(可来回调)。主试记录误差。

2. 指导语:这是一个深度知觉的实验。每次在主试将当中一根棒调到某位置后,请你手握开关盒按上面的按钮,移动当中一根棒。当你感觉当中一根棒与边上棒为同一平面时就停止。实验要做很多遍,请你认真完成。

3. 在双眼视觉的情况下,进行 20 次实验,其中有 10 次是变异刺激(可移动的立柱)在固定的两根立柱前,被试由近向远调节;有 10 次是变异刺激在后,被试由远向近调节。每次起始点位置要随机。做完双眼再做单眼。主试记录实验结果(取绝对值)。换被试继续实验。

四、结果

1. 计算在双眼观察情况下,表示深度阈限的视差角。

利用公式: 视差角 $= 206265 \times b\Delta D / [D(D + \Delta D)]$ (单位:弧秒)

b:目间距 65 mm

D:观察距离,本实验为 2 米(是被试与仪器标尺零点距离,不是观察窗口距离)

ΔD:视差距离,即判断误差(绝对值平均数),单位为 mm

2. 收集全体被试单、双眼平均误差数,检验双眼和单眼知觉深度的能力是否有显著差异。

五、讨论

1. 单眼和双眼在辨别深度中有无差异,原因何在?

2. 分析深度知觉的机制。没有双眼线索,单眼为什么也能分辨远近?

3. 深度知觉测试仪在设计上有没有缺点?应如何改进?

4. 举例说明深度知觉研究的实际应用价值。

六、参考文献

1. 杨治良.实验心理学.杭州:浙江教育出版社,1998,452—453

2. 章海军,石青云.人眼深度运动知觉的研究.心理学报,1992,24(3):240—246

3. 王胜平,李安.深度知觉教学实验研究——单眼和双眼在辨别深度中的差异.杭州师范学院学报(社会科学版),1999,(3):74—76

附录

实验记录表

表 2-6-2

误差 \ 条件 \ 次序	双眼观察		单眼观察	
	远→近	近→远	远→近	近→远
1				
2				
3				

次　序 ＼ 误　差 ＼ 条　件	双　眼　观　察		单　眼　观　察	
	远→近	近→远	远→近	近→远
4				
5				
6				
7				
8				
9				
10				
平均数				

三　空　间　知　觉

　　人的视觉、触觉、听觉、动觉等经验及其相互联系,对空间知觉具有重要作用。空间知觉是多种分析器协同活动的结果。空间知觉是指对物体的形状、大小、距离(远近)、方位等空间特性的知觉。本次实验所针对的是其中有关空间结构特点的知觉。

　　关于空间结构特点的知觉的理论,构造主义是用两种不同成分来解释的,这两种成分即基本的感觉要素和以过去经验为基础的联想。格式塔学派则把整个形状,指具有某种内在组织力量的整体,作为反应的单元。1949年,赫布(Hebb)提出了介乎两个极端之间的一种折中的解释,并由认知学派加以补充完善。认为一个是如何对感觉信息加以分析,分析出基本的形状特征;另一个是关于意义和期望。这就是认知学派关于知觉理论的模式,现在看来是较为合理的。如何对分析进行控制和影响,这是一种综合性的分析,即在头脑中有一个整合的略图。基本的形状特征是属于感觉性质的,也就是作为元素的基本形状,它的范围大小有一定的限制。而综合分析即整合的略图,在范围上可以大于当时网像上的内容,并且较少感觉的性质,而有更多的概念性。

　　通过这类研究有助于理解人对图形或刺激空间结构的知觉过程,掌握空间结构的过程,以及结构中各成分的作用等,从而充实感知心理的理论。在实践方面,人所接触的外界刺激总离不开一定的空间结构,怎样更有效地对它们进行反应乃是首先考虑的问题。可见,刺激空间结构特点的研究既有理论意义,也具有实践意义。

　　在心理学中研究图形刺激空间结构的方法,如使用速示器呈现刺激,对图形的再认和再现,以及采用掩蔽的措施等方法都具有一定的局限性和缺点。近年来信息论的发展为这方面提供了新的研究方法,通过信息传递的效率可以得知不同情况下,人对事物感(知)觉的多少,从而得出差异,很好地证明理论假设。本实验从研究刺激空间结构的特点不同对信息传递效率的影响着手,得出有关空间知觉的特点。

一、实验目的

本实验以信息论为实验原则,以不同的图形结构作为自变量,控制实验的次数与图案的位置顺序,以期得到空间结构对信息传递效率的影响及人类空间知觉的认知特点。

二、仪器与材料

1. EP507 空间知觉测试仪。

2. 呈现器在 4×4 的空间结构上,呈现 A、B、C 三种类型实验条件,每种实验条件又包括四个刺激图案。

三、实验方法

1. 全部被试分三组(甲、乙、丙),被试组与 A、B、C 三种实验条件的排列如下。

被试组	实验条件的顺序		
甲	A	B	C
乙	B	C	A
丙	C	A	B

实验开始之前先要经过一个训练阶段,让被试对每个图案反应 2 次,每两个刺激之间间隔 15 秒。

2. 正式实验:主试随机地呈现某实验条件的图案,每个图案呈现 10 次。做完后,再进行下一个实验条件的实验。各组中每一个被试都进行三种实验条件的实验。被试按要求作出反应,主试须事先准备好记录表格,并记录实验数据。(具体操作见附录)

3. 如果被试的反应时间超 3 秒即算错(实验仪器中配有计时器可供查看)。

四、结果

依据原始记录表中的错误次数,计算出每组被试在每种条件下的信息传递率。

五、讨论

1. 刺激的不同空间结构特点与信息传递率的关系(可从信息、冗余度来进行考虑),哪一种空间结构图形的信息传递率高?

2. 本实验是否有记忆的因素影响? 如果有,那么如何解决?

3. 是否会出现被试仅靠记忆局部图形就可以进行判断的情况? 该如何解决?

六、参考文献

1. 杨治良. 心理物理学. 兰州:甘肃人民出版社,1988

2. 刘丽虹,张积家,王惠萍. 习惯的空间术语对空间认知的影响. 心理学报,2005,37(4):469—475

3. 徐联仓,王缉志. 在心理学中应用信息论的一些问题(上). 心理科学,1964,1(1):9—18

附录

1. 原始记录表（条形）

表 2 - 6 - 3

S＼R	1	2	3	4	累计
1					10
2					10
3					10
4					10
累计					40

注：1. S表示图案呈现位置，R表示被试的反应（对应按键）。
2. 方块和不规则表自行画出。

2. 空间知觉信息传递率表

表 2 - 6 - 4

被试＼图形	条 形	块 形	不规则
被试 1			
被试 2			
……			

3. 操作及记录方法

（1）开电源，按复位键，若计时器不停，待完成下面步骤后按启动，再按任一反应键。计时器就会停。

（2）选工作方式，取手动。

（3）选图形类别（条形、块形或不规则）。

（4）选反应序号（右下角旋钮 A、B……）。

（5）选图形序号：选 A 时图形排列为 1、2、3、4；选 B 时图形排列为 2、1、4、3；其余类推（见标示）。

每按一个图表序号后按一次启动键，把图形位置呈现给被试，并告知其对应号码（A 或 B 或 C 或 D 的图形排列）。

（6）按复位键，正式实验开始。主试应随机呈现已选定的图形序号，被试根据呈现的图形反应按相应号码键。

（7）记录正确时，红、绿灯位置是对应的，在记录表 S 与 R 对应的方格内划正的一划，时间不记录，但要观察。图形呈现 5 秒后消失，如 3 秒内被试未及反应，算错。R 的号码任取。如：刺激为 1，则"正"字一划记在除 R_1 的任意方格内。如被试按错，即红、绿灯位置不对应，一划记在错误对应的 R 方格内。

(8) 循环上述步骤 40 次,再换图形类别。

4. 空间知觉信息传递效率计算方法

下表是这个实验的假设实验结果。

表 2-6-5　三种空间图形正确反应的次数表

R \ S	A 条 形				B 块 形				C 不 规 则 形			
	甲	乙	丙	总计	甲	乙	丙	总计	甲	乙	丙	总计
甲	10*	0	0	10	10	0	0	10	9	2	1	12
乙	0	10	0	10	0	9	1	10	0	8	0	8
丙	0	0	10	10	0	1	9	10	1	0	9	10
总计	10	10	10	30	10	10	10	30	10	10	10	30

注:* 正确次数。

下面我们进行具体计算(以下均用 log 表示 $\log_2$):

由于图形是随机呈现的,实验中的事件有 3 个可能结果,因此当概率相等时,

根据 $H(x) = \log x$　　所以 $H(x) = \log 3 = 1.585$

组成图形 A 类(即条形结构)时的情况:

$$H(y) = \log n - \frac{1}{n} \sum nj \log nj$$

$$= \log 30 - \frac{1}{30}(10\log 10 + 10\log 10 + 10\log 10)$$

$$= 1.585 (比特)$$

$$H(x; y) = \log - \frac{1}{n} \sum nij \log nij$$

$$= \log 30 - \frac{1}{30}(10\log 10 + 10\log 10 + 10\log 10)$$

$$= 1.585 (比特)$$

$$T(x; y) = H(x) + H(y) - H(x; y)$$

$$= 1.585 + 1.585 - 1.585$$

$$= 1.585 (比特)$$

$$D_A = \frac{T(x; y)}{H(x)} = \frac{1.585}{1.585} = 1$$

组成图形 B 类(即块形结构)时的情况:

$$H(y) = \log n - \frac{1}{n} \sum nj \log nj = 1.585 (比特)$$

$$H(x; y) = \log 30 - \frac{1}{30}(10\log 10 + 9\log 9 + 1\log 1 + 9\log 9 + 1\log 1)$$

$$= 4.92 - \frac{1}{30}(33.33 + 3.18 \times 9 + 3.18 \times 9 + 0)$$

$$= 1.9(比特)$$

$$T(x; y) = H(x) + H(y) - H(x; y)$$

$$= 1.585 + 1.585 - 1.9$$

$$= 1.27(比特)$$

$$D_B = \frac{T(x; y)}{H(x)} = \frac{1.27}{1.585} \doteq 0.8$$

组成图形 C 类(即不规则图形结构)时的情况:

$$H(y) = \log 30 - \frac{1}{30}(12\log 12 + 8\log 8 + 10\log 10)$$

$$= 1.57(比特)$$

$$H(x; y) = \log 30 - \frac{1}{30}(9\log 9 + 2\log 2 + 1\log 1 + 8\log 8 + 1\log 1 + 9\log 9)$$

$$= 2.145(比特)$$

$$T(x; y) = 1.585 + 1.57 - 2.145$$

$$= 1.01(比特)$$

$$D_C = \frac{T(x; y)}{H(x)} = \frac{1.01}{1.585} = 0.64$$

从以上计算结果可见,$D_A > D_B > D_C$,这就是说三种图形结构,A 类的信息传递效率最高,B 类次之,C 类最差。

四 时间知觉(无反馈)

人具有判断时间间隔精确性方面的时间知觉能力。时间知觉是指人对客观现象延续性和顺序性的反映。研究时间知觉的准确性时,可以用恒定刺激法测量估计时间的差别阈限,也可以用复制法测量对时间估计的误差。复制法与恒定刺激法的不同之处是需要被试自己操作,这样被试注意力较易集中。

复制法要求被试必须复制出在感觉上与刺激相等的时间来,以复制结果与标准刺激的差别作为时间知觉准确性的指标。它是平均差误法的一种,能区别被试是高估还是低估了标准时间。一般来说,听觉和触觉的时间知觉准确性较高,对光刺激的复制有可能低估,对声音刺激容易产生后效,可能高估。K·冯·维厄洛(K. Von. Vierodt)等人在研究时间知觉的差别阈限时发现,时间间隔短时容易被高估,产生正的常误;时间间隔长时容易被低估,产生负的常误。在它们之间有一个从高估到低估的转折点(约 0.7 秒),称之为无差别点。无差别点的个别差异很大。有研究指出,对短的时间间隔估计偏高,对长的时间间隔估计偏低,是基于大脑两半球的兴奋和抑制的相互作用。因为短时间作用的刺激不能引起抑制适应,反而有兴奋后作用,因而产生对时间估计过长的现象。刺激物较长时间的作用容易导致抑制,以致抑制过程占优势,于是出现对时间估计不足的现象。此外,人的知觉时间还受到活动内容、情绪、动机、态度等不同因素的影响。

本实验采用复制法来测量被试对时间估计的误差。

一、实验目的

1. 比较通过不同感觉道估计时间的准确性。

2. 学习用复制法测定时间知觉的误差。

3. 检验各种因素和不同刺激方式对时间知觉的影响。

二、仪器与材料

1. 仪器:计算机及 PsyTech 心理实验系统。

2. 材料:(1) 光刺激(灯泡发光时变红),呈现方式有连续光和闪烁光。

(2) 声刺激(750 Hz 纯音),呈现方式有连续声和间断声。

三、实验方法

1. 登录并打开 PsyTech 心理实验软件主界面,选中实验列表中的“时间知觉(无反馈)”。单击呈现实验简介。点击“进入实验”到“操作向导”窗口。实验者要进行参数设置,选择连续光或闪烁光、连续声或间断声、实验次数及刺激呈现时间(实验取短时距 2—10 秒)和方式等。然后点击“开始实验”进入相应的指导语界面,被试仔细阅读指导语后,点击“正式实验”按钮就可以开始实验了。

2. (1) 参数设置为连续光的指导语是:这是一个判断时间长短的实验。每次实验你会先看到一个灯发光(红色),发光的时间可能有长有短,也可能相同。你要注意看它亮了多长时间。灯灭后请你按 1 号反应盒上的红色键,按下去灯就亮了(由黑色变红色),一直按着不要松开,直到你认为亮的时间和你刚才看到的灯亮时间一样长再松开。实验将进行很多次。当你明白了上述指导语后,请点击下面的“正式实验”按钮开始。

实验开始后屏幕界面上有一个黑灯泡,亮时变红色。若参数设置中选随机,则刺激呈现时间为 2、5、10 秒,随机呈现。在参数设置中实验次数如选 15 则三种长度的时间各呈现 5 次(如选 30 次则加倍)。

(2) 参数设置为闪烁光的指导语是:这是一个判断时间长短的实验。每次实验你会先看到一个灯一亮一灭地闪烁。你要注意看它闪烁了多长时间。灯灭后请你按 1 号反应盒的红色键,按下去后灯又开始闪烁,一直按着不要松开,直到你认为闪光时间和你刚才看到的闪烁时间一样长时再松开。每次实验灯亮的时间可能不同也可能相同。实验将进行很多次。当你明白了上述指导语后,请点击下面的“正式实验”按钮开始。

开始实验后实验界面有一个黑灯泡,亮时变红色,闪烁的亮暗时间均为 100 毫秒。若参数设置中选随机,则刺激呈现时间为 2、5、10 秒,随机呈现。在参数设置中实验次数如选 15,三种长度的时间各呈现 5 次(如选 30 次则加倍)。

(3) 参数设置为连续声或间断声的指导语是:这是一个判断时间长短的实验。每次实验

心理实验操作手册

你会先听到一段声音,声音持续的时间可能有长有短,也可能相同。你要注意听它响了多长时间。声音停止后请你按1号反应盒的红色键,按下去后声音又开始响起,一直按着不要松开,直到你认为响的时间和你刚才听到的时间一样长时再松开。实验将进行很多次。当你明白了上述指导语后,请点击下面的"正式实验"按钮开始。

3. 屏幕界面上有一个喇叭图片,表示刺激呈现是声音。若参数设置中选随机,则刺激呈现时间为2、5、10秒,随机呈现。在参数设置中实验次数如选15,三种长度的时间各呈现5次(如选30次则加倍)。

4. 每种刺激方式实验结束,都可直接查看结果。也可以返回"参数设置"更换刺激方式重新实验,或换被试继续实验,结果可在主界面"数据"菜单中查看。

四、结果

分别计算被试在光或声的不同刺激时间作用下所复制的时间及误差。

五、讨论

1. 不同刺激方式(声或光)在相同呈现时间下被试复制时间是否存在差异,还有哪些因素影响时间估计准确性?

2. 在相同刺激方式情况下,不同呈现时间对被试复制时间是否有高估或低估现象发生?其规律如何?

3. 本实验结果与前人的实验研究是否一致?

4. 试说明用复制法测量时间知觉准确性的优点。

六、参考文献

1. 杨博民. 心理实验纲要. 北京:北京大学出版社,1989:221—231

2. 郭秀艳,聂晶. 大学生实时距、空时距估计的比较研究. 心理发展与教育,2003,19(3):58—62

3. 甘甜,罗跃嘉,张志杰. 情绪对时间知觉的影响. 心理科学,2009,32(4):836—839

4. 张凤琴,王庭照,方俊明. 听觉经验缺失对时距估计影响的实验研究. 心理科学,2005,28(4):806—808

五 时间知觉(有反馈)

人具有判断时间间隔精确性方面的知觉能力。"时间感"是人适应环境的重要组成部分。它是在人的活动过程中发展起来的。由于年龄、生活经验和职业技能训练的不同,人与人之间在时间知觉方面存在着差异。前人的实验安排中就有训练。该研究先让被试反应,并估计自己的反应时间,然后告诉被试他的反应结果。结果表明,通过训练可以提高人的时间知觉的精确性。这种实验安排的特点在于使被试通过自我估计与客观结果的对照,可以使他在客观指标(比实际反应时间长或短)和自己的感觉之间建立较牢固的联系,进而改进自己的估计时间。它说明人的时间知觉具有意识性。

本实验用声和光的不同刺激方式。采用复制法,即让被试自己操作估计时间的长短,检验被试在有反馈结果的情况下对时间知觉的影响。

一、实验目的

1. 检查不同刺激方式对时间估计的影响。

2. 检验有无反馈对时间知觉的影响。

二、仪器与材料

1. 仪器：计算机及 PsyTech 心理实验系统。

2. 材料：

（1）光刺激（灯泡发光时变红色），呈现方式有连续光和闪烁光。

（2）声刺激（750 Hz 纯音），呈现方式有连续声和间断声。

三、实验方法

1. 登录并打开 PsyTech 心理实验软件主界面，选中实验列表中的"时间知觉（有反馈）"。单击呈现实验简介。点击"进入实验"到"操作向导"窗口。实验者要先进行参数设置，选择刺激方式（光或声）及刺激呈现时间（取短时距 2 秒左右为标准刺激）、实验次数等参数。点击"开始实验"按钮进入相应实验方式的指导语界面。被试仔细阅读指导语后点击"正式实验"按钮就可以开始实验了。

2. （1）参数设置选连续光或闪烁光有反馈的指导语是：这是一个判断时间长短的实验，每次实验你会看到一个灯发光（连续或闪烁，发光是红色），灯亮的时间是固定的。你要注意看它亮了多长时间。灯灭了以后请你按 1 号反应盒的红色键，按下去后灯就亮了，一直按着不要松开，直到你认为亮的时间和你刚才看到的灯亮时间一样长再松开。每次复制后你都能得到反馈即看到你的复制时间与原来灯亮的时间误差，即长了或短了多少时间。请你根据反馈不断调整自己的按键时间，使误差变小。实验将进行很多次。当你明白了上述指导语后，请点击下面的"正式实验"按钮开始。

实验开始后实验界面上有一个黑色灯泡，亮时变红色。被试每次复制完后屏幕都会显示其估计时间的长短。

（2）参数设置选择连续声或间断声有反馈的指导语是：这是一个判断时间长短的实验，每次实验你会先听到一段声音（连续或间断），声音响的时间是固定的。你要注意听它响了多长时间。声音停止后请你按 1 号反应盒的红色键，按下去后声音又开始响起，一直按着不要松开，直到你认为响的时间和你刚才听到的时间一样长再松开。每次复制后你都能得到反馈，即看到你的复制时间与原来响的时间误差，长了或短了多少时间。请你根据反馈不断调整自己的按键时间，使误差变小。实验将进行很多次。当你明白了上述指导语后，请点击下面的"正式实验"按钮开始。

3. 实验界面上有一个喇叭图片，表示刺激呈现是声音。被试每次复制完后屏幕都会显示其估计时间的长短。

4. 上述每一种实验结束，都可以直接查看结果，也可以换被试继续实验，以后在主界面"数据"菜单中查看。

四、结果

1. 分别算出连续光和闪烁光的平均复制时间、平均绝对误差。

2. 分别算出连续声和间断声的平均复制时间、平均绝对误差。

3. 作声和光有无反馈的时间估计准确性的关系图（由同学自行设计直方图或曲线图）。

五、讨论

1. 根据有无反馈的时间知觉实验数据，分析有无反馈对时间估计准确性有无差异。还有哪些因素会影响时间估计准确性？

2. 在做有反馈实验时，被试对时间估计是否有逐渐准确的趋势？

3. 此实验在现实生活中有何意义？

六、参考文献

杨博民. 心理实验纲要. 北京：北京大学出版社，1989：221—231

六　速度知觉(无反馈)

速度知觉反映了每个人对速度感觉的差异，如驾驶员开车，要对前方有可能碰到的障碍物所需时间作出精确的估计，这段时间称为碰撞时间。它是工作操作实践中和各项体育运动中不可缺少的技术指标。本实验采用的是遮挡范式。即在不同速度条件下，离终点一定距离时物体被遮挡，由被试判断何时到达终点。

一、实验目的

1. 通过对速度知觉差别阈限的测量，学习用调整法测定差别阈限。

2. 了解不同速度时人的速度知觉的准确性。

二、仪器与材料

1. 仪器：计算机及 PsyTech 心理实验系统。

2. 材料：黄亮点从左至右以不同速度移动，距离终点前约 1/3 处亮点被遮挡。

三、实验方法

1. 登录并打开 PsyTech 心理实验主界面，选中实验列表中的"速度知觉(无反馈)"。单击呈现实验简介。点击"进入实验"到"操作向导"窗口。实验者可进行参数设置，改变快慢移动速度和实验次数等，也可选择默认参数，直接点击"开始实验"按钮进入指导语界面。

2. 指导语是：实验开始后会有一个黄色亮点以一定速度从左边(红线处)开始向右边移动。你要认真观察它的移动速度，这个亮点移到挡板时就看不见了，但它仍然按原来速度移动。你估计它到达终点(右边红线)了就按 1 号反应盒上的任意键。程序自动开始下一次实验。当你明白了上述实验步骤后就请点击下面的"正式实验"按钮开始。

3. 每次实验黄色亮点由左向右移动，速度分快慢两种(快 120 像素/秒，慢 60 像素/秒)。若实验次数默认 40 次则快慢顺序为快 10 次、慢 20 次、快 10 次(如选 80 次则再重复一遍)。亮点距终点 1/3 处被遮挡。速度知觉差别阈限公式是 $AE = \sum |x-s|/n$。公式中 $|x-s|$ 为每次测得的绝对误差，x 为被试估计时间，s 为标准时间，n 为实验次数。

4. 实验结束，被试可直接查看结果(详细数据中负值表示被试未到终点提前按键；正值表示被试超过终点按键），也可以换被试继续实验，结果可在主界面"数据"菜单中查看。

四、结果

1. 比较被试的两种速度知觉准确性是否有差异，并解释原因。

2. 收集多名被试数据，检验是否存在个体差异。

五、讨论

1. 在速度知觉实验中还有哪些因素影响被试速度估计的准确性？

2. 本实验结果是否验证了前人的理论？

3. 研究速度知觉有何意义？

4. 如果要了解汽车驾驶员的速度知觉能力，如何进行检验？

六、参考文献

1. 郭秀艳，贡晔，薛庆国，袁小芸. 遮挡范式下对碰撞时间的估计. 心理科学，2000，23（1）：34—37

2. 李小华，何存道，彭楚翘，郭伟力. 卡车驾驶员速度估计研究. 心理科学，1997，20（6）：525—529

七　速度知觉（有反馈）

本实验采用的是遮挡范式。即在不同速度条件下，离终点一定距离时物体被遮挡，由被试判断何时到达终点。与无反馈的速度知觉实验相比，本实验增加了速度误差的反馈信息。实验中每次都将被试的估计结果反馈给被试，呈现于屏幕。这样可以分析有反馈对速度知觉准确性的影响。

一、实验目的

1. 通过对速度知觉差别阈限的测量，学习用调整法测定差别阈限。

2. 了解不同速度及有无反馈对人的速度知觉的影响。

二、仪器与材料

1. 仪器：计算机及 PsyTech 心理实验系统。

2. 材料：黄亮点从左至右以不同速度移动，距离终点前约1/3处亮点被遮挡。

三、实验方法

1. 登录并打开 PsyTech 心理实验软件主界面，选中实验列表中的"速度知觉（有反馈）"。单击呈现实验简介。点击"进入实验"到"操作向导"窗口。实验者可进行参数设置（或使用默认参数），然后点击"开始实验"按钮进入指导语界面。

2. 指导语是：实验开始后会有一个黄色亮点以一定速度从左边（红线处）开始向右边移动。你要认真观察它的移动速度，这个亮点移到挡板时就看不见了，但它仍然按原来速度移动。你估计它到达终点（右边红线）了就按1号反应盒上的任意键。你将看到你判断的时间误差。负数表示判断（按键）过早，正数表示判断（按键）过晚。然后开始下一次实验。当你明白了上述实验步骤后就请点击下面的"正式实验"按钮开始。

3. 每次实验黄色亮点由左向右移动,速度可调(默认速度为 120 像素/秒)。每次黄点移动的速度相同。亮点距离终点 1/3 处被遮挡。速度知觉差别阈限公式是 $AE = \sum |x-s|/n$。公式中 $|x-s|$ 为每次测得的绝对误差,x 为被试估计时间,s 为标准时间,n 为实验次数。

4. 实验结束,被试可以直接查看结果,也可以换被试继续实验,以后在主界面“数据”菜单中查看。

四、结果

1. 比较被试有反馈的两种速度知觉准确性是否有差异。

2. 收集多名被试数据,检验是否存在个体差异。

五、讨论

1. 结合无反馈实验,比较有无反馈对被试的速度知觉准确性判断是否有差异。

2. 有反馈实验中,被试速度知觉准确性是否有误差越来越小的趋势？此方法是否可以用来训练人的速度知觉能力？

3. 如果要了解汽车驾驶员的速度知觉能力,如何进行检验？

六、参考文献

郭秀艳,贡晔,薛庆国,袁小芸. 遮挡范式下对碰撞时间的估计. 心理科学,2000,23(1):34—37

八 似 动 现 象

似动知觉包括自主运动、诱导运动和动景运动。它是指在一定时间和空间条件下,把静止物知觉为运动或把没有连续移动的物体知觉为连续的运动。

(1)自主运动 自主运动又称为游动运动或自动效应,指人在暗室内注视一个微弱的、静止的光点片刻后感觉到光点在来回移动的现象。此现象的产生可能与黑暗中的光点失去了周围空间的参照物有关,但真正原因至今尚未有很好的解释。

(2)诱导运动 是指由于一个物体的运动使其邻近的一个静止的物体产生运动的现象。

(3)动景运动 是指当两个刺激物按一定空间间隔和时间相继呈现时,人们看到原来两个静止的物体产生连续运动的现象。本实验所研究的似动现象主要指动景运动。电影、霓虹灯、活动广告等就是按照动景运动发生的原理制成的。

影响似动现象产生的因素主要有经验、提示、知觉物的背景移动情况、光点之间的空间距离等。

一、实验目的

揭示似动现象产生的时间和空间条件。

二、仪器与材料

1. 仪器:计算机及 PsyTech 心理实验系统。

2. 材料:

(1) 两个红圆之间相距条件分别为 2 cm、5 cm 和 8 cm；

(2) 两个白色小鸟；

(3) 两个白色对称三角形。

三、实验方法

1. 登录并打开 PsyTech 心理实验软件主界面，选中实验列表中的"似动现象实验"。单击呈现实验简介。点击"进入实验"到"操作向导"窗口。实验者可进行参数设置，选择实验材料及次数（或使用默认参数），然后点击"开始实验"按钮进入指导语界面。点击"正式实验"按钮开始。

2. 选择材料(1)的指导语是：这是一个有关似动现象的实验。实验开始后屏幕会出现两个红圆。请你使用 1 号反应盒准备反应。当两个圆都亮时请按"－"号键，改变两个红圆的交替呈现（间隔）时间，直到你感到只有一个圆在来回移动时，说明已产生了似动现象，此时你按"＝"号键予以确认。反之，你按"＋"号键，在感到只有一个圆在来回移动时，按"＝"号键确认。实验中两个红圆的距离会随机改变。实验要做很多次，当你明白了指导语的要求后，可以点击下面的"正式实验"按钮开始。

选择材料(2)和(3)的指导语是：这是一个验证似动现象的实验。实验开始后屏幕上会呈现两个相似的图形。请你使用 1 号反应盒，按上面的"＋"号或"－"号键，改变两个图形呈现的间隔时间，即呈现的时距。当你感到两个图形似乎像一个图形在移动时，即表示产生了似动现象。你就按中间的"＝"号键予以确认。实验要做很多次。当你明白了指导语的要求后，可以点击下面的"正式实验"按钮开始。

3. 被试调节的时间从 20—400 ms，每按一次改变 5 ms，调节的升降序按 ABBA 法进行。

4. 实验结束，数据被自动保存。实验者可直接查看结果，也可换被试继续实验，结果可在主界面"数据"菜单中查看。

四、结果

1. 统计被试在观察材料(1)时，确定出现似动时的阈值（间隔时间）。

2. 求出材料(2)和材料(3)不同空距条件下的似动阈值。

3. 根据本实验结果说明观察两个亮点产生似动的最优时空条件。

五、讨论

1. 似动现象与"心理是客观现象的反映"是否有矛盾，试根据本实验的结果说明之。

2. 分析似动存在的个体差异。

3. 试述似动现象在实际生活中的意义。

六、参考文献

杨治良. 实验心理学. 杭州：浙江教育出版社，1998：454—455

九 双眼视差(立体镜)

当人们用双眼注视某一物体时，由于双眼观察角度不同而使两个视网膜影像之间产生差

心理实验操作手册

108

异,这种差异称为双眼视差。在深度知觉中双眼视差所起的作用是相当重要的。双眼视差是由惠特斯通(Wheatstone)于 1883 年发现的。为了研究深度知觉惠特斯通还发明了一种反射实体镜的仪器。根据同样的视觉原理后来布鲁斯特(Brewster)又制出了透视实体镜。实体镜的特点是它可以把左眼和右眼的视线分开,使左眼只能看到左图,右眼只能看到右图,但却能使两只眼睛辐合。如果把两个照相机的距离放得和两只眼睛距离相同的话,那么把拍摄下来的两张照片放在实体镜的一个平面上观看时会产生立体感。如相机位置远于眼睛距离拍摄,则深度感可以夸大。两个图差异越大,立体感越增加。但如果两个图完全不相同时,也不能产生立体感。本实验所用图就是根据该原理拍摄的。

后来朱尔斯(B. Julesz)通过双眼对随机点立体图观察时见到了立体形象,这进一步证明双眼视差是产生深度知觉的重要条件。而其他因素如眼睛的调节、视轴的辐合和单眼对物体轮廓的知觉,对深度知觉都是无足轻重的。

深度知觉能力的测定,对于从事交通运输行业人员(各种驾驶员、吊车控制员)和精细工种的装配工,以及一些体育项目的运动员都具有重要意义。

一、实验目的

用透视立体镜证实双眼视差在深度知觉中的作用。

二、仪器

EP505 立体镜。

三、实验方法

1. 将图片插入支架的槽里,左手握住立体镜手柄,双眼靠近观察窗口,观看里面呈现的两张图。

2. 实验者用右手缓慢前后移动支架(图片),直到两眼看到的图合成一个单像为止,这时看到的图应该是立体的。

3. 分别闭上左眼和右眼观察立体镜上图的情况。

四、结果与讨论

1. 根据观察的结果,试说明双眼视差在视深度知觉中的作用。

2. 比较单双眼观看的差异,并说明原因。

3. 一个单眼失明的人在生活中分辨远近有困难吗？为什么？

五、参考文献

1. 杨治良. 实验心理学. 杭州：浙江教育出版社,1998：436—439

2. 金贵昌,郑竺英,周桂荣. 双眼深度感知与图像元素数量的关系. 心理学报,1990,23(1)：60—65

3. 沈模卫,施壮华,张光强,张锋.不同深度平面与表面的视知觉完形加工.心理学报,2004,36(2)：133—138

第七章 学习与记忆

一 不同报告方法的瞬时记忆容量

早期瞬时记忆研究的主要方法是再现法。根据再现的方法不同又分为全部报告法和部分报告法。全部报告法要求被试在识记材料后,尽量将识记的全部项目再现出来。但此方法不能用于研究刺激呈现在几十毫秒的情况。而部分报告法的特点是要求被试在识记材料后,将指定的部分项目再现出来,再根据这一部分的结果估算出保存的总量。它可以避免由于呈现时间短暂、回忆材料过多及其他干扰和遗忘因素对瞬时记忆保持量的影响。研究瞬时记忆的主要方法还有再认法。

斯珀林(Sperling, 1960)使用字母(3×4 矩阵)的实验材料,呈现时间为 50 毫秒,采用全部报告法和部分报告法对瞬时记忆的保持量进行了研究。实验结果表明:全部报告法一般只能识记 4—5 个,而部分报告法所保持的信息要比全部报告法要多。

另外斯珀林还做了延迟部分报告法实验。结果发现,延迟时间逐渐增加后,回忆成绩逐渐下降。当超过 0.5 秒时,部分报告法与全部报告法的回忆成绩基本相同;而当延迟超过 1 秒时两种报告法就没有什么差别了。

一、实验目的

1. 验证斯珀林的实验结果。

2. 学习和掌握瞬时记忆的研究方法。

二、仪器与材料

1. 仪器:计算机及 PsyTech 心理实验系统。

2. 材料:大写的英文字母,字母间无关联,每张 3 行,每行 4 个字母,即 3×4 的矩阵材料,共 20 张。

三、实验方法

1. 登录并打开 PsyTech 心理实验软件主界面,选中实验列表中的"不同报告方法的瞬时记忆容量"。单击呈现实验简介。点击"进入实验"到"操作向导"。实验者可进行参数设置选择报告方法等,也可直接点击"开始实验"进入指导语界面。点击"正式实验"开始实验。

2. 指导语共 3 种。

(1) 全部报告法:实验开始后,屏幕中央将呈现 3 行大写的英文字母,每行 4 个。呈现的时间很短,你要尽可能地记住它们。当字母消失后,请你将看到的英文字母输入下面的文本框,记住多少就输入多少,顺序不限。按回车键确认后再次进入下一次实验。实验将进行很多次。当你明白了上述实验步骤后,请点击下面的"正式实验"按钮开始实验。

(2) 部分报告法:实验开始后,屏幕中央将呈现 3 行大写的英文字母,每行 4 个。呈现的时间很短,你要尽可能地记住它们。当字母消失后,将提示你需要回忆的行数。请将你看到的该行英文字母输入下面的文本框,记住多少就输入多少,顺序不限。按回车键确认后将进入下一次实验。实验将进行很多次。当你明白了上述实验步骤后,请点击下面的"正式实验"按钮开始实验。

(3) 延迟部分报告法:实验开始后,屏幕中央将呈现 3 行大写的英文字母,每行 4 个。呈现的时间很短,你要尽可能地记住它们。当字母消失后经过一段时间延迟,将提示你需要回忆的行数。请将你看到的该行英文字母输入下面的文本框,记住多少就输入多少,顺序不限。按回车键确认后将进入下一次实验。实验将进行很多次。当你明白了上述实验步骤后,请点击下面的"正式实验"按钮开始实验。

3. 实验开始,屏幕随机呈现 3×4 的字母矩阵 20 张。每呈现完一张都提示被试回忆并报告识记过的字母。共 3 种方法,即全部报告法、部分报告法和延迟部分报告法。被试根据参数中设定的报告方法及相应的指导语,回忆并输入识记的字母。计算机记录保存量及正确回忆百分比。

注意:(1)实验前应使计算机处在输入字母状态。

(2)被试眼睛离屏幕距离应在 60 cm 左右,否则可能会影响再认效果。

(3)在选择(1)、(2)种实验方法时,要检查参数设置中的延迟时间,使其为 0,以免影响实验效果。

4. 实验结束,数据被自动保存,实验者可直接查看结果,也可回到"参数设置"重新设置报告方法继续实验或换被试继续实验,以后在主界面的"数据"菜单中查看结果。

四、结果

计算被试三种报告方法的瞬时记忆保存量(计算机已给出),填入到下面表格中,并整理设计一个三线表。

表 2-7-1　不同报告方法的保存量和正确百分数

报 告 方 法	全部报告法	部分报告法	延迟部分报告法
保存量			
百分数			

五、讨论

1. 本实验的结论是否与斯珀林的研究一致?

2. 三种报告方法的结果是否有差异? 实验结果说明什么? 得出了什么结论?

3. 查阅有关资料,总结研究记忆的方法有哪些,各有什么优缺点。

六、参考文献

1. 杨治良. 实验心理学. 杭州：浙江教育出版社，1998：485—488

2. 王宁. 瞬时记忆容量的研究. 河南教育学院学报（自然科学版），1998，4

二　短时记忆（图形再认）

短时记忆是瞬时记忆向长时记忆过渡的中间阶段，一般保持5秒钟—2分钟。研究短时记忆的方法有顺序再现法、自由再现法、再认法、再学法和提示法等。方法不同结果可能会有差异。一般用保持量和正确回忆百分数来反映短时记忆的能力，公式如下。

$$保持量＝[（正确再认数－错误再认数）/总数]×100\%$$

（总数＝新图＋旧图。正确再认指对旧图片再认为"旧"和对新图片再认为"新"；错误再认指对旧图片再认为"新"和对新图片再认为"旧"）

影响短时记忆保持量的因素主要有：实验材料的长度、材料的性质（字母、词、图片等）、回忆方式（再认比再现好，自由回忆比顺序回忆好）、延迟时间和个体的身心状况（情绪、疲劳等）。

一、实验目的

1. 学习再认法测量短时记忆的保持量。

2. 比较不同材料的短时记忆效果。

二、仪器与材料

1. 仪器：计算机及 PsyTech 心理实验系统。

2. 材料：

（1）抽象图片50张，其中25张作为"旧"图片先呈现，另外25张作为"新"图片。

（2）具体图片50张，其中25张作为"旧"图片先呈现，另外25张作为"新"图片。

三、实验方法

1. 登录并打开 PsyTech 实验软件主界面，选中实验列表中的"短时记忆（图形再认）"。点击"进入实验"到"操作向导"窗口。实验者可进行参数设置，也可直接点击"开始实验"进入指导语界面。本实验不设练习，实验者可直接点击"正式实验"开始实验。

2. 实验中屏幕先依次呈现25张图片，被试只看并记忆，不作反应。呈现完毕再出现指导语，告知被试下面将随机呈现50张图片，其中25张是前面见过的（即"旧"的），其余25张是未见过的（即"新"的）。对图片作出判断，认为旧的按"＋"键，新的按"－"键。记录反应时。实验者也可自行设计实验材料。由参数设置中"自选图片"按钮进入创建新材料的文件夹。

3. 第一次指导语是：这是一个有关图片再认的实验。下面将依次呈现多张图片，请你认真看，努力记住它们，但不作其他反应。当你明白了上述指导语后，请点击下面的"正式实验"按钮开始实验。

第二次指导语是：下面将要呈现的图片中，有你刚才看过的，也有没有看过的。请你使用1号反应盒在图片出现后作出判断。若认为是看过的，请按"＋"号键，未看过的请按"－"号键。实验要做很多次。按反应盒上任意键开始。

4. 实验结束,数据被自动保存。实验者可直接查看结果,也可换被试继续实验。以后在主界面"数据"菜单中查看。

四、结果
计算两种图形材料的短时记忆保持量。

五、讨论
1. 试分析不同被试的记忆能力。

2. 比较两种实验材料的不同结果,如有差异,试说明其原因。

3. 如增加或减少图片的数目会对结果有何影响?

六、参考文献

1. 杨治良.实验心理学.杭州:浙江教育出版社,1998:481—482

2. 王恩国,沈德立,吕勇.语文学习困难儿童的短时记忆、工作记忆和加工速度.心理科学,2008,31(1):5—10

3. 张乐,梁宁建.不同背景噪音干扰下的数字短时记忆研究.心理科学,2006,29(4):789—794

4. 王晓丽,陈国鹏.成人短时记忆发展的实验研究.心理科学,2005,28(3):523—526

三 长 时 记 忆
(比较有意义和无意义材料的不同识记效果)

如果学习材料本身缺乏意义联系,或者学习者不了解材料的意义和内在联系,单靠反复背诵进行记忆称为机械记忆,也称无意义识记。学习的材料间有意义联系或逻辑关系则称为意义识记。本实验采用全部呈现法,把两组材料(有意义词,无意义词)在一定时间内逐个呈现给被试学习,比较他们回忆的保持量。

一、实验目的
通过实验了解不同材料对识记效果(保持量)的影响。

二、仪器与材料
1. 仪器:计算机及 PsyTech 心理实验系统。

2. 材料:有意义词和无意义词各 10 个。

三、实验方法
1. 实验前首先将被试随机分成 2 个组,分别进行有意义材料和无意义材料记忆实验。

2. 登录并打开 PsyTech 心理实验软件主界面,选中实验列表中的"长时记忆(比较有意义和无意义)"。单击呈现实验简介。点击"进入实验"到"操作向导"窗口。实验者可进行参数设置(选择有意义或无意义等)。然后点击"开始实验"按钮进入指导语界面。本实验不设练习,点击"正式实验"按钮即开始。

3. 参数中选"有意义",指导语是:下面请你看一些词,你要尽量记住。看完后需要你回忆。点击下面的"正式实验"按钮开始。

屏幕逐个呈现"有意义"词10个,学习遍数由参数而定,然后稍事休息再出现提示语,要求被试回忆并输入刚才看过的词。回忆时间依参数而定,时间到实验则自动结束。

4. 参数中选"无意义",指导语、呈现方式及被试回忆方式同"有意义"。

5. 实验结束,程序自动统计被试正确回忆的个数(错一个字就算错误),实验者可在主界面"数据"菜单中查看,也可换被试继续实验。

四、结果

1. 分别统计每个被试有意义材料和无意义材料的正确再现数,并计算保持量。

$$保持量＝(正确再现数/实验呈现数)×100\%$$

2. 分别统计每个组的正确再现数的平均数,以正确回忆百分比为纵轴,以不同材料为横轴画出直方图。

3. 将被试对两种材料的保持量进行显著性检验。

五、讨论

1. 根据本实验结果,分析不同材料对识记和保持量的影响。

2. 根据自己的体会,谈谈如何增强识记效果。

六、参考文献

1. 杨治良.实验心理学.杭州:浙江教育出版社,1998:238—240

2. 黄希庭.心理学实验指导.北京:人民教育出版社,1988:230—234

四 条 件 反 射

条件反射是学习的最基本的生理机制。著名生理学家巴甫洛夫于1890年创立了条件反射的实验方法。实验中,他先给狗呈现一个与唾液分泌没有联系的铃声,然后呈现食物,并让二者重合一段时间。多次重复以后,仅有铃声就能引起狗分泌唾液。这时对狗来说,铃声已经获得了食物信号的意义即从无关刺激变成了条件刺激,并建立了铃声—唾液分泌的条件反射。巴甫洛夫的研究表明:几乎任何不能产生特定反应的刺激,只要与能产生特定反应的刺激配对出现,就能够控制该反应。巴甫洛夫的实验还揭示了诸如条件反射的形成、泛化和分化、消退和恢复等基本规律,并为探索高级神经活动的基本过程及其相互作用的规律找到了一条途径。他所揭示的这些规律首先在动物身上被证实,而且在人身上也得到了检验和运用。在人身上除了用具体事物(铃声、灯光等)以外,还可以用词作为条件反射,与唾液分泌、眨眼、瞳孔变化、心率加速、皮肤电反应和血管容积的变化等不随意反应形成条件反射。

形成条件反射最基本的实验程序是:

1. 起初条件刺激和无条件反应必须是无关的(如声音或绿光与缩手动作无关联),但强度要在感觉阈限以上。

2. 无条件刺激必须能引起明显、可测量的、稳定的反应。并且这种反应是不学就会的。

3. 条件刺激(如声音或绿光)在时间上必须与无条件反射结合,即配对呈现,且要比无条件刺激(如电刺激)早些呈现。

4. 条件反射形成的标志是:在无条件刺激尚未呈现以前、条件刺激呈现以后产生了无条件反应(如缩手)。

条件反射过程很重要,但一些心理学家却认为,条件反射不是学习的最主要方式;另一种形式的学习,即通常称为工具性或操作性条件反射才是许多学习的原型。

本实验是用声音或灯光与被试的缩手动作形成条件反射,同时配以皮肤电测试仪的验证。

一、实验目的

掌握建立条件反射的方法。

二、仪器与材料

1. EP603 条件反射器。

2. EP602 皮肤电测试仪。

三、实验方法

1. 打开条件反射器电源开关,夹住被试右手的手指(注意金属面不要贴指甲),告诉被试坐好不要紧张,实验过程不会有危险。

2. 实验一,建立声音与缩手的条件反射。

方法:按红灯键,2 秒后按声音键,再按启动键,延迟后会有微小电流刺激被试,被试会有不随意的反应——缩手动作。如此重复多遍,其中三遍过后在按声音键后要稍等片刻再按启动键。一旦出现声音响后主试未按启动键被试就有缩手动作,则说明声音—缩手的条件反射已经形成。

主试记下形成该条件反射所需的次数。

3. 实验二,建立绿光与缩手的条件反射,并用皮肤电测试仪验证被试的情绪变化。

方法:(1)实验前除连接好条件反射器,被试右手一个手指还要与皮肤电仪相连。皮肤电仪操作方法是:打开电源,开关拨至 AC(直流为 DC),先将灵敏度开关旋到较小位置,减小指针摆动。再调节零位旋钮,使指针对应零位。之后再适度调大灵敏度。

(2)正式实验开始,按红灯键 2 秒后按绿灯键,再按启动键(产生微小电流刺激)。被试会有缩手动作。此时皮肤电仪指针亦会有较大摆动,如摆动不够可加大灵敏度,摆动过大则减小灵敏度。也是重复多遍,直到出现绿灯后主试未按启动键被试就有缩手动作,则说明绿光—缩手的条件反射已经形成。同时可以看到尽管没有微小电流刺激由于被试紧张而使皮肤电阻产生较大变化(指针大幅摆动)。主试记下形成该条件反射所需的次数。观察被试的皮肤电反应情况。

四、结果

1. 统计每位被试条件反射形成所需条件刺激和无条件刺激结合的次数。

2. 比较被试的个体差异。

五、讨论

1. 为什么形成条件反射必须是条件刺激先呈现,然后再呈现无条件刺激?是否可以反过来?

2. 声音的高低或灯光的强弱对形成条件反射是否有影响？

3. 如何消退已形成的声音—缩手条件反射？

4. 试就产生的皮肤电变化从生理和情绪角度作分析。

5. 用本实验结果来解释形成条件反射时的个体差异。

六、参考文献

杨博民.心理实验纲要.北京：北京大学出版社，1989：398—400

五　不同学习材料的记忆广度

记忆广度的研究最早是由贾克布斯(Jackobs,1887)根据艾宾浩斯发明的系列回忆加以改动后创造的。它是指按一定顺序逐一呈现一系列刺激之后，被试能够按刺激呈现顺序正确再现刺激系列的内容。该方法是测定短时记忆容量的常用方法之一。一般是呈现后，要求立刻再现。呈现的材料不同，短时记忆广度也会有差异。

记忆广度的计分方法主要有 3 种。

1. 设每种刺激长度呈现 3 次，每通过一次得 1/3 分，以 3 次都能通过的长度数为基数，加上其后面未能完全通过长度的通过比率。如：6 位数时 3 次都通过(作为基数)，7 位数时通过 2 次，8 位数通过 1 次，而 9 位数 3 次均未通过，则记忆广度为 6 + 2/3 + 1/3 = 7。

2. 如 8 位能够通过(只要有一次就可以)，而 9 位数时 3 次未能通过，则记忆广度是 8.5。

3. 采用奥伯利(Oberly,1982)的直线内插法。即以系列长度为横轴，以被试的正确回忆数目转换成正确百分率为纵轴，在 50% 处向曲线作平行线，在交点处再作垂直线，与横轴的交点即为被试记忆广度数。

本实验使用的是第一种计分方法。

一、实验目的

1. 通过测定数字和字母两种实验材料的记忆广度，了解短时记忆的特点。

2. 探讨实验材料与记忆广度之间的关系。

二、仪器与材料

1. 仪器：计算机及 PsyTech 心理实验系统。

2. 材料：(1) 字母：随机排列的大写英文字母，长度 4—15。

(2) 数字：随机排列的 0 到 9 的数字，长度 4—15。

三、实验方法

1. 登录并打开 PsyTech 心理实验软件主界面，选中实验列表中的"不同学习材料的记忆广度"。单击呈现实验简介。点击"进入实验"到"操作向导"窗口。实验者可进行参数设置(或使用默认参数)，然后点击"开始实验"按钮进入指导语界面。可先进行练习实验，也可以直接点击"正式实验"按钮开始。

2. 指导语是：这是一个测验记忆能力的实验。下面屏幕将要呈现一组字母或数字，请你注意尽力记住呈现的内容和呈现的顺序。在呈现完毕出现"嘟"声后，请你立即将刚才呈现的内容回忆并用电脑键盘逐一顺序输入,输入完毕按回车键予以确认。当你明白了上述指导语后,可以先点击"练习"按钮,试做若干次。然后再点击下面的"正式实验"按钮开始实验。

3. 如参数设置中选字母为实验材料,则实验开始屏幕会呈现多组英文字母。长度从 4 个开始,每种长度呈现 3 次,被试只要答对一次,呈现的长度自动递增直至被试 3 次都答错,实验自动停止。被试每看过呈现的一组字母后,会出现提示音和提示语"请输入",要求被试回忆并顺序输入呈现的字母。如选数字,其实验过程与字母相同。

4. 实验结束,数据被自动保存。实验者可直接查看结果,也可换被试继续实验。结果可在主界面"数据"菜单中查看。

四、结果

1. 分别计算被试两种实验材料的记忆广度。

2. 检验不同材料的记忆广度是否存在显著差异。对结果作出解释。

3. 检验不同性别被试在不同实验材料上的记忆广度是否存在显著差异。对结果作出解释。

五、讨论

1. 根据被试的记忆广度,说明短时记忆的特点。

2. 比较本实验的结果与前人的结果有无区别,如果有请分析原因。

六、参考文献

杨治良. 实验心理学. 杭州:浙江教育出版社,1998:488—490

六 空间位置记忆广度

空间位置记忆广度是指刺激按固定顺序呈现一系列位置之后,被试能够再现空间位置系列的长度,且再现的顺序也与原来的呈现相符。空间位置记忆广度在实践中有重要意义,它可以作为职业能力测评的一个指标。

一、实验目的

1. 学习测量空间位置记忆广度的方法。

2. 探索性别间的空间位置记忆广度差异。

二、仪器与材料

1. 仪器:计算机及 PsyTech 心理实验系统。

2. 材料:计算机屏幕呈现 3×5 的黑线方格,刺激材料为黄色圆。每次个数为 4—15 个不等,逐个呈现,位置在方格内随机。

三、实验方法

1. 登录并打开 PsyTech 心理实验软件主界面,选中实验列表中的"空间位置记忆广度"。单击呈现实验简介。点击"进入实验"到"操作向导"窗口。实验者可进行参数设置(或使用默认值)。然后点击"开始实验"按钮进入指导语界面。可先进行练习实验,也可以直接点击"正式实验"按钮开始。

2. 实验指导语是：这是一个检查对空间位置记忆的实验。实验开始后,小方格内会在不同位置呈现黄色圆。请你注意看,并记住它们呈现的位置和呈现的先后顺序。呈现完毕屏幕出现提示语。这时请你用鼠标点击小方格重复刚才的呈现过程(包括位置和先后顺序)。如觉得点错了可以再点击最后点击出现的黄色圆,该黄色圆消失,进行修正。当你明白了实验步骤后可以先进行练习,然后点击下面的"正式实验"按钮开始。

3. 呈现的起始位数是 4 个,最多 15 个。每位数随机呈现 3 遍,只要有 1 遍点击完全正确,就升 1 位继续呈现,直至某位数被试连续 3 遍点击错误或正确完成 15 位数的点击(3 遍),实验自动结束。

4. 实验结束,数据被自动保存,实验者可直接查看结果,也可换被试继续实验,结果可在主界面"数据"菜单中查看。

四、结果

1. 计算每个被试的空间位置记忆广度(计算方法同前一实验)。

2. 收集全班同学的实验结果,检验空间位置记忆广度的性别差异是否达到显著水平。

五、讨论

1. 空间位置记忆广度与数字记忆广度有何异同,关系如何？

2. 测定空间位置记忆广度有何实际意义？

3. 用什么方法可以提高空间位置记忆广度？

六、参考文献

郭秀艳. 实验心理学. 北京：人民教育出版社,2004：485—487

七　系列位置效应

最早研究系列位置效应的是艾宾浩斯,他用一系列无意义音节作为学习材料,让学习者学习一系列内容。通过实验研究发现,学习者对记忆材料的掌握情况与材料呈现时所在位置有关。材料开始部分最易学、最容易回忆,称为首因效应,最后呈现的材料也容易回忆、遗忘最少,称为近因效应,而中间偏后部分最难学。影响系列位置效应的因素还有学习方式、材料呈现的时间、材料的长度和回忆方式等。

一、实验目的

1. 通过对汉字学习材料的识记,验证系列位置效应。

2. 比较有无延迟时间对系列位置效应的影响。学习绘制不同形式的各种曲线。

二、仪器与材料

1. 仪器：计算机及 PsyTech 心理实验系统。

2. 材料：彼此无关联的汉字 6 组,每组 10—20 个可选,词频相近,笔画相同(参照国家语言文字工作委员会 1988 年颁布的《现代汉语常用字表》)。

三、实验方法

1. 将全体被试分为两组,一组做立即回忆,另一组做延迟回忆(2 秒或自定义)。

2. 登录并打开实验软件主界面,选中实验列表中的"系列位置效应"。点击"进入实验"到"操作向导"。实验者可进行参数设置或使用默认设置,也可直接点击"开始实验"按钮,进入指导语界面,再点击"正式实验"开始(本实验不设练习)。

3. 指导语是:这是一个有关记忆的实验。实验开始后屏幕将连续逐个呈现一系列汉字,请你认真用心记。呈现完一组汉字后,要求你回忆并用计算机键盘在文本框中连续输入刚才识记过的汉字(可以不考虑呈现的先后顺序),输入完毕按回车键。实验将呈现多组汉字。在你明白了上述指导语后,请点击下面的"正式实验"按钮开始。

4. 参数设置中若选"立即回忆",则每呈现完一组汉字立即弹出输入对话框;若选"延迟回忆",则稍事休息再弹出输入对话框。被试回忆方式采用"自由回忆法",即可以不考虑材料呈现时的先后顺序,按任意顺序输入。

5. 实验结束,数据被自动保存。实验者可直接查看结果,也可换被试继续实验,结果可在主界面"数据"菜单中查看。

四、结果

1. 根据计算机给出的被试在各位置正确回忆汉字的个数,分别计算出两组被试两种情况下(立即和延迟)在各个位置正确回忆汉字的百分比并填入下表。

表 2 - 7 - 2 系列位置效应实验结果表

被试回忆方式	各位置汉字正确回忆百分比(%)														
	1	2	3	4	5	6	7	8	9	10	11	12	13	14	15
立 即															
延 迟															

2. 以系列位置为横轴,正确回忆汉字百分比为纵轴,绘制出两种情况下(立即和延迟)系列位置效应曲线,并予以解释。

五、讨论

1. 根据实验结果说明对汉字识记过程和保持中的系列位置作用。

2. 如果同一被试做了立即回忆再按原来呈现的顺序做延迟回忆或延长汉字呈现时间可能会得到什么预期效果?

3. 举例说明日常生活中系列位置作用的现象,并说明如何避免。

六、参考文献

杨治良. 实验心理学. 杭州:浙江教育出版社,1998:480—481

八 概 念 形 成

概念是人脑反映事物本质特征或联系的思维形式。在实验室中,为了研究概念的形成过程,常常使用人工概念。概念的学习形成过程就是个体掌握一类事物属性的过程。通过个体

第二部分 操作实验

掌握人工概念的过程来研究概念形成的规律。通过对人工概念的研究,不仅可以了解概念的形成过程,而且有助于了解被试对事物进行抽象化的水平。制造人工概念时,研究者先确定一个或几个属性作为对材料分类的标准,这个标准被试不知道,主试只是将材料交给或呈现给被试,请其分类。在此过程中,被试通过尝试可以知道结果是对还是错。被试通过不断摸索,可以学会分类,即掌握这个人工概念。

叶克斯选择器是由叶克斯(Yerkes,1921)设计的,他所设计的人工概念是关于空间位置关系的概念。其操作定义是:被试经多次尝试后,如能连续三遍第一次就能选对(点击后变红同时发声),说明被试掌握了这个规律或者说形成了这个概念。本实验程序就是根据其原理编制的。

一、实验目的

1. 学习研究个体掌握人工概念的方法,探讨个体掌握人工概念的策略。

2. 比较简单和复杂人工概念形成的速度(实验遍数)。

二、仪器与材料

1. 仪器:计算机及 PsyTech 心理实验系统。

2. 材料:不同排列组合的黄色实心圆,每组中都有一个黄色圆与声音相连。共有 5 组供选择,每组的声音圆都遵循同一个位置规律,且有 5—10 个不同排列组合方式循环呈现。

三、实验方法

1. 登录并打开 PsyTech 心理实验软件主界面,选中实验列表中的"概念形成"。单击呈现实验简介。单击"进入实验"到"操作向导"窗口。实验者可进行参数设置(选择不同概念组),然后进行练习实验,或直接点击"正式实验"按钮开始。

2. 指导语是:这是一个关于研究人工概念的实验。屏幕上有 12 个空心圆,实验时会循环出现不同组合的黄色实心圆,每组黄色圆中都有一个与声音连接,你用鼠标左键单击该圆会变红,同时发声,即目标圆。实验就是请你通过不断地尝试和推理,找出这个目标圆所处位置的规律。直至你连续三遍第一次就能点中这个圆,就表示你掌握了这个概念,本次实验结束。在你明白了上述实验步骤后,可以先进行练习,练习结束后再点击下面的"正式实验"按钮开始实验。

3. 实验开始后,屏幕呈现一行黄色实心圆,其中有一个与声音相连(即目标圆),被试点到就变红色同时发声。每行中这个目标圆都遵循一定的规律。实验就是让被试发现或掌握这个目标圆的位置规律。例如:屏幕亮出 3 个黄色圆(连续无空格,中间一个与声音相连)。被试反应点击左边和右边第一个都无声音,点中间则变红色(发声)。这时被试应有三种假设,即左二或右二概念和中间概念。接着又呈现下一行 5 个黄色圆(中间可能有空格),被试会对前面的假设进行验证。点击左二及右二均无声音,说明这两个假设不对。点击中间则会变色(发声),说明第三个假设是对的。如被试已掌握了这个概念,接下去无论屏幕呈现何种组合的黄色圆,被试第一次就会去点击中间黄色圆。若能连续三遍第一次就点对,则说明已掌握了这个人工概念。

被试只有点到目标圆,才能继续下一次实验。连续三遍第一次就点对则出现祝贺声音,同时本组实验结束。

心理实验操作手册

4. 实验结束,数据被自动保存。实验者可直接查看结果,也可以重新选择一组进行另一个概念的实验或换被试继续实验,以后在主界面"数据"菜单中查看。

四、结果

1. 统计被试找出本组目标圆空间位置关系(连续三遍正确)所用的遍数。

2. 分析被试概念形成的过程及使用的策略。

五、讨论

1. 简单和复杂空间位置关系概念的形成过程有何不同?

2. 概念形成过程中,不同个体的推理策略有何异同?

六、参考文献

王甦,汪安圣.认知心理学.北京:北京大学出版社,1992:240—275

九 学 习 迁 移

学习迁移是指先前学习的知识和技能对新知识和技能的学习与获得的影响。研究学习迁移常用的实验方法有前后测验法(参见前摄作用/倒摄作用)和继续学习法。先学习的材料对后学习的材料的阻碍作用称为负迁移,先学习的材料对后学习的材料的促进作用称为正迁移。对于继续学习法的实验,可以将被试随机分成 A、B 两组,如果材料的难易不同可作如下设计:

　　A 组:先学甲,后学乙　　　　B 组:先学乙,后学甲

把两组先学的结果加起来(C),两组后学的结果加起来(D),加以比较,可看出两种作业彼此的影响。如以学习达到同一水平(连续三遍输入正确)所需要的时间为指标,则 C>D 为正迁移,C<D 为负迁移,C=D 为无迁移,即两种作业彼此无影响。

一、实验目的

1. 检验学习两种不同材料的迁移效果。

2. 学习继续学习法。

二、仪器与材料

1. 仪器:计算机及 PsyTech 心理实验系统。

2. 材料:甲套为 5 个几何图形分别对应数字 0、1、2、3、4。

乙套为 5 个大写字母分别对应数字 5、6、7、8、9。

三、实验方法

1. 登录并打开 PsyTech 心理实验系统主界面。选中实验列表中的"学习迁移"。单击呈现实验简介,点击"进入实验"到"操作向导"窗口。实验者可先进行参数设置,选择 A 组或 B 组等。然后点击"开始实验"按钮进入指导语界面。本实验不设练习。点击指导语下面的"正式实验"按钮开始。

2. 如选 A 组,学习甲套材料的第一次指导语是:这是一个学习的实验,首先你将看到 5 个几何图形,每个图有一个编号。请记住图与数字的对应关系。一段时间后将进行测试。你

可以按计算机键盘的空格键开始。

呈现完毕，再次出现指导语：下面屏幕将会依次呈现一系列图形，每次一组。请你在4秒内在文本框内按图与数字的对应关系输入相应的数字，输入完毕按回车键确认。如输入错误则该图形下面将显示正确数字。连续三遍正确输入图形对应的数字就达到了学会标准，学习过程结束。请尽快学会。按空格键开始测试。

学完甲套材料稍事休息（由被试自己掌握），再学习乙套材料，学习步骤与学甲相同，指导语内容与甲套也相同，只是将材料的图形换为字母，分别对应的数字是5、6、7、8、9。程序自动地分别记录两个实验（图形和字母）的测试所用时间。

3. 实验结束弹出实验结束提示语，实验者可直接查看实验结果或返回主界面换被试进入参数设置，选择B组继续实验。以后在主界面"数据"菜单中查看。

四、结果

1. 分别统计A、B两组中被试学习甲、乙材料达到学会标准所用的时间。

2. 将先学及后学的结果（遍数）分别相加，判断本实验两种学习材料间的学习迁移效果。

五、讨论

1. 本实验所用的两套学习材料的内容不同，刺激和反应也各不相同，你预计会有怎样的迁移效果？结果与你预计的是否一致？

2. 如果要用实验检验同时学习两种外语的迁移效果，学习材料和实验程序应如何设计？

3. 你认为研究学习迁移的实践意义如何？试举例说明。

六、参考文献

杨博民. 心理实验纲要. 北京：北京大学出版社，1989：289—290

十　前摄作用和倒摄作用

先学习的材料对识记和回忆后学习的材料产生的影响称为前摄作用，后学习的材料对先前的学习的材料产生的影响称为倒摄作用。

本实验用几何图形与数字（甲乙共两套）对照翻译的学习任务来研究前摄作用和倒摄作用。将被试分为实验组（E）和控制组（C）。这是因为影响前（倒）摄作用的因素很多，如材料的相似程度（意义、排列顺序）、间隔时间和插入材料的长度以及学习的程度等。

检查前摄作用实验设计如下：

E：学乙　　休息1分钟　　学甲　　休息5分钟　　检查甲

C：——　　　——　　　　学甲　　休息5分钟　　检查甲

检查倒摄作用实验设计如下：

E：学甲　　休息1分钟　　学乙　　休息5分钟　　检查甲

C：学甲　　　——　　　　——　　休息5分钟　　检查甲

如果实验组甲的保存量大于控制组甲的保存量，则乙对甲有前摄（倒摄）助长作用，反之则有前摄（倒摄）抑制作用。

被试学会的操作定义是连续三遍正确翻译图形所对应的数字。实验结果记录（检查）实验所需的总时间和总错误次数。

一、实验目的

1. 检查学习两套相似材料的前摄作用和倒摄作用。
2. 学习研究前摄作用和倒摄作用的实验设计。

二、仪器与材料

1. 仪器：计算机及 PsyTech 心理实验系统。
2. 材料：甲、乙共两套材料，每套有 5 个"图形—数字"对应关系。

三、实验方法

1. 登录并打开 PsyTech 心理实验系统主界面。选中实验列表中的"前摄作用和倒摄作用"。单击呈现实验简介。点击"进入实验"到"操作向导"窗口。实验者可先进行参数设置，选择实验组或控制组的前摄作用/倒摄作用等（可使用默认值）。然后点击"开始实验"按钮进入指导语界面。本实验不设练习。点击指导语下面的"正式实验"按钮开始。

2. 学习乙（甲）的第一次指导语是：这是一个学习的实验。首先你将看到 5 个图，每个图有个编号。请记住图和数字的对应关系。对应关系有甲和乙两种，学习的时候请注意区分。一段时间后将进行测试。现在你可以按计算机键盘的空格键开始。

呈现完毕，再次出现的指导语是：在一组（5 个）图形出现后，请你在 4 秒内在文本框内按乙组图的对应关系输入相应图形所对应的数字，输入完毕按回车键确认。回忆错误的图形下面将显示正确数字。连续 3 遍输入正确后学习过程结束。请尽快学会。按空格键开始测试。

实验开始后程序根据实验者对实验内容的设置，依次显示材料或休息等。被试根据屏幕提示完成相应任务，输入图形所对应的数字，直至连续 3 遍正确输入，该任务结束。

3. 第二次休息完毕，检查甲套材料的保存量。指导语是：在一组（5 个）图形出现后，请你在 4 秒内在文本框内按甲组图的对应关系输入相应图形所对应的数字，输入完毕按回车确认。连续 3 遍输入正确后学习过程结束。请尽快学会。按空格键开始测试。

被试回忆并输入甲组图的对应数字，回忆错误的图形下面不显示正确数字。直至连续 3 遍正确输入，检查甲套材料的保存量结束。

4. 实验结束，数据被自动保存。实验者可直接查看结果或返回主界面进入参数设置，改变实验内容后重新开始实验。

四、结果

1. 分别统计实验组和控制组的检查学习甲套材料所需的时间和错误次数。
2. 分析判断本实验的前摄作用和倒摄作用。

公式为：

$$\text{前(倒)摄作用} = \{(\text{C 错误次数} - \text{E 错误次数})/\text{C 错误次数}\} \times 100$$

如果结果<0 表明有抑制作用，结果>0 则有助长作用。

五、讨论

1. 比较学习前摄、倒摄作用和学习迁移在实验设计中的异同。

2. 分析影响前摄、倒摄作用的因素。

六、参考文献

杨博民. 心理实验纲要. 北京：北京大学出版社，1989：306—310

十一　集体学习曲线

学习曲线还可以使我们看到学习的发展趋势。学习的各个阶段所达到的效果都可以在学习曲线上显示出来。学习曲线是用图解表示学习进程的。

要绘制集体学习曲线，研究某一材料的有代表性的学习，就需要较多被试在相同条件下学习同一内容。传统的方法是把每个被试的学习效果加以平均作为集体学习的记录，然而由于存在个体差异，若按平均效果绘制曲线显然不能真实反映每个被试的学习进程。有一种最初由文生(S. B. Vincent)提出的绘制集体学习曲线的方法是在每一个被试达到一定的熟练指标(本实验为连续 3 次不出错)所需要的尝试次数(本实验为学习遍数)，而被试间成绩相差太大时，全组(测试集体)学习的一般进程，其特点是不管每个被试成绩如何，它是以每个被试自己的学习总遍数作 100%，把总数百分数计的尝试数(学习遍数)作横坐标，以最大成绩作100%，把总数百分数计的成绩(错误)作纵坐标，画出集体练习曲线。另外，梅尔顿(A. W. Melton)提出把每个被试达到同一练习效果所需要的练习次数求出来加以平均的方法，以此平均数画出集体学习曲线，要了解一个人某项学习的进程，绘制个人的学习曲线则较简单。

一、实验目的

学习使用迷宫，掌握绘制文生集体学习曲线的方法。

二、仪器与材料

EP2004 型心理实验台及 EPT713 型迷宫。

三、实验方法

1. 将主机与附机 EPT713 迷宫装置连接好，打开电源，按<**运行/待机**>键，调节遮挡板，以使被试不能看到盲道。

2. 主试根据显示屏内容设置：联机模式→学号→姓名，按 <**确定**>键，主机背后的绿色指示灯亮，提示被试实验开始(具体设置可参阅《EP2004 心理实验台使用说明书》中的"EPT713 迷宫"一节)。

3. 指导语为：这是一个迷宫实验，你要在排除视觉条件下，尽快学会走迷宫，中间不要停顿，要积极运用动觉、记忆和思维，期间若触棒进入盲巷并到达盲巷终点，仪器会发出蜂鸣声，并计错一次，到达终点、会长鸣一秒。当你连续三次无错走完迷宫，主机背后黄色指示灯亮，提示实验结束。

4. 被试看到绿色指示灯后，手握触棒(使用优势手)，由主试带入放在起点位置，按指导语提示，开始测试(仪器自动开始计时)，直至连续 3 次无出错走完迷宫。黄色指示灯亮，提示实验结束。

5. 主试打印数据或查看数据并记录,换被试按<□> 键,进入测试,"内存80％"表示尚可连续做4名被试。

四、结果

收集本组每位被试的学习总用时,练习错误数及每遍平均用时和每遍学习错误次数,画出文生集体学习曲线。

五、讨论

1. 文生集体学习曲线和梅尔顿集体学习曲线的区别。

2. 分析集体学习曲线与个人学习曲线的意义。

六、参考文献

1. R. S. 武德沃斯,H. 施洛斯贝格. 实验心理学. 科学出版社,1965

2. 杨治良. 概念形成渐进—突变过程的实验性探索. 心理学报,1986,(4):380—387

附录

例:有 A、B 两被试练习走迷宫。A 共用了11次达到目标(第11次开始连续3次无错),B用9次达到目标,迷宫的盲巷有20个即20个错误。首先我们列出两被试练习次数、错误次数及相对应的 x、y 数的表,画出两被试的练习曲线。由于基线(0—100)分为10等分,我们在等分处作垂线,量度出 A 和 B 的曲线的纵坐标,再将这两个纵坐标加以平均,假定得到 y_1,则我们就可得到文生集体学习曲线的一个点(10, y_1),同理可得另一个点(20, y_2),共10个点。其连线就是文生集体学习曲线。若有多名被试,如3名,则量出3个被试的纵坐标加以平均。

表 2-7-3 A 被 试 表

练习遍数	x	被试 A 错误	错误％	y
0	0	20	100	0
1	9	18	90	10
2	18	15	75	25
3	27	12	60	40
4	36	10	50	50
5	45	10	50	50
6	55	8	40	60
7	64	5	25	75
8	73	4	20	80
9	82	2	10	90
10	91	1	5	95
11	100	0	0	100

表 2-7-4 B 被 试 表

练习遍数	x	被试 B 错误	错误%	y
0	0	20	100	0
1	11	18	90	10
2	22	17	85	15
3	33	17	85	15
4	44	14	70	30
5	55	12	60	40
6	66	10	50	50
7	77	6	30	70
8	88	3	15	85
9	100	0	0	100

注：以上为两个学生的实验数据。

其中，x 为总次数的百分数，如 A 被试第一遍 x=1/11×100≈9,y=100-错误百分数。

由被试 A 表中的 x、y 画出 A 曲线,被试 B 表中的 x、y 画出 B 曲线。

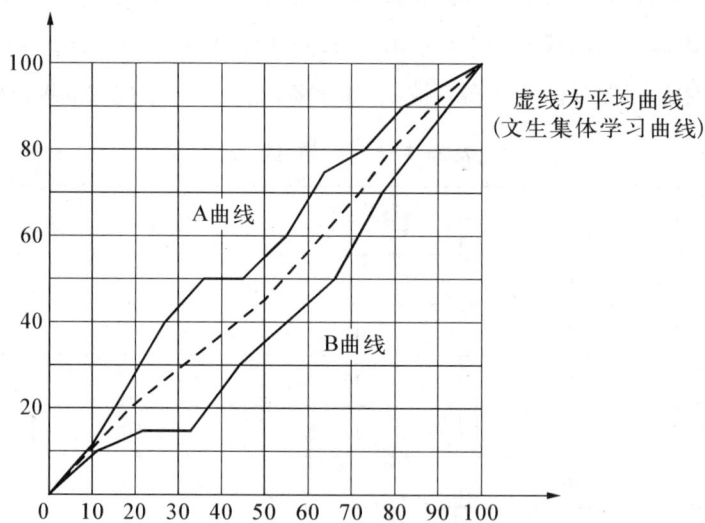

图 2-7-1

在横轴 10 等分处量出的纵轴数如下表所示：

表 2-7-5

y_A	0	13	28	45	50	55	68	77	86	94	0
y_B	0	9	14	15	23	35	45	58	75	88	0
$\bar{y}$	0	11	21	30	36.5	45	56.5	67.5	80.5	91	0

则文生集体学习曲线 10 个坐标为 $\bar{y}_1$ (10,11), $\bar{y}_2$ (20,21), $\bar{y}_3$ (30,30), $\bar{y}_4$ (40,36.5), $\bar{y}_5$ (50,45), $\bar{y}_6$ (60,56.5), $\bar{y}_7$ (70,67.5), $\bar{y}_8$ (80,80.5), $\bar{y}_9$ (90,91), $\bar{y}_{10}$ (100,100),把各坐标点连接起来即可。

十二　动作技能迁移（镜画实验）

人们在学习新知识、新技能时会受到已获得的知识和技能的影响,这种先前的事件影响后来事物的现象叫做迁移。所学新知识与已掌握的旧技能所包含的共同点愈多,相似性愈大,则迁移的程度愈高。迁移分为起积极作用的正迁移和起消极作用的负迁移两种。身体两侧对应器官所形成的技能,也容易互相迁移。如左右手、左右脚之间的动作技能的双向迁移。镜画实验是常用的心理学实验,1910 年斯塔奇(D. starch)首创了镜画实验。其实验结果说明了从一只手到另一只手的正迁移效果。本实验探究非优势手练习对优势手练习是否存在积极影响,整个实验遵循非优势手——优势手——非优势手的学习原则。

一、实验目的

比较优势手镜画练习对非优势手练习的迁移效果。

二、仪器与材料

EP2004 型心理实验台及 EPT715 镜画实验仪。

三、实验方法

1. 将主机与附机 EPT715 镜画实验仪装置连接好,选择六角形板(或其他图形),用螺丝固定好,调节遮挡板角度,使被试不能直接看到图形。打开电源,按＜**运行/待机**＞键。

2. 主试根据显示屏内容设置：联机模式→学号→姓名,按＜**确定**＞键,主机背后的绿色指示灯亮,提示被试实验开始(具体设置可参阅《EP2004 心理实验台使用说明书》中的"EPT715 镜画实验仪"一节)。

3. 呈现绿色指示灯后,被试用非优势手握测试笔,放在起始位置(近被试一侧固定螺丝上方的金属片),笔与图形板垂直,观察镜内图形,笔贴轨道开始行走(计时自动开始),行走时测试笔尽量不滑出轨道,若滑出轨道则发出警告,同时计错一次,试笔走到终点,仪器鸣响。共走 10 遍。

4. 主试打印数据或查看数据并记录数据。

5. 被试用优势手按方法 3 同样做 10 遍练习。主试打印或查看数据并记录。

6. 被试用非优势手按方法 3 同样做 10 遍练习。主试打印或查看数据并记录。

四、结果

1. 分别列出非优势手前后两次镜画练习所用时间和错误次数。

2. 计算迁移效果。

$$迁移效果 = \frac{非优势手前次测试 - 非优势手后次测试}{非优势手前次测试} \times 100\%$$

五、讨论

1. 根据实验结果分析优势手镜画练习对非优势手练习的迁移作用。

2. 根据实验结果分析动作技能双向迁移的程度及其影响因素。

3. 分析被试间是否存在个体差异。

六、参考文献

张述祖,沈德立.基础心理学.北京:教育科学出版社,1987

第八章 现代认知心理学

一 表象的心理旋转

表象是大脑对客观事物的直观表征。20世纪70年代认知心理学兴起以来,关于表象的研究迅速发展,其中心理旋转就是表象研究的一个重要方面。70年代初库柏和谢波娜(Cooper & Shepard,1973)用减法反应时实验证明了心理旋转的存在。库柏等人用不同倾斜角度的正和反(镜像)的字母为材料,如非对称性字母或数字R、J、2、5等来研究表象的旋转。结果表明:当图片(字母)旋转180°时,无论正反,反应时最长;而当图片(字母)旋转0°时,反应最短。这说明样本偏离正位度数越大,所需的心理旋转越多,时间也就越长;可见,人们在进行表象加工时,可能存在一种心理旋转范式。

一、实验目的

1. 重复库柏等人的实验,研究不同角度正反字母"R"的心理旋转反应时。通过反应时减数法则,验证表象心理旋转的存在。

2. 熟悉和掌握减法反应时测量技术在信息加工研究中的应用。

二、仪器和材料

1. 仪器:计算机及 PsyTech 心理实验系统。

2. 材料:不同角度的正 R 和反 R(镜像)图片,共有 0°、60°、120°、180°、240°、300°正反共 12 种不同角度和方向的 R。

三、实验方法

1. 登录并打开 PsyTech 心理实验软件主界面,选中实验列表中的"表象的心理旋转"。单击呈现实验简介。点击"进入实验"到"操作向导"窗口。实验者可进行参数设置(或使用默认参数),然后点击"开始实验"按钮进入指导语界面。可先进行练习实验,也可以直接点击"正式实验"按钮开始。

2. 指导语是:这是一个表象心理旋转的实验。下面屏幕要呈现的是一系列不同角度的字母正 R 和反 R(镜像),请你使用 1 号反应盒对呈现的 R 作出反应。如果认为是正 R 按"+"号键,认为是反 R 则按"-"号键,反应越快越好。当你明白了上述指导语后,请你点击下面的"正式实验"按钮开始实验。

3. 正式实验开始后屏幕随机呈现不同角度的正向和反向 R,被试对呈现的 R 作出正向还是反向的判断。程序将自动记录反应时。

4. 实验结束,数据被自动保存。实验者可直接查看结果,也可换被试继续实验,以后在主界面"数据"菜单中查看。

四、结果

1. 计算被试对不同角度的正 R 和反 R 正确判断的平均反应时和正确百分比。

2. 分别以 R 的旋转角度为横轴,反应时为纵轴,画出正 R 和反 R 的角度与反应时之间的关系曲线,并作出解释。

3. 分别以性别和正反 R 为因素,对实验结果作 2×2 的方差分析,并对结果进行分析与讨论。

五、讨论

1. 本实验为什么以反应时为指标对表象在人脑中的加工进行研究? 如何通过反应时来解释表象的信息加工过程?

2. 实验中被试是否真的感到在连续地进行心理旋转?

六、参考文献

1. 杨治良. 实验心理学. 杭州:浙江教育出版社,1998:145—148

2. 王甦,汪安圣. 认知心理学. 北京:北京大学出版社,1992:213—225

3. 蔡华俭,杨治良. 对三维心理旋转操作任务特性的效应的初步研究. 心理科学,1998:21(2):153

4. 吴冰,孙复川. 旋转汉字识别的眼动特征. 心理学报,1999,(1)

5. 游旭群,杨治良. 表象旋转加工子系统特性的初步研究. 心理学报,1999,31(4)

6. 侯公林,陈云舫. 幼儿二维心理旋转能力发展的研究. 心理科学,1998,21(6):494

二 句 图 匹 配

句子图形匹配实验是心理学家克拉克和蔡斯(Clark & Chase)于 20 世纪 80 年代最先研究的。我国心理学家王甦曾撰文将此实验推崇为减法反应时的范例。实验方法是先让被试看一句话,接着看一幅图画。要求被试作出句子与图画是否匹配的判断,即此句子是否真实地说明了图画,并记录反应时。他们假设,当句子出现在图画之前时,这种句子和图画匹配任务的完成要经过几个加工阶段,并进而提出了度量某些加工持续时间的参数。

减法反应时实验的逻辑是安排两种反应时作业。其中一个作业包含另一个作业所没有的因素,即所要测量的心理过程。而其他方面二者均相同。那么这两个作业反应时之差即为这个过程所需的加工时间。

一、实验目的

1. 检测句子与图形不同匹配条件下的辨别反应时。

2. 加深对减法反应时的理解。

二、仪器与材料

1. 仪器:计算机及 PsyTech 心理实验系统。

2. 材料:两个图形"☆"和"+"的不同位置组成 8 张图片。每张图片分别有对应描述两图

心理实验操作手册

形相对位置的两句话,共 16 对。每对呈现 2 遍,共呈现 32 次。

三、实验方法

1. 登录并打开 PsyTech 心理实验软件主界面,选中实验列表中的"句图匹配"。单击呈现实验简介。点击"进入实验"到"操作向导"窗口。实验者可进行参数设置(或使用默认参数),然后点击"开始实验"按钮进入指导语界面。可先进行练习实验,也可以直接点击"正式实验"按钮开始。

2. 指导语是:这是一个句子图形匹配实验。请你使用 1 号反应盒端坐屏幕前,眼睛注视屏幕。实验中会先呈现一句话,接着呈现一幅画,这句话是对图上一个"☆"和一个"+"字相对位置的描述。请你对它们是否匹配作出判断。认为是匹配的请按"+"号键,不匹配则按"－"号键,尽量做到既快又准,实验要做很多遍。当你明白了实验步骤后,可先进行练习,练习结束后再点击下面的"正式实验"按钮开始实验。

3. 实验中屏幕先呈现一句话,然后呈现一幅图画。要求被试判断此句子的描述与图画是否匹配。记录正确(错误)及反应时。

4. 实验结束,数据被自动保存。实验者可直接查看结果,也可换被试继续实验,以后在主界面"数据"菜单中查看。

四、结果

计算正确判断总平均反应时和总正确判断百分比。

五、讨论

1. 分析个体判断过程经过几个加工阶段。

2. 根据减法反应时原理计算总反应时所包含的各个加工阶段的时间。

六、参考文献

1. 杨治良. 实验心理学. 杭州:浙江教育出版社,1998:148—149

2. 王甦,汪安圣. 认知心理学. 北京:北京大学出版社,1992:8—10

3. 陈永明,彭聃祥. 句子理解的实验研究. 心理学报,1990,22(3):225—231

4. 缪小春,桑标. 量词肯定句与否定句的理解. 心理学报,1992,24(3):232—237

三 短时记忆的视觉和听觉编码

在认知心理学中,减法反应时既可用于研究某一个信息加工阶段或特征,也可用于解析包含一系列连续加工阶段的完整过程。20 世纪 60 年代以来,根据记忆实验中对错误回忆的分析,最初研究者认为人的短时记忆信息存在听觉编码。但 70 年代波斯纳等(Posner)的实验却表明,这种信息也有视觉编码。现在一般认为先出现视觉编码,它保持一个短暂的瞬间,然后出现听觉编码。波斯纳等应用减法反应时实验清楚地说明,某些短时记忆信息可以有视觉编码和听觉编码两个连续的阶段,这是 20 世纪认知心理学上的重大发现。

一、实验目的

1. 通过测定被试对短时记忆信息的编码,掌握反应时测量技术在认知研究中的应用。

2. 探讨短时记忆的信息编码方式和编码过程。

二、仪器与材料

1. 仪器：计算机及 PsyTech 心理实验系统。

2. 材料：英文字母大写 A、B 和小写 a、b 的不同组合,其中 AA(6 次)、BB(6 次)、Aa(6 次)、Bb(6 次)、AB(3 次)、BA(3 次),Ab(3 次)、Ba(3 次),共 36 次(参数设置中如选 72 次则重复呈现 2 遍;108 次则重复呈现 3 遍)。

三、实验方法

1. 登录并打开 PsyTech 心理实验系统主界面,选中实验列表中的"短时记忆的视觉和听觉编码"。单击呈现实验简介。点击"进入实验"到"操作向导"窗口。实验者可进行参数设置(或使用默认参数),然后点击"开始实验"按钮进入指导语界面。可先进行练习实验,也可以直接点击"正式实验"按钮开始。

2. 指导语如下:这是一个比较字母异同的实验。实验开始后屏幕将呈现多组大小写字母(每组一对)。请你使用 1 号反应盒对呈现的每组字母进行判断,判断原则有二。(1)形状相同或形状不同读音相同,按"＋"键;(2)如果形状和读音都不同,则按"－"号键。要求在判断准确的前提下反应越快越好。当你明白了上述指导语后,可以先进行练习,练习结束后再点击下面的"正式实验"按钮开始。

3. 实验开始后屏幕每次呈现两个字母,有 3 种呈现形式:同时呈现、一个字母比另一个字母延迟 0.5 秒后呈现、一个字母比另一个字母延迟 2 秒后呈现。3 种形式随机呈现。被试判断呈现的两个字母是否相同并作出反应,记录反应时。

4. 实验结束,数据被自动保存。实验者可直接查看结果,也可换被试继续实验,以后在主界面"数据"菜单中查看。

四、结果

1. 分别算出每种延迟时间下被试在音同形同、音同形异和音异形异三种不同情况下的平均正确反应时,并以延迟时间为横轴,反应时为纵轴作图。

2. 检验三种实验材料和不同延迟时间下被试的反应时差异,从中可以得出什么结论?

五、讨论

1. 本实验结果与波斯纳等人的研究是否一致? 并对此作出解释。

2. 从本实验的研究结果中可以得到什么启示?

六、参考文献

1. 杨治良.实验心理学.杭州:浙江教育出版社,1998:149—150

2. 杨治良等.记忆心理学.上海:华东师范大学出版社,1999:47—51

3. 王甦,汪安圣.认知心理学.北京:北京大学出版社,1992:7—8

四　短时记忆的信息提取方式

短时记忆的信息提取的实验研究是反应时加因素法分析心理过程的一个典型实验。它是从斯滕伯格(Sternberg,1969)的研究开始的。其基本逻辑是：如果两个因素的效应是相互制约的，即一个因素的效应可以改变另一个因素的效应，那么它们属于同一个信息加工阶段；如果两个因素的效应是分别独立的，即可以相加，则它们属于不同的加工阶段。斯滕伯格的实验结果表明这个过程是从头至尾的系列扫描。具体来讲：如果呈现的刺激的长短对再认的反应时没有显著的影响，则说明短时记忆的搜索方式是平行扫描；如果呈现的刺激的长短对再认的反应时有显著的影响，且随刺激的长度增加而增加，则说明是系列扫描。

一、实验目的

1. 通过测定被试对不同长度识记字母的检查项目的再认，了解短时记忆的信息提取过程。

2. 学习记忆搜索方式的研究方法。

二、仪器与材料

1. 仪器：计算机及 PsyTech 心理实验系统。

2. 材料：1—6 个相互无关联的大写英文字母串，其中长度为 1 个、2 个、3 个和 6 个字母的字母串各呈现 12 次，长度为 4 的字母串呈现 8 次；长度为 5 的字母串呈现 10 次，共做 66 次，呈现的字母串中一半包含靶目标字母，另一半不包含。靶目标在字母串中的位置均衡分布，即各个位置出现次数相同。

三、实验方法

1. 登录并打开 PsyTech 心理实验软件主界面，选中实验列表中的"短时记忆的信息提取方式"。单击呈现实验简介。点击"进入实验"到"操作向导"窗口。实验者可进行参数设置(或使用默认参数)，然后点击"开始实验"按钮进入指导语界面。可先进行练习实验，也可以直接点击"正式实验"按钮开始。

2. 指导语是：这是一个记忆实验。实验开始后屏幕先连续呈现一个或几个大写字母。你要尽力记住。呈现完毕会出现提示音(同时屏幕出现提示语"请判断")。随之再呈现一个大写字母。这个字母可能是刚才呈现过的，也可能是刚才没有呈现过的。请你使用 1 号反应盒进行判断。如果认为是刚才呈现过的请按"＋"号键，没有呈现过的则按"－"号键。要求你的判断既快又准。在你明白了上述指导语后可以先进行练习。练习结束后再点击下面的"正式实验"按钮开始实验。

3. 实验开始后，屏幕先相继呈现长度 1—6 个不等的字母串，随机呈现，呈现完毕出现提示音，同时出现提示语"请判断"。接着出现一个靶目标字母，被试判断该字母是否在原先字母串中呈现过，并作出反应。程序自动记录反应时。

4. 实验结束，数据被自动保存。实验者可直接查看结果，也可换被试继续实验，以后在主界面"数据"菜单中查看。

四、结果

1. 根据计算机统计结果，以字母串个数为横轴，再认的正确反应平均反应时为纵轴作图。可得公式 $RT = c \times N + (e+d)$。其中 RT 为总信息提取时间；c 为直线斜率，表示每次比较时间；N 为刺激系列长度；(e+d)为直线截距，e 表示检查项目编码阶段的反应时，d 为决策和反应所需的时间。

2. 检验不同长度材料的正确再认反应时是否存在显著差异。

五、讨论

1. 被试反应"是"（＋）和"否"（－）的正确再认反应时的变化趋势是否一致？

2. 本实验结果与斯滕伯格的实验结果是否一致？为什么？

3. 如果改变再认条件，即靶目标字母是以向左旋转 90 度方式呈现,结果可能怎样？

六、参考文献

1. 杨治良.实验心理学.杭州：浙江教育出版社,1998：152—155

2. 杨治良等.记忆心理学.上海：华东师范大学出版社,1999：51—55

3. 王甦,汪安圣.认知心理学.北京：北京大学出版社,1992：10—11

4. 张学民,舒华.实验心理学纲要.北京：北京师范大学出版社,2004：279—285

五　平行扫描与系列扫描

视觉刺激信息包含许多物理特征,这些特征包括刺激的形状、大小、颜色、空间位置、排列方式及复杂性等。斯滕伯格提出,当两个或多个相同或不同刺激出现时,有系列扫描与平行扫描两种信息加工模式。在进行平行扫描时,无论作出"相同"还是"不同"的判断,都要对所有刺激特征进行同时比较,因此,判断"相同"和"不同"的反应时没有显著差异;而进行系列扫描时,判断"不同"则只要找到刺激的一个不同特征就可以作出"不同"判断,而判断"相同"则要逐一比较完刺激的所有特征,因此判断"相同"要比"不同"的反应时长。因此,系列扫描是指对同时呈现的几个刺激特征进行逐一比较,并据此识别、判断它们的异同。这一过程受刺激的复杂性和刺激特征数目的影响。而平行扫描是对所有特征同时比较,被试的反应时则不受刺激复杂性或特征数目增加的影响。

一、实验目的

研究在辨别视觉刺激时的加工模式是平行扫描还是系列扫描。

二、仪器与材料

1. 仪器：计算机及 PsyTech 心理实验系统。

2. 材料：

（1）左右两个图形的形状相同。分别是正三角形、正方形和圆形。有红、绿、蓝三种颜色,共 9 种组合,每种呈现 5 次,共 45 张图片。

（2）按形状和颜色两个特征组成不同的图形（正三角形、正方形和圆形分别组合）,即形不同色同、色不同形同和色形都不同。共 15 种组合,每种呈现 3 次,共 45 张图片。整套合计 90 张图片随机排列。

三、实验方法

1. 登录并打开 PsyTech 心理实验软件主界面,选中实验列表中的"平行扫描与系列扫描"。单击呈现实验简介。点击"进入实验"到"操作向导"窗口。实验者可进行参数设置（或使用默认参数),然后点击"开始实验"按钮进入指导语界面。可先进行练习实验,也可以直接点击"正式实验"按钮开始。

2. 指导语是:这是一个图形识别实验。实验中屏幕将每次同时呈现两个图形。这两个图形的形状和颜色可能完全相同,也可能形状相同颜色不同或者形状不同颜色相同,还可能形状和颜色都不同。请你使用 1 号反应盒对呈现的每对图形作出判断。若认为两个图形的形状和颜色都相同,请按"十"号键;若认为呈现的两个图形不符合颜色和形状都相同,则按"一"号键。要求你的判断既快又准。当你明白了上述指导语后,请你点击下面的"正式实验"按钮开始。

3. 实验开始后屏幕逐张呈现图片,每张图片有两个几何图形,它们的形状和颜色可能相同也可能不同。被试按指导语要求对呈现的图片作出反应。程序将自动记录反应时。做完 45 张后可休息片刻,然后再做完另外 45 张。

4. 实验结束,数据被自动保存。实验者可直接查看结果,也可换被试继续实验,以后在主界面"数据"菜单中查看。

四、结果

1. 将个人和全体被试的"相同"和"不同"正确平均反应时计算出来,并填入下表。根据结果进行统计分析,说明两种反应时是否存在显著差异。

2. 结果表

表 2-8-1　个人和全体被试"相同"和"不同"反应的正确平均反应时

个人和全体被试反应情况	相　同	不　同
个人平均反应时(毫秒)		
个人正确率(%)		
全体平均反应时(毫秒)		
全体平均正确率(%)		

五、讨论

1. 根据实验结果讨论被试对刺激信息加工模式是平行扫描还是系列扫描。

2. 比较本实验的结论与前人的实验研究结果是否一致。

六、参考文献

王甦,汪安圣.认知心理学.北京:北京大学出版社,1992:155—164

六　错误记忆现象中的内隐性

错误记忆是对过去经验和事件的记忆与事实发生偏离的现象。它表明了记忆的改变和扭曲,并且在很大程度上是无意识地发生的,因而许多错误记忆与内隐记忆是相关联的。

错误记忆现象最早是由英国心理学家巴特利特(Bartlett)在 20 世纪 30 年代发现的。他让大学生阅读印第安民间故事"幽灵战争"在间隔一段时间后要求学生根据自己的记忆复述这个故事。结果,随着时间的增加,故事中的内容往往被略去一些,故事变得越来越短。但奇怪的是,被试还增加了一些新的材料,使故事变得更自然合理,有的甚至还渗入了一些伦理内容。

由于错误记忆常常是在个体没有意识到的情况下发生的,所以记忆研究的传统方法不适合用来研究错误记忆。研究者多采用与内隐记忆有关的方法来研究错误记忆。

有研究表明,对社会信息的记忆比对非社会信息的记忆具有更强的内隐性。本实验采用一个有趣的"瞬间成名"的测试来揭示内隐记忆对产生错误记忆的影响。

一、实验目的

探究导致错误记忆的内隐社会认知因素。

二、仪器与材料

1. 仪器:计算机及 PsyTech 心理实验系统。

2. 材料:外国人名的译名(三个字),共 40 个,其中男性人名 20 个(字为蓝色),女性人名 20 个(字为红色)。

三、实验方法

1. 登录并打开 PsyTech 心理实验软件主界面,选中实验列表中的"错误记忆现象中的内隐性"。单击呈现实验简介。点击"进入实验"到"操作向导"窗口。实验者可进行参数设置(或使用默认参数),然后点击"开始实验"按钮进入指导语界面。点击"正式实验"按钮开始。

2. 两个阶段的指导语分别为:

(1) 学习阶段指导语是:下面将依次呈现 20 组外国人名,每组包含两个人名,其中左边的为著名人物,右边的为普通百姓。男性人名用蓝色字表示,女性人名用红色字表示。请尽量记住著名人物的名字,这很重要。当你明白了上述指导语后,可以点击下面的"正式实验"按钮开始实验。

(2) 测试阶段指导语是:下面将随机逐个呈现你刚才识记过的人名,其中男性用蓝色字代表,女性用红色字代表。请你使用 1 号反应盒对每一个名字作出判断,看是否是刚才识记过的著名人物名字,是请按"+"号键,否请按"-"号键。当你明白了上述指导语后,按反应盒上任意键开始。

3. 实验中屏幕将依次呈现 20 组外国人名,每组包含 2 个人名。其中左边为著名人物,右边为普通百姓。男女各有 10 名为著名人物。被试按照指导语要求看呈现的每组人名并尽量记住著名人物的名字。看完休息片刻(休息时间由教师或主试设定)。期间被试做屏幕上的简单四则运算,程序会统计做对的次数。休息完毕,再次出现指导语,屏幕将依次逐个呈现前面出现过的 40 个人名,被试对呈现的人名中的著名人物作出见过与否的判断。程序记录正确判断次数和反应时。

4. 实验结束,数据被自动保存,实验者可直接查看结果,也可换被试继续实验,以后在主界面"数据"菜单中查看。

四、结果

1. 设计一个三线表,将实验结果中对著名人物(男性 N1,女性 N2)的正确判断次数以及对普通百姓误判为著名人物的次数(男性 M1,女性 M2)分别填入表内。

2. 将正确判断著名人物的次数 N1 + N2 作为外显记忆的指标,将误判为著名人物的次数 M1 + M2 作为内隐记忆的指标。检验所有被试的外显记忆指标和内隐记忆指标是否有显著差异。

3. 比较 M1 和 M2 是否有差异。

五、讨论

1. 分析错误记忆中的内隐性。

2. 分析本实验中人物的性别因素是否影响内隐记忆及其原因。

3. 如果改变被试再认前的休息时间,是否影响错误记忆的结果,试作分析。

六、参考文献

1. 杨治良,叶阁蔚. 汉字内隐记忆的实验研究:任务分离和反应倾向. 心理学报,1995,27(1):1—8

2. 杨治良,周楚,万璐璐,谢锐. 短时间延迟条件下错误记忆的遗忘. 心理学报,2006,38(1):1—6

3. 郭秀艳,周楚,周梅花. 错误记忆影响因素的实验研究. 应用心理学,2004,10(1):3—8

4. 杜建政,杨治良. 当前错误记忆研究的三个主要方面. 心理学动态,1998,6(3):20—23

5. 樊晓红,周爱保. 内隐社会认知:社会性决策的个人背景效应. 心理科学,2002,25(6):694—697

6. 解春玲. 浅谈内隐社会认知的研究与现状. 心理科学,2005,28(1):146—148

七 字 词 错 觉

特征整合理论是在施奈德与希夫林关于自动加工和控制加工的理论基础上由特雷斯曼(Treisman,1982)发展出来的。错觉性结合指的是在注意分散或过载时客体间特征发生彼此交换的现象。例如:呈现的是绿色 X 和红色 O,被试报告时却变成绿色 O 和红色 X。特雷斯曼等做了不少这样的实验,旨在证明,知觉初期特征先是处于一种自由漂移的状态,之后才出现特征间的结合,当然也就可能产生错误的结合。

本实验采用英文单词(比如无意义的字母组合)为刺激材料。实验中向被试快速呈现卡片(时间仅为 200 毫秒,以便产生注意过载),要求被试报告刺激中"有"、"无"两个相同的单词。由于被呈现的卡片中有一类是有相同单词的(有一个或两个相同),所以被试对这两张卡片报告为"有"的比率相比,较高,且两对相同比一对相同报告"有"的比率更高。而另外一类卡片中没有相同的单词,只有一个或两个近似单词。只有产生错觉性结合错误时,被试也可能报告"有"。而错觉性结合的概率取决于产生错觉的程度。

一、实验目的

1. 了解特雷斯曼的特征整合理论。

2. 再次验证错觉性结合现象。

二、仪器与材料

1. 仪器：计算机及 PsyTech 心理实验系统。

2. 材料：英文单词（可能是无意义的字母组合）若干。

三、实验方法

1. 登录并打开 PsyTech 心理实验软件主界面，选中实验列表中的"字词错觉"。单击呈现实验简介。点击"进入实验"到"操作向导"窗口。实验者可进行参数设置（或使用默认值），然后点击"开始实验"按钮进入指导语界面。本实验不设练习，点击"正式实验"按钮开始。

2. 指导语是：请注意看下面迅速显示的单词，然后出现一个目标词。请你判断刚才下面两行单词中是否有这个目标词。使用 1 号反应盒作反应。认为有按"＋"号键，没有则按"－"号键。实验要做很多遍，请你集中精力完成它。当你完全明白了操作要求后，请点击下面的"正式实验"按钮开始。

3. 实验中屏幕每次迅速呈现一张卡片后，仅保留上面的单词作为目标词，同时用掩蔽条遮住下面 4 个单词。被试依据要求作相应反应。程序记录反应时和正确率。

4. 实验结束，数据被自动保存。实验者可直接查看结果，也可换被试继续实验，以后在主界面"数据"菜单中查看。

四、结果

1. 分别统计被试 4 种刺激情况中报告"有"的比率。

2. 以不同刺激为横轴，以报告"有"的百分比为纵轴，作直方图。

五、讨论

1. 实验结果是否证明了错觉性结合的存在？

2. 与前人的经典实验相比，本实验设计有何改进之处？

六、参考文献

邵志芳. 认知心理学——理论、实验和应用. 上海：上海教育出版社，2006：89—91

八　认知方式对表象心理旋转的影响

表象是大脑对客观事物的直观表征。库柏等人在 1973 年采用不同倾斜角的正反字母来研究表象的旋转，结果发现旋转偏离正位的度数越大，所需的心理旋转越多，所用时间也越长。谢泼德（Shepard）采用空间立体图形对表象的心理旋转也做了研究。得出反应时曲线以 180 度角为对称线，呈角度的左右对称。库柏进一步提出表象旋转可以顺时针方向也可以逆时针方向旋转，因而并非角度越大，所需时间越多。被试的表象操作会根据旋转任务的要求和可能存在的旋转策略来随时调整。

威特金（Witkin）等在研究知觉时，提出了认知方式的理论。他发现人们在知觉物体和外界时会有场依存性和场独立性两种认知方式。具有场依存性认知方式的个体在知觉环境信息时，一般以环境中的外在参照作为知觉的主要参考依据，因而容易受到环境刺激的干扰和影响；而场独立性认知方式的个体则倾向于利用内在参照信息，则不易受环境刺激信息的影响,善于独立对事物作出判断。

罗伯逊(Robertson et al,1978)对主观参考框架对表象心理旋转的影响进行了研究。他提出在人脑中可能存在着一种空间表征系统,它起着主观参考框架或内部参考框架的作用。通过旋转主观参考框架或表征系统来对知觉对象的空间属性进行判断。由此可见,罗伯逊等提出的主观参考框架与认知方式有着密切联系。不同认知方式的人在进行表象心理旋转时,其旋转速度会有一定的差异,这种差异可能会表现为:对不同角度的空间物体进行旋转的反应时,场依存性个体高于场独立性个体。

一、实验目的

1. 学会用镶嵌图形测定认知方式。

2. 探讨不同认知方式的个体的空间表象心理旋转的差异。

二、仪器与材料

1. 仪器:计算机及 PsyTech 心理系统。

2. 材料:不同旋转角度的三维立体手柄图。正像和镜像各旋转 6 个角度(0°、60°、120°、180°、240°、300°),各随机呈现 6 次,共 72 次。

三、实验方法

1. 登录并打开 PsyTech 心理实验软件主界面,首先选中实验列表中的"镶嵌图形测验"。对被试进行认知方式的测定。测量完毕返回主界面,再次选中列表中的"认知方式对表象心理旋转的影响"。单击呈现实验简介,点击"进入实验"到"操作向导"窗口。可进行参数设置(或使用默认值),点击"开始实验"按钮进入指导语界面。练习实验后,点击"正式实验"按钮就开始。

2. 指导语是:这是一个测表象心理旋转的实验。下面屏幕将逐个呈现的是不同角度的手柄状立体图,图形有正像和镜像两种。请你使用 1 号反应盒对呈现的立体图作出反应。如果认为是正像的请按"+"号键,认为是镜像的则按"−"号键,在正确的前提下反应越快越好。由于呈现的是立体图形,实验前务必要先进行练习,明确图形正像与镜像之间的区别。然后点击下面的"正式实验"按钮开始。

3. 实验中屏幕逐张呈现立体手柄图,被试按照指导语要求作出反应。直至完成设定的次数。实验结束,数据被自动保存。实验者可直接查看结果也可以换被试继续实验,以后在主界面"数据"菜单中查看。

四、结果

1. 首先计算所有被试的认知方式测定得分,将平均分数以下者划为场依存性认知方式组,将平均分数以上者划分为场独立性认知方式组。

2. 分别统计划分的两个组的全体被试对不同角度立体图形的正确判断的平均反应时以及正确率,并作检验。

3. 考察不同角度的正确率是否存在差异。

五、讨论

1. 根据实验结果,分析认知方式对心理旋转是否有显著影响,请进行综合分析与讨论。

2. 从信息加工观点探讨刺激的空间特征对信息加工过程的影响。

六、参考文献

1. 杨治良.实验心理学.杭州：浙江教育出版社,1998：145—148

2. 王甦.认知心理学.北京：北京大学出版社,1992：213—225

3. 祁乐瑛,梁宁建.场独立——依存认知方式对心理旋转的影响.心理科学,2009,32(2)：262—263

4. 蔡华俭,杨治良.对三维心理旋转操作任务特性的效应的初步研究.心理科学,1998,21(2)：153

5. 谢斯骏,张厚粲.认知方式——一个人格维度的实验研究.北京：北京师范大学出版社,1988

九　非对称性视觉搜索实验（有无特征）

特雷斯曼(Treisman,1982)提出了一个模式识别的双阶段模型：模式识别的第一个阶段是前注意阶段,其特点是自动加工或平行加工;第二阶段是特征整合阶段,其特点是控制加工或系列加工。因此,在早期的前注意阶段,物体的特征处于"自由漂移"的状态,认知系统中只能首先形成一个"特征地图";而在后期的特征整合阶段,各个特征犹如经过胶水"黏合"一样被绑定在一起,形成一个位置地图,对于物体的知觉就这样随之完成了。特雷斯曼和索瑟(Treisman & Souther,1985)采用非对称性搜索任务证明了特征整合理论。

所谓非对称性搜索,实验中的情形是这样的：在若干个 A 类项目中找到一个 B 类项目,与从同样的若干个 B 类项目中找到一个 A 类项目,两者的搜索速度有显著差异。例如：(A) 从若干个 O 中搜寻一个 Q,或者反过来,(B) 从若干个 Q 中搜寻一个 O。结果发现 A 搜索要比 B 搜索快得多。而且 A 搜索条件下分心刺激的数目被试的反应时没有显著影响,B 搜索条件下分心刺激的数目越多,反应时越长。由此可知,A 搜索应该是自动加工的,产生的是相对简单的特征地图(被试只要看到图上的标志性特点就能作出肯定判断);B 搜索应该是控制加工的,产生的是位置地图(被试必须将图和竖线这两个特征捆绑起来,将目标刺激与分心刺激逐一比较,才能最终作出正确的反应)。

一、实验目的

1. 了解视觉搜索中的非对称性现象和特征整合理论。

2. 验证有无特征的非对称性搜索现象。

二、仪器与材料

1. 仪器：计算机及 PsyTech 心理实验系统。

2. 材料：英文大写字母 O 和 Q 组成的矩阵,由字母 O 搜索 Q 称为第一搜索条件,共 10 张随机呈现;由字母 Q 搜索 O 称为第二搜索条件,共 10 张随机呈现。

三、实验方法

1. 登录并打开 PsyTech 心理实验软件主界面,选中实验列表中的"非对称性视觉搜索实验(有无特征)"。单击呈现实验简介。点击"进入实验"到"操作向导"窗口。实验者可进行参数设置(或使用默认值),然后点击"开始实验"按钮进入指导语界面。本实验不设练习,点击"正式实验"按钮开始。

2. 第一段指导语是:请你注意看下面呈现的英文字母。如果其中有"Q",你就使用 1 号反应盒按"＋"号键,没有"Q"则按"－"号键,尽量做到既快又准。在你明白了操作要求后,点击下面的"正式实验"按钮实验就开始。

3. 实验开始后,屏幕逐个呈现字母矩阵,被试依据指导语要求作相应反应。程序记录反应时。完成参数设定的次数一半时再次出现第二段指导语。

4. 第二段指导语是:请你再次注意看下面呈现的英文字母。如果其中有"O",你就使用 1 号反应盒按"＋"号键,没有"O"则按"－"号键,尽量做到既快又准。在你明白了操作要求后,按任意键实验就继续。

5. 屏幕继续呈现字母矩阵,被试依据指导语要求作相应反应。程序记录反应时。直至完成所设定的次数。

6. 实验结束,数据被自动保存。实验者可直接查看结果,也可以换被试继续实验,以后在主界面"数据"菜单中查看。

四、结果

1. 分别统计第一搜索条件和第二搜索条件中的"有"和"没有"的平均反应时及正确率。

2. 收集全体被试的实验结果,检验两种搜索条件是否存在显著差异。

五、讨论

1. 尝试用特征整合理论对实验结果作出解释。

2. 非对称性搜索实验的研究有何意义?

3. 除了有无特征的非对称性搜索之处,还有哪些非对称性现象?

4. 你认为该领域还有哪些有待于进一步研究?

六、参考文献

邵志芳.认知心理学——理论、实验和应用.上海:上海教育出版社,2006:81—89

十 非对称性视觉搜索实验(多少特征)

本实验以单线和双线组成的矩阵作为实验材料。实验中分别将单线和双线作为靶子进行视觉搜索。

一、实验目的

1. 了解视觉搜索中的非对称性现象和特征整合理论。

2. 再次验证多少这一特征的非对称性搜索现象。

二、仪器与材料

1. 仪器:计算机及 PsyTech 心理实验系统。

2. 材料:单线和双线组成的矩阵,如由双线搜索单线称第一搜索条件,共 10 张随机呈现;

由单线搜索双线称第二搜索条件，共 10 张随机呈现。

三、实验方法

1. 登录并打开 PsyTech 心理实验软件主界面，选中实验列表中的"非对称性视觉搜索实验（多少特征）"。单击呈现实验简介。点击"进入实验"到"操作向导"窗口。实验者可进行参数设置（或使用默认值），然后点击"开始实验"按钮进入指导语界面。本实验不设练习，点击"正式实验"按钮就开始。

2. 第一段指导语是：请你注意看下面呈现的符号。如果其中有单横线，你就使用 1 号的反应盒按"＋"号键；没有单横线按"－"号键，尽量做到既快又准。在你明白了操作要求后，点击下面的"正式实验"按钮实验就开始。

3. 实验开始后，屏幕逐个呈现线条矩阵，被试依据指导语要求作相应反应。程序记录反应时。完成参数设定的次数一半时再次出现指导语第二段。

4. 第二段指导语是：请你再次注意看下面呈现的符号。如果其中有"＝"，你就使用 1 号反应盒按"＋"号键，没有则按"－"号键，尽量做到既快又准。在你明白了操作要求后，按任意键实验就继续。

5. 屏幕继续呈现线条矩阵，被试依据指导语要求作相应反应。程序记录反应时。直至完成所设定的次数。

6. 实验结束，数据被自动保存。实验者可直接查看结果，也可以换被试继续实验，以后在主界面"数据"菜单中查看。

四、结果

1. 分别统计第一搜索条件和第二搜索条件中的"有"和"没有"的平均反应时及正确率。

2. 收集全体被试的实验结果，检验两种搜索条件是否存在显著差异。

五、讨论

1. 尝试用特征整合理论对实验结果作出解释。

2. 除了多少特征的非对称性搜索之处，还有哪些非对称性现象？

3. 你认为该领域还有哪些有待于进一步研究？

六、参考文献

邵志芳. 认知心理学——理论、实验和应用. 上海：上海教育出版社，2006：81—89

十一　空白试验法（学习策略）

心理学研究中，概念形成是指个人掌握概念的过程。它是一个重要的心理学研究领域，在现代心理学中有数十年的研究历史。假设考验说在认知心理中占有主导地位，是由布鲁纳、古德诺和奥斯汀（Bruner，Goodnow & Austin，1956）首先提出的。假设考验说认为，人在概念形成过程中，需要利用已获得的和已存贮的信息来主动提出一些可能的假设。这些假设组成一个假设库。在概念形成的实验中，在对任何一个刺激作出反应之前，被试都需要从他的假设库中取出一个或几个假设进行考验。概念形成的过程就是假设考验的过程。人在概念形成的过程中,形成和考验假设并不是任意的或没有规则的。在假设考验过程中,人作出有关决定的序列可通常是包含一定目的的策略。即被试是按照一定的策略来作出选择的,也说明假设的考验是有一定策略的。

继而莱文(Levine,1966,1975)在概念形成的研究中进一步发展了假设考验说,提出了空白试验法(Blank Trial Procedure)。应用空白试验法的典型步骤是:给被试成对呈现两个刺激。例如字母 X 和 T,它们还在大小、颜色(黑、白)、位置(左、右)上有区别。这样一来它们共有 4 个维量,每个维量有两个值。在一对刺激中,两者都在 4 个维量上有区别,但每次试验只安排一个属性为有关属性。也就是说,在一对刺激中,一个刺激为肯定实例,另一个则为否定实例,只有一个属性将两者区分开来,并把这一点告诉被试。在这样的刺激安排中,共有 8 个可能正确的假设(大的、小的、黑的、白的、左边的、右边的、7 或 4)。可以想见,在任何一次试验中,这 8 个假设中的一个将引导被试作出选择。莱文的实验特点在于:将四对刺激即 4 次试验作为一组,对被试进行多组试验。在这些试验中,对被试的反应主试不给予反馈,由此而将其定名为空白试验法。莱文设计出包含空白试验的 16 次试验程序。16 次中仅在第 1、6、11 和 16 次试验中给予被试反馈 4 次,在两次反馈试验之间嵌进 4 次空白试验。这样做是为了让被试能够获得足够的信息来掌握概念,同时又可以直接度量被试的假设掌握的行为。如果被试能对反馈提供的全部信息进行最优加工,那么在第一次反馈后,就能从 8 个可能的假设中先排除 4 个,然后又在第二次反馈中从剩下的 4 个假设中排除 2 个,第三次反馈给被试留下一个正确的假设,最终第四次反馈则对这个假设进行验证。应用莱文的 16 次试验程序,不管被试是否能进行最优的信息加工,结果都可揭示被试的假设考验行为或概念形成的过程。

一、实验目的

1. 学习和掌握空白试验法实验。

2. 揭示被试假设检验的策略和概念形成的过程。

二、仪器与材料

1. 仪器:计算机及 PsyTech 心理实验系统。

2. 材料:数字两个(7 和 4)成对呈现,它们可以是大的或小的、红色的或蓝色的,也可以在左边或右边。

三、实验方法

1. 登录并打开 PsyTech 心理实验软件主界面,选中实验列表中的"空白试验法(学习策略)"。单击呈现实验简介。点击"进入实验"到"操作向导"窗口。实验者可进行参数设置(设定一个标准),然后点击"开始实验"按钮进入指导语界面。本实验不设练习,点击"正式实验"按钮就开始。

2. 指导语是:这是一个关于学习策略的实验。实验开始后屏幕会多次呈现数字 7 和 4,每次一对。这两个数字在大小、颜色(红蓝)、位置(左右)上有区别。每次实验有一种属性为计算机预先设定的标准,请你试着把它找出来。设定的标准可能是大的、小的、蓝的、红的、左边的、右边的、7 或 4。例如:预先设定的标准为蓝色,则每次当蓝色的数字出现在屏幕时,你就依据蓝色数字出现的位置(左边或右边),分别按 1 号反应盒上的左键("一"号)或右键("＋"号),作出相应反应。实验共进行 16 次,其中第 1、6、11、16 次屏幕将反馈您的选择(按键)是否正确。您可以根据反馈确定或修改您的猜测标准。当您完全明白了操作要求后,点击下面的"正式实验"按钮开始。

3. 实验开始后,屏幕逐对呈现刺激材料共 16 对。被试依据指导语要求作出反应,直至 16 次呈现完毕为止。弹出实验结束提示框。

四、结果

结合详细数据,请被试述说是如何进行假设考验的。

五、讨论

1. 根据被试正确选择标准及述说的情况,分析其概念形成过程中所使用的策略,并说明符合哪个概念形成理论。

2. 概念形成过程中,个体差异表现在哪些方面?

六、参考文献

王甦,汪安圣.认知心理学.北京:北京大学出版社,1992:252—260

十二　问题解决(河内塔)

心理学研究中,问题解决是一种重要的思维活动,它在人们的实际生活中占有特殊的地位,早就受到研究者们的重视。在 20 世纪 50 年代认知心理学兴起后,研究者从信息加工观点出发,将人看作主动的信息加工者,将问题解决看作是对问题空间的搜索。并尝试用计算机来模拟人的问题解决过程。

在当前心理学对问题解决的研究中,信息加工观点仍占据主导地位。研究者一般先给予一个最初的问题状态,而问题解决者必须发现一系列达到目标状态的操作。河内塔实验就属于这类问题。实验时在一块板上有 3 根柱子(从左至右为 1、2、3),第一根柱子上放置由上而下递增的圆盘,构成塔状。要求被试将左边 1 号柱上的全部圆盘移到右边的 3 号柱上,保持原来的塔状。移动规则是每次只能移动一只圆盘,大盘不能放到小盘上。移动时可利用 2 号柱作为过渡。不管圆盘的数量,完成河内塔作业的最少移动次数为 2^n-1 次(n 为圆盘数)。

一、实验目的

1. 了解被试在解决河内塔问题时所用的思维策略。

2. 学习从信息加工观点来解释这一问题。

二、仪器与材料

1. 仪器:计算机及 PsyTech 心理实验系统。

2. 材料:界面为 3 个柱子(1、2、3),左边第一个柱子上有一系列可以移动的圆盘(数量最少 3 个,最多 8 个)。

三、实验方法

1. 登录并打开 PsyTech 心理实验软件主界面,选中实验列表中的"问题解决"。单击呈现实验简介。点击"进入实验"到"操作向导"窗口。本实验无参数设置,没有练习。实验者可直接点击"开始实验"进入指导语界面,仔细阅读指导语后点击下面的"正式实验"按钮进入实验界面。

2. 指导语是:这是一个测试问题解决的河内塔实验。它由三根立柱和一些可以移动的大小不等的圆盘构成。实验中,请你用鼠标将左边立柱上的圆盘设法全部移到最右边的立柱上(也是由上而下递增成塔状),中间的立柱可用来作过渡。移动的规则是一次只能移动最上面的一只圆盘,并且大盘不能放在小盘上。请你想方设法完成它。当你明白了实验规则后点击"正式实验"按钮,就可进入实验界面。

3. 被试按指导语要求操作,若违反则放不进立柱,退回原处。实验完成的标志是所有圆盘由大到小(底部开始)放在了右边的立柱上。被试可自行决定是否继续进行下一次实验(圆盘数目递增1,最多8个)。

4. 实验结束,数据被自动保存。在弹出的结束对话框中,若选结束则回到主界面,在"数据"菜单中查看数据;若选"继续实验",则实验界面出现 4 个圆盘,由被试继续实验。要中途退出可按"Esc"键。

四、结果

1. 统计被试成功完成 3 个圆盘(最多 8 个)移动的次数和耗时。

2. 请被试报告,他是怎样理解指导语,又是采用什么方法来解决问题的。

五、讨论

1. 根据被试在问题解决后的口头报告,分析被试在解决问题时所运用的策略。

2. 让被试自己分析犯了哪些错误及其原因。

3. 总结河内塔问题的最优问题解决方案和最少移动次数。

4. 试着从信息加工观点来解释问题解决。

六、参考文献

1. 王甦,汪安圣. 认知心理学. 北京:北京大学出版社,1992:276—303

2. 黄希庭. 心理学实验指导. 北京:人民教育出版社,1988:292—294

十三 内 隐 记 忆

内隐记忆是指人们不能回忆其本身却能在行为中证实其事后效应的经验。其操作定义是,在不需要对特定的过去经验进行有意识或外显的回忆测验中表现出来的对先前获得信息的自动提取。内隐记忆是一种自动的、无需意识参与的记忆。它是记忆研究中一个相对较新的领域。

有关内隐记忆的研究热潮可追溯至对遗忘症患者的实验研究。早在 20 世纪 60 年代末、70 年代初,英国研究人员沃林顿(Warrington)等人发现,遗忘症患者虽然不能回忆或再认近期的学习项目,但他们却能在一些间接的记忆测验中表现出对这些项目的记忆效果。从残词补全、词干补笔、词汇判断、知觉辨认等间接测验中,可以发现内隐记忆的影子。内隐记忆对当前记忆乃至认知心理学的研究方法论的影响是十分深刻的。可以说,内隐记忆这种出人意表却又真实存在的记忆现象,在社会认知、问题解决及临床领域发挥着重要作用。

一、实验目的

1. 学会用知觉辨认的方法研究内隐记忆。

2. 验证内隐记忆的存在。

二、仪器与材料

速示器、幻灯机、字表(见附录)。

三、实验方法

1. **学习阶段**　主试从字表中随机选出 40 对字,其中每对字中右边的那个字为目标字。将被试分成两组,分别在两种条件下学习单字。条件一为无上下文,即主试向被试呈现单字,让被试大声读出该字;条件二为有上下文,即主试向被试呈现一对意义相关的字,如"热——冷",让被试大声读出"冷"字。

2. **测试阶段**　主试将两大组被试再分别一分为二,分别接受间接测试——知觉辨认,以及直接测试——再认。对于再认组,主试将被试学过的单字混杂在未学过的单字中,通过幻灯片随机呈现给被试,每个字的呈现时间为 1 秒,让被试判断哪些是学过的。对于知觉辨认组,主试同样是通过幻灯片呈现学过的与未学过的字,不同的是,每个字的呈现时间为 30 毫秒(用速示器控制),每两个字之间插入一个空白时间 1 秒,主试事先设定幻灯片投射焦距,造成模糊字,让被试辨认,说出是什么字。

四、结果

1. 分别计算再认组和知觉辨认组在两种学习条件下的击中概率。

2. 用柱形图表示再认组和知觉辨认组在两种学习条件下的击中概率的差异。

五、讨论

1. 是否存在内隐记忆?

2. 外显记忆与内隐记忆有什么区别?

六、参考文献

1. 郭秀艳. 实验心理学. 北京:人民教育出版社,2004:487—490

2. 郭力平. 内隐和外显记忆的发展研究. 心理科学,1998,21(4):319—323

附录

表 2-8-2　字　　表

热——冷	红——绿	早——晚	后——前
扁——圆	深——浅	高——矮	快——慢
平——皱	弯——直	左——右	大——小
同——异	香——臭	辣——酸	甜——咸

是——否	走——跑	哭——笑	吵——闹
丑——美	白——黑	暗——亮	北——南
西——东	水——火	长——短	瘦——胖
内——外	软——硬	细——粗	凹——凸
吸——呼	缩——伸	负——胜	来——去
全——缺	远——近	父——母	子——女

第九章　情绪和个性

一　情绪与皮肤电反应实验

　　科学家发现人的情绪变化总是伴随着一系列生理反应。如呼吸、血压、脉搏、血管容积和腺体分泌等。许多实验心理学家作过皮肤电反应的研究,得出的一致结果是:皮肤电反应可用来作情绪变化的一种间接生理指标。

　　皮肤电反应仪(galvanic skin response,简称GSR)是通过指针显示或以曲线波纹形式记录皮肤电变化的仪器。最早是由费利(Fere,1888)和泰赫诺夫(Tarchanoff,1890)发现的,被称为心理电反射(Psychogalvanic Reflex)。费利将两个电极接到前臂上,并把它与弱电源及一个电流计串联,即发现当被试接受光、声或气味刺激时,电流计会偏转,后人称之为费利效应(Fere effect)。1890年泰赫诺夫发现,在有额外刺激的条件下,即使不加外电,只将电流计的两电极放在皮肤上,也会使电流计指针发生偏转。用这种方法测量的皮肤电反应叫作泰赫诺夫现象。可见费利的方法能够稳定地测量出皮肤电的绝对水平及其变化。因此,近代的这类仪器都运用这个原理。目前,仪器中加入了集成放大电路,人们已能制造出高水平的皮肤电反应仪。

　　在情绪状态时,皮肤内血管的舒张和收缩以及汗腺分泌等变化,能导致皮肤电阻的变化,这就是皮肤电的反应机理。例如,你感到镇定和放松时,皮肤电阻会增大;而你紧张(甚至是微弱得别人无法察觉的)或心烦意乱、激动不安时,皮肤电阻会减小。皮肤电反应仪就是以此来测定自主神经系统的情绪反应。须注意的是,皮肤电所反映的是汗腺分泌反应,它不同于出汗量。影响皮肤电基础水平的主要因素有:1. 觉醒水平,在正常温度范围内,手掌和足掌特别能反映唤醒水平。2. 温度,身体皮肤电主要反映身体温度的调节机制。3. 活动,当被试准备某项活动时,皮肤电水平逐渐上升、电阻会降低;而正式开始从事某活动时,皮肤电反应将维持一个较高水平;但在休息或放松时,皮肤电水平又会降低,电阻增大。

　　皮肤电水平与许多心理现象有密切关系。比如情绪反应会引起皮肤电水平的急剧变化。韦克斯勒和塞兹研究表明:有感情色彩的词能引起皮肤电反应,但其重复呈现则能降低这种反应;戴思格的研究表明:愉快和不愉快的情绪刺激能引起不同的皮肤电反应;兰笛斯和亨特的研究表明:主观状态不同所引起的皮肤电反应也不同。总之,他们一致发现:皮肤电可以作为情绪的生理指标。当然,用皮肤电作为情绪的生理指标也有其局限性,它不能知道心理过程的内容,即不能把情绪变化的性质(如喜、怒、哀、乐等)区分开。更由于引起皮肤电变化的因素很多,并不一定是情绪状态的变化引起的。因此,皮肤电反应只能作为情绪反应的参考指标,必须与其他指标结合使用、综合考量才能发挥它应有的作用。

一、实验目的

1. 考察情绪变化与皮肤电变化之间的关系。

2. 观察不同情绪状态下（被试主观认定某数字）皮肤电反应的变化情况。

二、仪器与材料

EPT2004 型心理实验台及 EPT602 皮肤电测试仪。

三、实验方法

1. 将主机与附机 EPT602 连接好，打开电源，按＜运行＞键。

被试坐在实验台主试的对面，主试将 2 只夹子分别夹在被试非优势手的 2 个手指上，手（指）心面对金属片，指甲朝塑料片。

2. 主试据屏显内容设置：联机模式→输入字号和姓名（可不输，按"确定"键，机器默认）→ 按"确定"键。屏幕出现皮肤电曲线波纹走势图，主试按"▲"键，调节放大倍数至 10。

3. 被试的附机窗口上会同步呈现屏幕上对应曲线的数字。被试看这些呈现的数字，并在心中认定某一数字（记牢）。主试在确认被试记住这一数字后，按"数字/字母"键，机器就进入人工呈现数字工作状态。主试要求被试集中精力看呈现的数字，并要求被试不断回忆自己认定的数字，以防遗忘（会有发生）。

4. 正式实验开始。主试随机按操作面上的数字，呈现给被试看，同时注意观察比较各数字所对应的波形的幅度变化情况，须注意的是，主试每呈现一个数字前，曲线应较平稳。实验中主试可根据情况（大部分数字呈现时波形较平稳）再调节放大倍数至 16 或小于原先的 10。经过几轮呈现，主试应能筛选出几个被试反应较大的数字，把它记下来。然后主试按"□"键，仪器开始记录实验。主试将记录下来的数字（例如 3 和 5）作为重点呈现对象，采取的方法是插入法，即呈现几个一般数字后插入 3，再呈现几个一般数字后插入 5。主试注意观察比较他们之间的波形变化，并作出初步判断。仪器记录约 10 分钟后自动停止（若当中要结束，主试可按"确定"键。实验中若出现波形停止移动可再按一下刚才的数字键）。

5. 实验结束，界面出现＜查看数据＞。主试按"确定"键，仪器会自动回放实验过程，主试根据数字与波形的对应变化情况，可再次确认刚才实验时的判断，并将此结果告知被试，看看是否与被试心中认定的数字一致。

6. 主试按"□"键，＜进入测试＞，换被试继续实验。

7. 计算数学题实验。其他步骤同前，只是将观看数字改为被试做简单数学题和较复杂数学题，记录皮肤电（波形）变化情况。

四、结果

1. 根据呈现数字时所对应的波形变化，分析并找出被试心中认定的数字。

2. 观察被试在解简单数学题与复杂数学题时的曲线变化情况。

五、讨论

1. 分析讨论你是怎样从被试的皮肤电变化中（波形变化）找出被试心里想的那个数字的，

如果找不出,在实验中有何改进之处。

2. 分析被试解答不同难度数学题时的皮肤电反应(波形)有何区别。

3. 不同的被试在相同条件下的实验,皮肤电反应是否一致?

4. 你认为皮肤电反应能作为情绪变化的指标吗?

5. 根据前人的研究理论及皮肤电反应机理皮肤电反应仪能否用来作生物反馈训练?如果可以又如何进行?

六、参考文献

杨治良. 实验心理学. 杭州:浙江教育出版社,1998:532—534

二　动作稳定性实验

动作稳定性是动作、技能的一个重要指标,它会受到个体自身和外界很多因素的影响,其中情绪的影响尤为重要。前人在有关的实验研究中发现:(1)手臂的稳定性随年龄的增长而稳定,特别是在 6—8 岁最为明显;(2)右手稳定性超过左手,6—12 岁比 15、16 岁时更为明显,成人则有时相反;(3)大多数男孩的两手稳定性均超过女孩;(4)运动的方向对稳定性有影响。

实验者在本实验中可以检验前人的有关研究成果,同时在前人研究基础上着重研究情绪对动作稳定性的重要作用。

一、实验目的

学习测定手的动作稳定性,检验情绪对手动作稳定性的影响。

二、仪器与材料

EP2004 型心理实验台及 EPT704 动作稳定仪。

三、实验方法

1. 将主机与附机 EPT704 动作稳定仪连接好,打开电源,按<**运行/待机**>键。

2. 主试根据屏显内容设置:联机模式→九洞型→学号→姓名→允许碰壁次数(3),按<**确定**>键,绿色指示灯亮,提示被试可以实验。

3. 被试看见绿色指示灯亮后,手握试笔,肘部悬空。尽量与平面保持垂直,将笔头在最大洞旁的金属<□>点一下,仪器开始计时,被试将试笔插入洞中,碰到底后再拿出来,按从大到小顺序依次做,整个过程中不能碰壁,否则鸣响。只要鸣响,被试就要在该洞再做一下,直至在某洞碰壁次数达到所设定次数(不是总碰壁次数),仪器自动停止计时,黄色指示灯亮,测试结束。

> **注意:**被试一定要按从大到小的顺序做,且要在真正完成了一个洞的测试(笔碰到洞底)才能继续做下一个洞,否则仪器不予理会。

4. 主试根据屏幕显示界面,可选再做一次,直到做满 10 次,再一并打印数据或查看数据并记录数据。(结果中终止于 4.5 洞表示被试未通过的洞直径为 4.5 mm)换左手再做 10 次,轮换中间休息 1 分钟。

5. 测定比赛时紧张情绪对动作稳定的影响。

两组比赛,比赛进行时主试们在旁边分别报告两人进展情况,造成竞赛的紧张气氛(需两台仪器)。

四、结果

1. 统计各被试稳定性,颤动范围越小,稳定性越好(稳定性=1/颤动范围),比较其个体差异(颤动范围即为未通过洞的前一个洞直径,仪器结果中已标出)。

2. 比较同一被试左右手的动作稳定性。

3. 比较各被试在安静和比赛时动作稳定情况的变化。

五、讨论

1. 分析自身情绪对动作稳定性的影响。

2. 你认为一个人的左右手动作稳定性是否相关,怎样验证你的想法?

3. 本实验对研究体育教学和训练有何意义?

三 音乐能力测验

心理学家将能力分为一般能力和特殊能力。音乐能力是特殊能力的一种,它包括对音乐的感觉力、对音乐的动作力、对音乐的记忆和想象力以及对音乐的智力和情感。为了发现有音乐能力的人,或者鉴定音乐训练的成绩,就要对音乐活动进行分析和研究,找出它所要求的心理特征,然后根据这些心理特征列出测验项目、设计测验,以便测量音乐能力。西绍尔(C. E. Seashore)音乐能力测验就是一种较为常用的、经典的音乐能力测验。这套测验的精髓在于包含一套测定一般人和具有音乐特殊能力的人音乐能力的系列材料。材料共分两种:一种用于测定一般人的音乐能力,另一种用于测定具有音乐才能的人的音乐能力。

音乐能力测验包括音高、音强、时间、和谐、音调的记忆和节奏的感觉六项指标。此测验适用于小学生和成人,每个测验约需 10 分钟,用六个等级(最优、优、好、平均、低于平均和劣)评分,可以个别进行,也可以进行团体测验。西绍尔音乐能力测验可供音乐学校作为入学的一种能力测验,也可以作为学生入学后定期检查其音乐能力发展变化的测验。

一、实验目的

1. 了解测验某种音乐能力的方法,知道几种反映音乐能力的指标。

2. 学会测定分辨音乐的高低、强弱、长短、音色和节律的能力,以及对音调的记忆能力。

二、材料

西绍尔音乐才能测验磁带、录音机、记录纸。

三、实验方法

1. 主试由教师担任,在每种测验前,被试务必掌握指导语中的要求,被试在进行实验时,要注意安静,独立判断,逐一作好回答。每做完一项指标,被试休息 5 分钟。

2. 给每个被试准备一份记录纸(见表2-9-3)。

3. 分辨音乐的高低(测量音高的感觉)。本实验共做50次,指导语为:现在请分辨音高的差别。稍后给你听高低不同的两个乐音,如果你觉得第二个乐音比第一个乐音高,就在记录纸上写"＋"号;如果觉得第二个乐音比第一个乐音低,就在记录纸上写"－"号。如果你听不太清楚,必须猜,记录纸上不得空缺。

4. 分辨乐音的响度(测量音强的感觉)。本实验共做50次,指导语为:现在请分辨乐音响度的差别。稍后给你们听强弱不同的两个乐音,如果你觉得第二个比第一个乐音响,就在记录纸上写"＋"号;如果觉得第二个乐音比第一个乐音轻,就在记录纸上写"－"号。如果你听不太清楚,必须猜,记录纸上不得空缺。

5. 分辨乐音的长短(测量时间的感觉)。本实验共做50次,指导语为:现在请分辨乐音的长短。稍后给你们听长短不同的两个乐音,如果你觉得第二个比第一个乐音长,就在记录纸上写上"＋"号;如果觉得第二个乐音比第一个乐音短,就在记录纸上写"－"号。如果你听不太清楚,必须猜,记录纸上不得有空缺。

6. 分辨音色的异同(测量和谐的感觉)。本实验共做50次,指导语为:现在请分辨乐音的音色。稍后给你们两个乐音,如果你觉得第二个乐音和第一个乐音的音色相同,就在记录纸上写上"＋"号;如果觉得第二个乐音和第一个乐音的音色不同,就在记录纸上写"－"号。如果你听不太清楚,必须猜,记录纸上不得空缺。

7. 测量音调的记忆。本实验共做30次,指导语为:现在请分辨音调的差别。稍后给你们听两个音调,在后面的音调中有一个音符和前面的不同,如果你觉得是第二个音符不同,就在记录纸上写"2"字;如果觉得是第一个音符不同,就在记录纸上写"1"字;如果觉得第五个音符不同,就在记录纸上写"5"字,依此类推。

8. 分辨乐音的节奏。本实验共做30次,指导语为:现在请分辨乐音的节律。稍后给你们听两个不同的节律,如果你觉得第二个节律和第一节律相同就在记录纸上写"＋"号;如果觉得第二个节律和第一个节律不同,就在记录纸上写"－"号。如果你听不太清楚,必须猜,记录纸上不得空缺。

四、结果

1. 主试报答案,被试逐一核对,然后计算各次指标的判断正确的次数和成绩等级。并计算全班同学各项指标的平均成绩。

2. 让每个被试在表中查出自己对各指标正确判断次数的等级(参照表2-9-2),并填入个人测量结果表(见表2-9-1)。

五、讨论

1. 根据本实验结果分析分辨音高的能力与分辨乐音响度的能力是否高相关。

2. 本实验中采用何种方式测量了音调记忆的保持? 还可以用别的方式测量吗?

3. 在各项指标中,你的哪种能力较强? 可联系自己音乐训练和个性品质来分析。

六、参考文献

杨博民.心理实验纲要.北京:北京大学出版社,1989:158—161

表 2－9－1　个人结果测量表

能力等级	最优 1	优秀 2	好 3,4	一般 5,6	较差 7,8	低 9,10
音　高						
响　度						
时　间						
音　色						
节　律						
音调记忆						

表 2－9－2　对乐音的 6 种性质正确判断的次数和能力等级表

等级	能力	音高	响度	时间	音色	节律	音调记忆
1	最优	47—50	47—50	45—50	44—50	29—30	30
2	优	44—46	46	43—44	42—43	28	29
3	好	43	45	42	41	27	28
4		42	44	41	40	27	27
5	低	40—41	43	40	39	26	27
6		38—39	42	39	38	25	26
7	较差	36—37	40—41	37—38	36—37	25	25
8		34—35	38—39	36	34—35	24	23—24
9	低	31—33	35—37	34—35	32—33	23	21—22
10		25—30	25—34	25—33	25—31	15—22	8—20

表 2－9－3　音乐能力测验记录表

次序	音高的感觉					音强的感觉					时间的感觉					和谐的感觉					音调的感觉			节奏的感觉		
	一	二	三	四	五	一	二	三	四	五	一	二	三	四	五	一	二	三	四	五	一	二	三	一	二	三
1																										
2																										
3																										
4																										

次序	音高的感觉					音强的感觉					时间的感觉					和谐的感觉					音调的感觉			节奏的感觉		
	一	二	三	四	五	一	二	三	四	五	一	二	三	四	五	一	二	三	四	五	一	二	三	一	二	三
5																										
6																										
7																										
8																										
9																										
10																										

四　认知方式的测定

实验一　棒框实验

个体在心理和行为活动中总采用某种习惯方式或者说特有风格,这就是心理学家所说的认知方式又称认知风格。棒框测验在认知方式研究中占有重要的地位。美国心理学家威特金(Witkin,1916—1979)在 20 世纪 30 年代做空间定向和垂直知觉的经典研究时提出认知方式的场依存性和场独立性。他在给被试做身体顺应测验、棒框测验和转屋测验中发现,被试内的差异有着非常明显的自相一致性。换言之,如果被试在棒框测验中能够准确地将棒调节到与地面垂直状态,则在身体顺应测验和转屋测验中对身体进行垂直定位时误差也较小,反之,不能将棒调垂直者其误差也较大。可见当外在视野线索(框)与内在线索(身体的垂直知觉)发生矛盾时,究竟参照哪个线索为主进行垂直判断,可推断被试是场独立性还是场依存性的认知方式,且这种个体差异具有一定的普遍性和稳定性。并且场独立性或依存性倾向广泛存在于记忆、思维和个性方面。具有场独立性认知风格的人,一般遇事看问题比较有主见,与同伴不太随和,对抽象的理论较有兴趣,他们很有可能平面几何和立体几何学得比较好,因此较适合从事工程技术及艺术创作方面的工作。如果是运动员,他们的抗外界干扰能力强,战术应变能力强,自信心也相应比较强,比赛和训练较少依赖教练员。具有场依存性认知风格的人,一般遇事不太有主见,比较随和,人际关系较好,性格温和顺从,喜欢干与人打交道的事情,因此较适合社会工作、服务行业和公益事业等方面的职业。如果是运动员,他们训练比赛较易受暗示和场外干扰,但他们的团队精神强,对朋友和群体的依赖性较强。另外男性中场独立性强者通常较多,儿童场独立性随年龄的增长而提高。独立性与依存性只是个体认知方式的习惯不同,并无好坏之分,他们都能在各自从事的领域中建功立业。

但从有关研究中发现,不同人格特征个体的认知方式显著影响作业绩效。阿奇利(Atchley,1991)发现具有典型场独立性特征的飞行员能够在飞行情景意识水平和对运动物体的追踪及判断能力保持较高水平。库什（Kush，1996）研究发现场独立性个体在空间透视、空间变形、图画定形及地图学习等方面能够更有效地进行决策。我国心理学家游旭群等（2000）认为场独立性与空间认知相关很高。发现不同人格特征个体在空间视觉加工上存在显著差异。曹晓华等（2005）使用眼动仪研究发现：认知方式对不规则几何图形识别绩效的影响显著，场独立性被试的作业绩效高于场依存性被试。并且在显示条件不良的情况下，这种差异更为显著。

棒框仪是场独立性和场依存性认知方式实验的常用仪器，主要用于棒框测验。其特点是，棒在框内部，两者都可以单独作顺逆时针调节，并有读数盘将棒和框的倾斜角度用指针显示出来。早期的棒框测试是在暗室中进行的，后来奥尔特曼设计了手提式测试器。测验时可用下额托来固定头部，以保证被试在实验过程中头部始终正直，不随框倾斜。一般来说，框的倾斜角在 18°和 27°时，被试调节棒的垂直误差较大。

一、实验目的

1. 掌握棒框仪的使用方法。

2. 了解被试的认知方式及其差异。

二、仪器

EP705 棒框仪。

三、实验方法

1. 房间亮度适中。将棒框仪放在台上，调节好高度，使观察筒与被试眼部高度适合。

2. 指导语是：这是一个测试认知风格的实验，实验中在我定下一个框的角度后，我会先改变棒的起始角度。然后你注意看框和棒，头部保持正直，同时你调节棒，使之与地面垂直，时间不限，当你认为棒已调至垂直时就报告我，直至做完。

3. 主试改变框的倾斜角度（记录纸上已经标出），须注意框的倾斜角度不应顺序改变而应随机。如先做 9°、再做 27°、再做 12°，以此类推，直至做完记录表上所有框的度数。主试每设定好一个框角度，被试须连续做 8 次，每次主试都要先改变棒的起始位置（按 ABBA 方法，记录表上已标出左右），棒的起始位置每次随机。让被试按顺时针或逆时针方向调节棒，使之与地面垂直。记录的误差结果不计正负，取 8 次平均数。

4. 被试靠近观察筒向里观察，不能有距离，以免看到其他的参照物。右手握旋钮，调节棒使之与地面垂直，调好后告诉主试。正式实验前，可以练习 1—2 次。

四、结果

1. 分别计算每个被试棒框实验 8 次误差的平均数。

2. 以框的倾斜角度为横坐标，被试调节棒的平均误差数为纵坐标，绘制曲线图。

3. 收集部分男女同学的实验数据，作 t 检验。

五、讨论

1. 比较框的各倾斜角度所对应的棒垂直平均误差大小，看哪个倾斜角棒垂直误差较大，并与前人实验结果进行比较。

2. 根据本实验结果（误差的平均数是否大于 2 度），并结合自己的认知方式特点，分析自己是属于场独立性还是场依存性认知方式。

3. 你所测男女同学场依存性是否有差异？试分析原因。

4. 你认为文理科同学的实验结果是否会有差别，为什么？

六、参考文献

1. 谢斯骏,张厚粲.认知方式——一个人格维度的实验研究.北京：北京师范大学出版社,1988

2. 杨治良,郭力平.认知风格的研究进展.心理科学,2001,24(3)：326—329

3. 李寿欣,宋广文.关于高中生认知方式的测验研究.心理学报,1994,27(4)：378—384

附录

实验记录表

表 2 - 9 - 4

	棒起始位置	框 角 度														
		0	3	6	9	12	15	18	21	24	27	30	33	36	39	42	45
棒偏差角度	左																
	右																
	右																
	左																
	左																
	右																
	右																
	左																
平均值$\overline{X}$																	

注：1. 左即棒的指针起点在被试 0 位左边,调节则顺时针方向。
2. 记录的误差数取绝对值,不计正负号。

实验二 镶嵌图形测验

威特金用镶嵌图形所作的实验结果表明：让被试从复杂图形中发现简单图形时,场依存性者的困难较大,而场独立性者则容易发现。他进一步提出"心理分化"理论,认为从镶嵌图形测验可以看出一个人把简单图形从复杂图形中分化出来的能力,体现了一个人把自己身体从周围环境中分化出来的能力。这种分化具有一定的普遍性和稳定性。因此,从垂直知觉(棒框仪)和镶嵌图形测验中得出来的是一个具有普遍意义的人格特征,而不仅仅是认知方式,认知方式只是心理分化的一种表现方式而已。

一、实验目的

1. 学习镶嵌图形的测验方法。

2. 了解被试的认知方式及个体差异。

二、仪器与材料

1. 仪器：计算机及 PsyTech 心理实验系统。

2. 材料：简单图形 1 张，复杂图形两套 3 张，彩笔多支。

三、实验方法

1. 登录并打开 PsyTech 心理实验软件主界面，选中实验列表中的"镶嵌图形测验"。单击呈现实验简介。点击"进入实验"到"操作向导"窗口。实验者需先在参数设置里打印两套（3张）复杂图形作为被试的测验用纸。测试时间一般选默认值。打印完毕，点击"开始实验"按钮呈现指导语。本实验不设练习，点击"正式实验"就可进入实验界面。主试发第一套 1 张复杂图形及彩笔给被试，同时点击"开始计时"按钮。

2. 指导语是：现在请你做一个从复杂图形中找对出简单图形的实验。屏幕上的 8 个图形即为简单图形。实验开始前会发给你复杂图形作业纸。每个复杂图形中都包含一个简单图形，要求你在每个复杂图形中找出一个简单的图形（一定是 8 个中的一个），并用彩笔把它描出来。在描的时候你可以随时对照简单图形。第一次给你的复杂图形有 7 个，用时两分钟，要求你尽快地找和画，两分钟后即停止。在你明白了上述指导语的意思，并拿到了复杂图形作业纸和彩笔后，请点击下面的"正式实验"按钮进入实验界面，再点击"开始计时"按钮，则定时和测验同时开始。

被试依据要求画图，直至定时到，提示音鸣响。此后屏幕再次显示指导语，被试仔细阅读指导语。同时主试收回第一套复杂图形作业纸。

3. 第二次指导语是：下面你拿到的复杂图形作业纸有 2 张，里面有十几个复杂图形，与前次不同的是每个复杂图形下面都写着它所对应的简单图形的字母，请你根据屏幕上的简单图形。在每个复杂图形中用彩笔画出所指定的简单图形。给你的时间是 9 分钟，请你尽快地画出。在你明白了上述指导语的意思及拿到了 2 张复杂图形作业纸后就可点击下面的"继续测验"进入实验界面，再点击"开始计时"按钮，则测验和计时同时开始。

被试依据要求画图，直至定时到，响提示音。主试收回第二套 2 张复杂图形作业纸。

4. 实验结束，主试立即用手工评判画图正确与否。并根据各题的得分标准，计算后输入成绩，并"确定"。

四、结果

1. 记录每个被试的测验结果，计分标准如下。

（1）1—7 号做对一个得 1 分，满分 7 分。

（2）8,9,11,12,15,16,17,19,20,22,23 号做对一个得 6 分。

（3）10,13,14,18,21,24,25 号做对一个得 7 分。

2. 收集全体被试的得分，求出平均数。

五、讨论

1. 根据自己的测验得分，判断自己是属于哪一种认知方式（分数比平均分高得越多越接近场独立性，比平均分低得越多越接近场依存性）。

2. 你认为判断结果与你平时一贯的认知方式特点是否相符。如果不符,试分析原因。

3. 你所测的男女生,其场依存性是否有差异。

4. 如果本实验的被试有文理科的学生,你预计他们的测验结果是否会一致。

六、参考文献

1. 谢斯骏,张厚粲.认知方式——一个人格维度的实验研究.北京:北京师范大学出版社,1988

2. 李寿欣,宋广文.关于高中生认知方式的测验研究.心理学报,1994,27(4):378—384

第十章 应用性实验

一 广 告 悦 目

广告对消费者的影响是多方面的,包括认知、情感和意向(行为与动机)等。消费者的各种反应也都能体现广告的效果。因此,广告是借助一定的媒体为达到预定目的向消费者传递信息的一种手段。研究最多的是对广告的态度和对商标的态度。

本实验用两套广告(手表及香水),运用心理学中的对偶比较法,对广告的悦目或者说喜好作出判断,每对广告比较两次,配对数目为 n(n−1)/2 对。为消除顺序误差和空间误差,第一轮以 AB 呈现,第二轮则以 BA 呈现,即顺序及左右位置都对调。

一、实验目的

1. 通过对两组广告的悦目测定,学习用对偶比较法制定心理顺序量表。

2. 学习从心理学角度对广告的优劣作出评判。

二、仪器与材料

1. 仪器:计算机及 PsyTech 心理实验系统。

2. 材料:

(1) 手表广告 7 张,共比较 42 次;

(2) 香水广告 7 张,共比较 42 次;

(3) 自选图片(导入图片的名称即为图片的编号。名称不得超过 8 个字符。图片像素不得超过 512×768,否则呈现时左右图片会重叠。数目为 2—10 张)。

三、实验方法

1. 登录并打开 PsyTech 心理实验软件主界面,选中实验列表中的"广告悦目实验"。单击呈现实验简介。点击"进入实验"到"操作向导"窗口。先要进行参数设置,选择广告图片或导入自选图片。然后点击"开始实验"进入指导语界面,再点击"正式实验"按钮开始。本实验不设练习。

2. 指导语是:这是一个广告悦目的实验。请你使用 1 号反应盒对每次呈现的一对广告进行选择。如果你喜欢左边的广告,请按"一"键;喜欢右边的广告,请按"＋"键。实验要做很多次。当你明白了实验步骤后,就点击下面的"正式实验"按钮开始。

3. 进入实验界面,被试按任意键,屏幕就开始呈现一对对广告。被试根据自己的喜好作出反应,直至做完所需次数。

4. 实验结束,数据被自动保存。实验者可直接查看数据,也可换被试继续实验,以后在主界面"数据"菜单中查看。

四、结果

1. 根据每个广告被选中的次数,从多到少排出顺序。

2. 制作广告悦目顺序量表:

将结果中的每个广告被选次数(包括二轮)作为选中分数 C。算出选中比例 P 和选中分数 C',及 C'的比例 P',由 P'查 PZO 转换表得到 Z 值,为消除负值,把每个 Z 分数加上负值中的最小数的绝对值,得到 Z'值,这样 Z'的最小值恰好为零,就可以在坐标轴上排列出喜好程度的顺序。

表 2 - 10 - 1

	广			告			
	1	2	3	4	5	6	7
总计选中分数 C							
P=C/2(n−1)							
C'=C+1							
P'+C'/2n							
Z							
Z'							
顺序							

五、讨论

1. 请你对排名前 2 位和最后 2 位的广告从主题突出、颜色和谐、画面美观、商标易记等方面进行比较评判。

2. 从心理学角度分析,影响广告效果的因素有哪些?

3. 本实验中实验材料呈现为什么要改变左右的位置?

4. 对偶比较法除了本实验外还有哪些应用?

六、参考文献

杨治良.实验心理学.杭州:浙江教育出版社,1998:188—193

二 警戒作业绩效的测定

警戒,又称持续性注意,是指个体在一定环境中为觉察特定的,难以预测又较少出现的信号所保持的准备状态。主要以监视、检测、探索等任务形式出现在空中交通管理、工业质量控制、自动化作业、核电站中央控制、机动车辆驾驶等人—机界面中。

1932 年,人们开始了关于从事视觉检查任务的绩效变化研究。到了二战期间,军事问题引起了人们对警戒研究的强烈兴趣,麦克沃思(Mackworth)开创了警戒的实验室研究,证实了长时间从事监视作业绩效会下降这一基本假设。从这以后,人们在实验室情景下研究了大量警戒绩效的变量,包括作业时间、信号的物理性质、刺激密度、任务类型等。

麦克沃思和以后的经典实验结果表明,在 1 个小时、1.5 个小时、2 个小时内的警戒中,觉察率的下降主要发生在起始的半个小时内,然而随着研究的深入,在 1984 年,韦纳柯里和福斯蒂娜(Weinarcurry & Faustina)又发现,并不是随着时间的推进都会出现警戒下降现象,任务的复杂程度对警戒绩效的影响更大,过于简单和过于难的任务会导致警戒下降,而中等难度的任务则不会或很少会导致下降。

警戒作业的绩效受多种因素的影响。如随持续时间延长而觉察下降。信号出现的频率较高易为人们觉察,信号出现频率较低时则容易被漏检,但过高的信号出现频率同样也会引起觉察效率下降。信号的某些特性,如刺激维度、强度及信噪比、预备信号的设置和信号呈现的位置安排等都影响"作业"的绩效。因此,测定警戒状态的仪器可有多种设计。本实验界面由均匀分布的60只发光点构成圆。工作时,红色亮点以一定的间隔时间顺时针依次点亮。当某一时刻(随机发生)出现突然跳空,即隔位亮灯,被试须在一定时间内反应(按键),以示觉察到这一现象,若被试未及反应或未出现跳空却反应,都算错。

一、实验目的

1. 通过对警戒作业绩效的测定,学习绘制和分析警戒作业绩效曲线。

2. 了解影响警戒作业绩效的因素。

二、仪器与材料

1. 仪器:计算机及 PsyTech 心理实验系统。

2. 材料:屏幕上由60只发光点构成一个圆。

三、实验方法

1. 登录并打开 PsyTech 心理实验主界面,选中实验列表中的"警戒作业绩效的测定"。单击呈现实验简介。点击"进入实验"到"操作向导"窗口。实验者可进行参数设置(或使用默认值),然后点击"开始实验"按钮进入指导语界面。由于实验时间较长,所以一定要先进行练习实验,再点击"正式实验"按钮进入实验界面。

2. 指导语是:这是一个测试警戒绩效的实验。请你注意看屏幕上红色亮点,亮点会顺时针依次跳动。每次跳一格为正常。若出现跳格现象为错误跳动。则请你尽快作出反应。即在规定时间内按1号反应盒上的"+"键。若未及时反应(即超过最长反应时)或没有跳格却反应则都算错。请尽量保持注意集中。由于实验时间较长,正式实验前请先进行练习,以保证实验能正常进行。然后点击下面的"正式实验"按钮开始。

3. 进入实验界面,会有提示语。按"+"键后红光开始顺时针跳动。被试按要求作出反应,直至设定的总时间到。程序自动记录每单元(10分钟)的各项数据。

4. 实验结束,数据被自动保存。实验者可直接查看结果,也可换被试继续实验,以后在主界面"数据"菜单中查看。

四、结果

1. 以时间为横轴(每10分钟为一个单位),单位时间内正确发现的百分比为纵轴,画成曲线。

2. 收集其他被试的数据,比较是否存在个体差异。

五、讨论

1. 从绘制的警戒作业绩效曲线,分析作业时间对警戒绩效的影响。

2. 如果改变跳格的概率,有可能出现什么结果?

3. 分析影响警戒作业绩效的其他因素。

4. 能否用信号检测论来分析结果中的数据?

六、参考文献

郭秀艳,李林,薛庆国,陈云儿. 短时作业中警戒绩效影响因素的实验研究. 心理科学,1999,22(5):439—422

三 注意集中(追踪实验)

注意集中与其对象的特点有关,指的是注意能较长时间集中于某特定对象而没有松懈或分散的现象。其时间上的延续就是注意的稳定性,是注意稳定性的标志。有研究表明,如果注意的对象相对单调、静止,注意就难以稳定。如果注意的对象是复杂的、变化的、活动的,则注意就容易稳定。如果主体对从事的活动持积极的态度,或者有着浓厚的兴趣,并且能借助有关动作维持知觉及思维过程,从各种角度进行观察和思考,那么注意就容易集中及稳定。反之,注意就容易分散。可见,注意还与主体的心理倾向性及健康等状况有关。

注意集中实验可以用来进行视觉动作的学习,因而有一定的应用价值。在体育运动心理训练的实践中,可得到应用。可以培养运动员的注意集中能力和抵抗外界干扰能力,还可以作为研究和选拔特殊职业人员的注意力集中水平的测评手段。

本实验用追踪沿圆形轨道移动的红色圆的方法,来测试被试的注意集中能力。

一、实验目的

1. 学习测评注意集中能力的方法。

2. 探讨不同作业时间和转速对追踪能力的影响。

二、仪器与材料

1. 仪器:计算机及 PsyTech 心理实验系统。

2. 材料:沿圆形轨道移动的红色圆。

三、实验方法

1. 首先将全体被试随机分成 A、B 两个组。A 组实验时间设为 60 秒,B 组为 180 秒,两组每个被试均需完成 3 种转速的测试,实验序列如下:

表 2 - 10 - 2

被 试	转速(转/分)		
甲	5	10	20
乙	10	20	5
丙	20	5	10
……			

2. 登录并打开 PsyTech 心理实验软件主界面,选中实验列表中的"追踪实验"。单击呈现实验简介。点击"进入实验"到"操作向导"窗口,实验者要先进行参数设置(选择图形,定时间和转速)。然后点击"开始实验"按钮进入指导语界面。可以先进行练习实验,也可以直接点击"正式实验"按钮进入实验界面。

3. 指导语是:这是一个测定追踪能力的实验。实验中红色光以一定的速度沿圆形轨道移动。请你拿鼠标作反应(手指不能按住左键或右键),使鼠标标记始终在这个移动的红色圆上,即与它同步移动。如果与红色圆离开则记录一次错误。实验要测一段时间。请你集中注意力来完成它。正式实验前可先进行练习,然后点击下面的"正式实验"按钮开始。

4. 当被试的鼠标第一次与移动的红色光接触(重合)时,实验即开始。程序记录时间和记录被试的脱靶次数、在靶时间等。被试一旦脱靶,发出"嘀嘀"声,重合即无声。直到完成参数设定的时间,实验自动结束。

5. 实验结束,数据被自动保存。实验者可直接查看结果,也可以重新设定转速继续实验,或换被试实验,以后在主界面"数据"菜单中查看。

四、结果

1. 将每个被试结果中的在靶时间和脱靶次数,按作业时间的不同分别填入到下表中。

表 2 - 10 - 3　作业 1 分钟(3 分钟)组被试追踪实验结果表

被试	转速(转/分)					
	5		10		20	
	在靶时间	脱靶次数	在靶时间	脱靶次数	在靶时间	脱靶次数
甲						
乙						
......						
平均						

2. 以 3 种转速为横轴,以它们的平均在靶时间(换算成百分比)和脱靶次数为纵轴,分别画出 A 组和 B 组两张直方图。

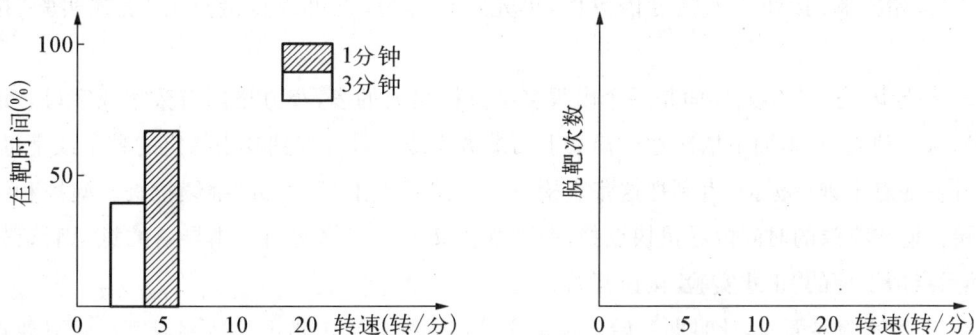

图 2 - 10 - 1

五、讨论

1. 根据结果中的图,比较分析不同转速和作业时间注意集中性有哪些异同。还有哪些因素影响注意集中性?

2. 注意集中性有无性别差异?

3. 如果要你挑选一些注意集中能力强的人,请你设计一个方案。

四　划　消　测　验

划消测验要求被试在短时间内准确地按一定要求划去某个知觉对象。这样他需要高度集中注意力,准确而迅速地在许多类似的对象中辨认出寻找的特定对象并把它划掉。自从 19 世纪以来,划消测验多用来了解和比较被试的知觉速度,辨认的准确性、注意力、智力、疲劳、校对工作的效率等。如果划消测验的作业时间较长,那么要取得好成绩还必须坚持长时间的紧张状态,或者说要有坚强的意志,才能始终保持高效率的工作。

惠普尔(G. M. Whipple)用工作效率(E)作为划消工作成绩的指标。公式为:

$$E = eA$$

式中 e 为检查过的总的符号数目;A 为精确度,$A = (c-w)/(c+o)$,c 为划去符号的数目,w 为错划符号的数目,o 为漏划符号的数目。

一、实验目的

学习用限定时间法计算划消工作效率。

二、仪器与材料

1. 仪器:计算机及 PsyTech 心理实验系统。

2. 材料:(1) 0—9 共 10 个数字随机排列。

(2) A—Z 共 26 个英文字母随机排列。

三、实验方法

1. 登录并打开 PsyTech 心理实验软件主界面,选中实验列表中的"划消测验"。单击呈现实验简介。点击"进入实验"到"操作向导"窗口。实验者可进行参数设置(或使用默认值)。然后点击"开始实验"按钮进入指导语界面,可先进行练习,也可以直接点击"正式实验"按钮开始。

2. 指导语是:本实验界面是一个由很多小方格组成的表,小方格内有数字或字母。请你一行行从左到右,自上而下依次逐个检查上面的数字或字母。找到其中指定的数字或字母,就用鼠标左键点击进行标记,直到把这张表检查完。然后点击"下一页"继续检查。漏掉和误点都算错。请在有限的时间内尽量快点找,做到既快又准。当你明白了指导语的意思后请先练习,然后点击下面的"正式实验"按钮开始。

3. 进入实验界面后,计时即开始。被试应迅速寻找并点击指定的数字或字母。只要点击小方格即变灰,无法更改。直至设定的时间到,无论是否寻找完毕,实验都自动结束。

4. 实验结束,数据被自动保存。实验者可直接查看结果,也可以换被试继续实验,以后在主界面"数据"菜单中查看。

四、结果

分别统计 e、c、w 和 o,并用公式算出精确度 A 和工作效率 E。

五、讨论

1. 收集多个被试的数据,分析是否存在个体差异。

2. 你认为一个人的划消工作效率与他平时一般工作效率是否一致?

3. 除了被试划消的任务难易不同外,还有哪些因素影响划消工作效率?

4. 假如要用划消测验来检验一个人的工作效率是否受环境刺激的影响,应如何安排实验程序?

六、参考文献

杨博民. 心理实验纲要. 北京:北京大学出版社,1989:147—149,335—337

五 注 意 广 度

早在 1871 年杰文斯(W. S. Gevens)就以白盘子里抛黑豆并估计黑豆的数目来研究人们一瞬间能清楚地把握刺激对象的数量,即注意广度的问题。他重复了 1000 多次。结果发现:(1) 5 个豆子时开始发生误差,超过 8—9 个时错误便在 50％以上。(2) 豆子数量越多,估计的偏差越大。(3) 豆子数量较多时,出现低估倾向。

注意广度和记忆广度类似,应该用心理物理法去计算,它是一个阈限问题,即有 50％的可能性估计对的那个数目就是注意广度。

影响注意广度的因素很多,如注意对象的集中、排列情况。一般刺激呈现的时间越短,注意广度越小;照度越强,注意广度越大。此外,材料的性质以及练习对注意广度都有影响。

一、实验目的

学会计算注意广度值。

二、仪器与材料

1. 仪器:计算机及 PsyTech 心理实验系统。

2. 材料:数目随机,位置随机的红色圆,每次呈现 5—12 个,每个数目呈现 10 次,总共 80 次。

三、实验方法

1. 登录并打开 PsyTech 心理实验系统软件主界面,选中实验列表中的"注意广度"。单击呈现实验简介。点击"进入实验"到"操作向导"窗口。实验者可进行参数设置(或使用默认值),然后点击"开始实验"按钮进入指导语界面,可先进行练习实验,也可以直接点击"正式实验"按钮进入实验界面。

2. 实验指导语是:这是一个测量注意广度的实验。进入实验界面后按任意键屏幕即开始呈现数量不等的红色圆。你要注意看,努力记住它们的数量,并在呈现完毕后输入你所估计的数字（可以修正），输完接回车键予以确认。实验要做很多次。当你明白了实验步骤后就可以点击下面的"正式实验"按钮进入实验界面。

3. 实验结束，数据被自动保存。实验者可直接查看结果，也可以换被试继续实验，以后在主界面"数据"菜单中查看。

四、结果

1. 统计被试对不同数目圆点进行正确判断的百分数。

表 2 – 10 – 4

被试	圆　点　数　目							
	5	6	7	8	9	10	11	12
甲（%）								
乙（%）								

2. 以刺激的圆点数为横轴，正确判断的百分数为纵轴，画出曲线。采用直线内插法求出第一个 50% 正确判断的点数作为被试的注意广度值。

五、讨论

1. 收集其他同学数据，对注意广度的个体差异作分析。

2. 如果要扩大或缩小一个人对某事物的注意广度应采取什么措施？

六、参考文献

杨博民. 心理实验纲要. 北京：北京大学出版社，1989：135—137

六　注　意　分　配

注意分配是指在同一时间内把注意分配到不同的对象上。J·贾斯特罗和 W·B 凯恩尼斯甚至发现一个人在一边用一只手急速地敲打时，能很快地加数目和读书。可见，注意分配是可能的而且是有效的。注意的分配是有条件的，其一是要有熟练的技能技巧，也就是说，在同时进行的多项活动中，只能有一种活动是生疏的，需要集中注意于该活动上，而其余动作必须达到只要稍加留意即能完成的熟悉程度。其二是有赖于同时进行的几种活动之间的联系。如果它们之间没有内在联系，同时进行几种要困难些。当它们之间形成某种反应系统，组织更合理时，注意的分配才容易完成。另外，大脑皮层要保持正常的兴奋性。

注意的分配能力是在后天的生活实践中得到训练发展的。注意分配能力是从事复杂劳动的必备条件。例如：驾驶员、运动员、教师等的工作都需要善于分配自己的注意，才能提高工作效率，避免差错。新生儿不具备注意分配能力。婴幼儿在游戏活动中，在与成人交往中，需要视觉、听觉、动觉协调进行，也需要伴随着记忆、想象、情感、意志活动，注意分配能力得到发展。在体育运动中，为了提高运动员的竞技水平，经常要对他们的注意分配能力进行专门训练。如进行技术动作分配训练、视觉—动作协调训练等。

检验被试同时进行两项工作的能力,是对人的注意分配的测量,可用来研究动作、学习的进程和疲劳现象,可用于医学、体育、交通、军事和特殊职业人员的选拔。

本实验呈现两类刺激:(1)声音刺激分高、中、低音三种。要求被试对计算机发出的连续的、随机的不同频率的声音刺激用左手按相应反应键;(2)光刺激。屏幕呈现 4 种不同颜色的圆。要求被试对随机呈现的不同颜色用右手按相应颜色键。

一、实验目的

1. 测量分析注意分配现象。

2. 学习计算注意分配量 Q 值的方法。

二、仪器与材料

1. 仪器:计算机及 PsyTech 心理实验系统。

2. 材料:

(1)不同颜色圆,红、黄、绿、蓝 4 种;

(2)不同频率声音三种。低音 350 Hz、中音 750 Hz、高音 2000 Hz。

三、实验方法

1. 登录并打开 PsyTech 心理实验软件主界面,选中实验列表中的“注意分配”。单击呈现实验简介。点击“进入实验”到“操作向导”窗口。实验者可进行参数设置(或使用默认值)。然后点击“开始实验”按钮进入指导语界面。可先进行练习实验,也可以直接点击“正式实验”按钮进入实验界面。

2. 指导语是:这是一个测试注意分配的实验。它由三个小实验组成。屏幕提示单独呈现颜色圆,则请你使用 2 号反应盒,并用右手按相应颜色键进行反应;屏幕提示单独呈现声音,则请你使用 1 号反应盒,并用左手进行反应。“+”为高音,“−”为低音,“=”为中音;屏幕提示颜色圆加声音,则请你左手用 1 号反应盒对声音反应,右手用 2 号反应盒对颜色反应。尽量做到既快又准。由于声音的高低是相对的,所以你在实验前一定要进行练习,目的在于熟悉本实验中的高、中、低音之区别。当你明白了实验步骤,并进行练习后,就可以点击下面的“正式实验”按钮进入实验。

3. 实验的顺序是:(1)单独呈现不同颜色圆,(2)单独呈现不同频率声音,(3)颜色圆加声音,(4)颜色圆加声音,(5)单独呈现不同频率声音,(6)单独呈现不同颜色圆。每部分内容呈现时间是总时间的 1/6。每完成一种实验内容后休息 20 秒,按任意键实验继续。

4. 实验结束,数据被自动保存。实验者可直接查看结果,也可以换被试继续实验,以后在主界面“数据”菜单中查看。

四、结果

1. 根据计算机给出的结果数据,以刺激内容(单独视觉、单独听觉、视加听的视觉、视加听的听觉)为横轴,正确反应次数为纵轴,画出直方图。

2. 计算注意分配值 Q。

$$公式为:Q = \sqrt{S_2/S_1 \times F_2/F_1}$$

其中 S1 为被试对单独声刺激的正确反应次数,S2 为声加光两种刺激同时出现时被试对声刺激的正确反应次数,F1 为被试对单独光刺激的正确反应次数,F2 为声加光两种刺激同时出现时被试对光刺激的正确反应次数。

Q 值的判定:Q<0.5,没有注意分配值;0.5< Q<1.0,有部分注意分配值(数值越大,注意分配越好);Q=1.0,注意分配值最大(有完全注意分配);Q>1.0,注意分配值无效。

五、讨论

1. 根据实验结果解释注意分配现象。

2. 收集其他同学数据,比较注意分配是否有性别差异。

3. 分析自己的 Q 值。

4. 思考哪些工作特别需要具备注意分配能力。

六、参考文献

杨博民. 心理实验纲要. 北京:北京大学出版社,1989:456—458

七　注意的优先现象

本实验目的就是观察注意的优先现象,即回答我们在同时感知呈现的视、听刺激时,其注意的优先情况如何的问题。其所使用的仪器称为复合器。复合器正面是一个有一百个刻度的圆盘,每个刻度对应一个光刺激。该光刺激能按一定速度顺时针方向旋转(逐一呈现光亮)。在被试集中注意看光刺激旋转时,在某位置会突然出现声刺激(鸣响)。主试根据被试报告的声音出现位置及实际声音出现的位置(预先设置的)等情况,观察分析被试的注意优先现象。此时如被试按下手中的按钮,光刺激停止移动,声音鸣响亦停止。

一、实验目的

1. 观察注意的优先现象。

2. 通过实验了解复合器的设计思想。

二、仪器

EP706 复合器。

三、实验方法

1. 打开复合器电源开关,首先进行参数设置。

(1) 设置声刺激出现的位置。方法是按"置数"上的+、—号按钮,任意设定某数值。

(2) 设置光刺激移动速度。拨动速度开关,选择其中一种速度。

2. 被试右手握反应盒,拇指放在按钮上(不要下压),眼睛注视仪器圆盘上的光刺激,告诉主试已准备好。

3. 指导语:这是一个注意实验。实验开始后,圆盘上的光刺激会顺时针旋转。你一定要高度集中注视光刺激移动,光刺激旋转几周后,声音刺激会在我事先设定的地方即某数字位置出现。当你听到声音时,要立即按下手中按钮,光刺激停止移动,同时声音亦停止。这时请你说出声音出现的位置,即报出该位置的数字。当你明白了实验要求后,实验就开始了。

4. 主试按下启动键,光刺激就移动起来。直到出现声音,被试按下按钮为止。

在听取被试报告后,按复位键,重新实验。

四、结果与讨论

1. 将被试报告的声音出现位置(数字)与实验设置的位置(数字)及光点停止移动位置作比较,分析并解释被试的注意优先现象。

2. 本实验中自变量和因变量各是什么?控制了哪些变量?如果改变旋转速度,有可能出现什么情况?

3. 如果改变指导语内容,使注意指向有所改变,即只让被试观察仪器(不指明注视光刺激移动点),也是听到声音就按键,并报告声音在何处(数字)出现,实验结果(优先现象)可能会怎样?

五、参考文献

杨博民.心理实验纲要.北京:北京大学出版社,1989:458—460

八 Stroop 效 应

念字和命名是两个不同的认知过程,因而其反应速度是不同的。这一现象由斯特鲁普(J. R. Stroop)在 1935 年首先提出,称为"Stroop 效应"。实验中他使刺激字与写它所用的颜色相矛盾。例如用蓝颜色写成"红"字,让被试说出这个字是用什么颜色写的。结果发现被试反应时大大增加了。这说明字色矛盾时,认知过程受到了干扰,即说字的颜色时受到了字的意义的干扰。究其原因,这是由于所呈现的刺激包含着两种信息,对这两种信息的加工不同所致。如用蓝色写的"红"字,既包含该字所表述的颜色,又包含写该字所用的颜色。因为对字的加工快,所以先形成对字用语言反应的准备,但实验又不允许作这种反应。因此,当要说颜色时就要受到字义的干扰。

Stroop 效应提出后,心理学家对它表现出浓厚兴趣,进行了多方面的研究。如:研究催眠状态对 Stroop 效应是否有影响;研究不同的语言种类(如汉字、日文、英文等)产生的 Stroop 效应。另外,作为一种手段和方法,还利用 Stroop 效应研究注意的机制,探讨正常人大脑两半球言语功能一侧化等。

一、实验目的

1. 了解什么是 Stroop 效应。

2. 比较四类字色组合条件的反应时,揭示在念字和命名的认知过程中的干扰作用。

二、仪器与材料

1. 仪器:计算机与 PsyTech 心理实验系统。

2. 材料:共 16 张卡片,实验时随机呈现。

A 套(字色一致):红色的"红"字(A1),黄色的"黄"字(A2),蓝色的"蓝"字(A3),绿色的"绿"字(A4),共 4 张。

B 套(字色矛盾):绿色的"红"字(B1),蓝色的"黄"字(B2),黄色的"蓝"字(B3),红色的

"绿"字(B4),共 4 张。

C 套(字色无关):红色的"我"字(C1),黄色的"爱"字(C2),蓝色的"中"字(C3),绿色的"华"字(C4),共 4 张。

D 套(字色语义无关而音义有关):绿色的"洪"字(D1),蓝色的"皇"字(D2),黄色的"拦"字(D3),红色的"滤"字(D4),共 4 张。

三、实验方法

1. 登录并打开 PsyTech 心理实验软件主界面,选中实验列表中的"Srtoop"效应。单击呈现实验简介。点击"进入实验"到"操作向导"窗口。实验者可进行参数设置(或使用默认值),然后点击"开始实验"按钮进入指导语界面。可先进行练习实验,也可以直接点击"正式实验"按钮开始。

2. 第一次指导语是:这是一个测反应时的实验。实验中屏幕会呈现一系列汉字。汉字是什么颜色,你就用优势手按 2 号反应盒上相应的颜色键,而不要管那个字的内容是什么。反应越快越好。在你明白了实验步骤后,可以先进行练习,然后点击下面的"正式实验"按钮开始。

第二次指导语是:这是一个测反应时的实验,实验中屏幕会呈现一系列汉字。请你使用 2 号反应盒对呈现的汉字准备反应。汉字一旦出现,你就大声念出这个字,同时根据汉字的颜色用优势手按相对应的颜色键。反应越快越好。在你明白了实验步骤后,可以按反应盒上任意键,实验就继续。

3. 第一次指导语后,被试根据要求对呈现的汉字作出相应反应,直至弹出休息框。倒计时 3 分钟休息结束,第二次出现指导语,被试仔细阅读指导语后按任意键,实验即继续。被试按指导语要求反应,程序记录第二次实验时的反应时。如果反应错误,该次实验无效,程序自动补足。

4. 实验结束,数据被自动保存。实验者可直接查看结果,也可换被试继续实验,以后在主界面"数据"菜单中查看。

四、结果

1. 分别计算两次实验 A、B、C、D 组各自的反应时平均数和标准差。

2. A、B、D 组与 C 组比较检验有无显著差异。

3. 比较第一次实验中的 A、B、D 各组同第二次实验中 A、B、D 组的差异。

五、讨论

1. 根据本实验的结果说明有无干扰现象发生。与理论上预计是否一致?

2. 当字色矛盾时,认知过程的速度有无个体差异?

3. 你认为这种干扰作用会受练习的影响吗?

六、参考文献

郭秀艳.实验心理学.北京:人民教育出版社,2004:349—351

九　神经活动的强度特征

完成作业时能否坚持高效率可以作为高级神经活动强度的指标。实验中速度较快,结束时的速度高于或不低于最初的速度者属强型;敲击速度结束时比开始时低,即不能坚持原来作业效率,较早出现疲劳者属弱型。

一、实验目的

测试神经活动的强度特征。

二、仪器与材料

计算机及 PsyTech 心理实验系统。

三、实验方法

1. 登录并打开 PsyTech 心理实验软件主界面,选中实验列表中的"神经活动的强度特性"。单击呈现实验简介。点击"进入实验"到"操作向导"。

2. 指导语是:请用优势手使用鼠标轮流点击屏幕左右两个方块,速度越快越好。

3. 进入实验界面后,被试用优势手使用鼠标左右顺序点击,连续在一个方框内点击不计数,左右各一次算一次点击。程序自动记录次数。

第一次连续点击 60 秒(默认参数),休息 60 秒(默认)。被试第二次点击时间也是 60 秒(默认值)。实验结束后数据自动保存,实验者可以查看结果,也可以回到"参数设置"重新设置并继续实验。或者换被试继续实验,然后在主界面的"数据"菜单中查看结果。

四、结果

程序分别给出各时间段的敲击次数。第一次前半段 N1,后半段 N2。第二次前半段 N3和后半段 N4。

(1) N2 − N1 ≥ 0

(2) N4 − N3 ≥ 0

(3) N3 − N2 ≥ 0

测试结果符合三个或两个情况,确定为"强"。

测试结果只符合其中一个,确定为"中等"。

如果三个均不符合,确定为"弱"。

五、讨论

神经类型的强度特征与哪些因素有关?

六、参考文献

杨博民. 心理实验纲要. 北京:北京大学出版社,1989:164—165

十　神经活动的灵活性

在人的行为中高级神经活动的灵活性会表现出来。例如,在相同条件下完成同一作业,被试可能会以最大的努力来从事,但当工作条件有变化时,有些被试的工作效率往往会有明显的下降,而另一些被试则还能保持原来的效率,甚至还会提高。这种在客观条件改变时还能维持原来工作效率的能力,被认为是一种较一般性质的特征,因为具备这种能力就能较快地适应新的条件。它与速度方面的特征应该是一致的。故而,条件变化以后工作效率的变化可以作为高级神经活动灵活性的一种指标。

为了在确定较一般性质的个体差异时摆脱具体因素的影响,在实验中的作业最好是日常生活中不用的,不然,由于个体的经验不同,有的人熟悉作业,有的人很不熟悉,结果中就会发生个体差异与过去经验的混淆。

下面介绍的是用划消实验确定灵活性的方法。实验中的作业是在随机排列的数字表上先划掉某一个数字,然后在有一定限制的条件下再划。例如,先划掉"3"字,几分钟(或划完一张纸)后,再要求他不划出现在"8"前面的"3",而划其余的"3"。在这种限制条件下,有些被试没有降低划消的效率,甚至还提高了效率,这些被试可以确定是灵活的;有些被试则不能维持原来的效率,而且在一段时间内效率还一直要下降,这些被试就可确定为欠灵活的。

一、实验目的

测试神经活动的灵活性。

二、仪器与材料

计算机及 PsyTech 心理实验系统。

三、实验方法

1. 登录并打开 PsyTech 心理实验软件主界面,选中实验列表中的"神经活动的灵活性"。单击呈现实验简介。点击"进入实验"到"操作向导"。

2. 第一次指导语是:现在请大家做一个划消实验。本实验界面是一个由很多小方格组成的表,小方格内有数字(字母)。请你一行行从左到右,自上而下依次逐个检查上面的数字,找到"3"后就用鼠标左键点击进行标记,一直到把这张表检查完。然后点击"下一页"继续检查。漏掉和误点都算错。时间是两分钟,请在有限的时间内尽量快点找,做到既快又准。

当你明白了指导语的意思后请点击下面的"正式实验"按钮开始。

3. 进入实验界面后,计时即开始。被试应迅速寻找并点击指定的数字"3"。只要点击小方格即变灰,无法更改。直至设定的时间到,无论是否寻找完毕实验都自动结束。

两分钟后第一次划消结束。

4. 第二次指导语是:现在开始第二次实验。这次还是找到 3 字并点击划掉,但有个限制条件,凡是 3 后面紧接着有 8 的就不要划。例如,"381"这个 3 不要划,因为 3 后面是 8,划了 3 就算划错了;又如"83"这个 3 可以划掉,因为 8 在 3 的前边,不在 3 的后面。又如"338",第一个 3 应划掉,第二个 3 就不划,但"383"的第一个 3 不划,第二个 3 要划。时间也是两分钟。

当你明白了指导语的意思后请点击下面的"正式实验"按钮开始。

四、结果

程序分别计算每个被试每分钟的工作效率、检查过的总字符数、精确度、划消个数、漏划个数、划错个数。

$$E = eA。$$

式中 E 为工作效率,e 为检查过的(总的)符号数目,A 为精确度。

$$A = (c - w)/(c + o)。$$

式中 c 为划去符号的数目,w 为错划符号的数目,o 为漏划符号的数目。

以下列指标确定灵活性:

E3 - E2≥0	为灵活
E3 - E2<0 和 E4 - E2≥0	为中等
E3 - E2<0 和 E4 - E2<0	为欠灵活

其中 E2 是第二分钟的工作效率,E3 是第三分钟的工作效率,E4 是第四分钟的工作效率。

五、讨论

神经类型的灵活性与哪些因素有关?

六、参考文献

杨博民. 心理实验纲要. 北京:北京大学出版社,1989:174—176

十一　手　指　灵　活　性

手指灵活性(finger dexterity tester)是测定手的运动肌功能的心理学仪器。手指灵活性测定仪要求被测试者所完成的操作和工厂生产线上要完成的作业有一定的相似性。可以用来测定手指(尖)、手腕、手臂等的灵活性以及手和眼的协调性。应用心理学测试方法来进行能力的动态研究,能够弥补和纠正用快速法进行职业咨询和职业选择时的不足。手指测试种类很多,但主要有测定手指灵活性和测定手指尖的灵活性两类。通过长期动态地对个人进行研究,可以取得向被试提出选择职业建议所需的宝贵资料。这种测试方法在对学生进行就业指导和咨询上正得到越来越广泛的应用。

手指尖测定要求被测者在一块固定着几十个螺栓的实验板上尽快地把螺栓垫片放上去,然后再把螺母旋进螺栓,越快越好。本实验是测试手指尖灵活性和手指灵活性。

一、实验目的

1. 了解手指灵活测试仪的功能及使用方法。

2. 测试手指(尖)灵活性及手眼协调能力。

二、仪器与材料

EP707A 手指灵活性测试仪。

　　附:1. 手指灵活测试插板一个(镊子一把,直径为 1.5 mm 的金属棒 100 根)。

　　　2. 指尖灵活测试板一个(M6、M5、M4、M3 螺栓各 25 个)。

三、实验方法

1. 手指灵活测试　将手指灵活测试插板插入主机固定好。打开电源,按复位键,实验就可以开始。当被试用镊子钳住直径为 1.5 mm 金属棒插入起点时计时自动开始。被试依次插棒(从左至右,从上而下),插满 100 个孔至终点时计时自动停止。

2. 指尖灵活测试　将指尖灵活测试板插入主机固定好。打开电源,按复位键,实验就可以开始。当被试放入起始点第一个 M6 垫圈时计时自动开始。然后拧上螺母,依次操作至终点最后一个 M3 垫圈时计时自动停止,再拧上螺母。

3. 实验可将被试分成 A、B 两组。A 组先用优势手做一遍,再用非优势手重复一遍。B 组则先用非优势手再用优势手,同样插两遍。

四、分析与讨论

1. 收集全体被试实验结果,分析优势手和非优势手的手指(尖)灵活性差异。

2. 分析手指灵活性的个体差异,找出原因。

3. A、B 两组由于使用优势手的先后顺序不同是否影响完成插孔任务的时间?

4. 如果拧螺母顺序改为从小至大,实验结果会怎样?

附录

实验记录表

表 2 - 10 - 5

被　　试	性　　别	时　　间	
		优势手	非优势手
A			
B			
C			
D			

十二　体育实验举例

实验一　光　反　应（手）

一、实验目的:测量运动员手对光刺激的反应时。

二、使用仪器:PsyTech 心理实验系统。

三、实验方法:运动员在光出现时尽快按键反应。练习次数为 1 次,正式实验次数为 5 次。程序自动剔除过快或过慢的无效数据。

测试仪器应放置在较安静的测试室内,尽量减少测试时对受试者的干扰。

四、测试结果指标:平均反应时间、标准差。

实验二　光　反　应（脚）

一、实验目的:测量运动员脚对光刺激的反应时。

二、使用仪器:PsyTech 心理实验系统。

三、实验方法:运动员在光出现时尽快踩脚踏板反应。练习次数为 1 次,正式实验次数为 5 次。程序自动剔除过快或过慢的无效数据。

测试仪器应放置在较安静的测试室内,尽量减少测试时对受试者的干扰。

四、测试结果指标：平均反应时间、标准差。

实验三　声　反　应　（手）

一、实验目的：测量运动员手对声刺激的反应时。

二、使用仪器：PsyTech 心理实验系统。

三、实验方法：运动员在声出现时尽快按键反应。练习次数为 1 次，正式实验次数为 5 次。程序自动剔除过快或过慢的无效数据。

测试仪器应放置在较安静的测试室内，尽量减少测试时对受试者的干扰。

四、测试结果指标：平均反应时间、标准差。

实验四　声　反　应　（脚）

一、实验目的：测量运动员脚对声刺激的反应时。

二、使用仪器：PsyTech 心理实验系统。

三、实验测试方法：运动员在声出现时尽快踩脚踏板反应。练习次数为 1 次，正式实验次数为 5 次。程序自动剔除过快或过慢的无效数据。

测试仪器应放置在较安静的测试室内，尽量减少测试时对受试者的干扰。

四、测试结果指标：平均反应时间、标准差。

实验五　被　动　反　应

一、实验目的：测试运动员手脚协调能力。

二、使用仪器：PsyTech 心理实验系统。

三、实验方法：受试者双手持 1 号反应盒，双脚轻踩脚踏板上，注视屏幕。图片随机出现在屏幕的四个角。24 次一组。测试组数 1 组到 4 组可选。图片呈现位置随机，各个位置每组呈现 6 次。运动员根据图片出现的位置作相应的反应。左上角则左手按键（－）；右上角则右手按键（＋）；左下角则踩左侧脚踏板；右下角则踩右侧脚踏板。

测试仪器应放置在较安静的测试室内，尽量减少测试时对受试者的干扰。

四、测试结果指标：反应时总平均值、标准差、平均错误次数等。

实验六　综合反应（手脚协调）

一、实验目的：反映运动员对事先设定条件刺激快速应答动作以及协调能力。

二、使用仪器：PsyTech 心理实验系统。

三、实验方法：受试者双手握住 1 号反应盒，双脚轻踩脚踏键上，注视屏幕上的图形。每组有 6 个小的长方形，每个长方形的四个角上各有一个图形，表示受试者应完成的一次按（踩）键，左上角对应左手按键（－），右上角对应右手按键（＋），左下角对应左脚，右下角对应右脚。每一次按键做对了，对应的小方块即消失。做错了则不反应，必须做对了才能继续往下做。受试者从每个图形上带红圈的图案方块做起,顺着箭头的方向,顺序向后操作。实验共8组。

测试仪器应放置在较安静的测试室内,尽量减少测试时对受试者的干扰。

四、测试结果指标:平均完成时间、标准差、平均错误次数等。

实验七 时空判断

一、实验目的:反映运动员时间估计的准确性。

二、使用仪器:PsyTech心理实验系统。

三、实验方法:射击靶从左侧和右侧向屏幕对侧移动。每组左5次,右5次。测试组数1组或2组可选。红心在屏幕中央(红心就是运动员的瞄准器准心)。靶匀速运动直到消失在屏幕对侧。被试按键后靶停止移动。计算机统计靶和红心的误差(像素值)。

测试仪器应放置在较安静的测试室内,尽量减少测试时对受试者的干扰。

四、测试结果指标:平均误差、标准差。

第十一章　发展心理学

一　天　平　任　务

西格勒(R. S. Siegler)认为思维是运用规则的过程。处于不同发展水平的儿童可能使用某一领域中不同的问题解决规则,向不同年龄的儿童提出该领域中特定的一组经过仔细选择的问题。西格勒向不同年龄儿童呈现一个简单的天平秤,研究天平的距离(力臂)和重量的关系。实验区分出四种规则类型。通过考察儿童对这组问题的反应模式,确定他们是否使用了某种西格勒所假定的规则。

规则一：只考虑支点两侧砝码的数量。这是最早的规则。

规则二：先考虑砝码的数量,只有当两侧数量相同时,才考虑力臂。

规则三：考虑砝码数量和力臂两个维度。如果两个维度各自偏袒一方,则只能靠猜测;如果两个维度均偏袒一方,则可以正确回答。

规则四：能够准确考虑重量和力臂两个维度。

一、实验目的

1. 验证西格勒的规则发展模式。

2. 探究各规则发展的年龄特点。

二、仪器和材料

1. 计算机及 PsyTech 心理实验系统。

2. 天平秤及砝码若干个。

三、实验方法

1. 登录并打开 PsyTech 心理实验软件主界面,选中实验列表中的“天平任务”。单击呈现实验简介。点击“进入实验”到“操作向导”。实验者可进行参数设置(或使用默认参数),然后点击“开始实验”进入指导语界面,练习几次后进行正式实验。

2. 指导语是：请你判断天平往哪一侧下降,按左侧的红色键表示天平将往左侧下降,按右侧的绿色键表示天平将往右侧下降,按中间的黄色键表示天平会保持平衡。反应越快越好。当你明白上面的指导语后,可以按下面“练习”键做几次练习。然后正式开始进入实验。

3. 呈现 36 道题目(默认参数),分为 6 种情形,每种情形 6 个问题,随机呈现。

(1) 平衡问题：在支点两侧木栓上的砝码相同。

(2) 重量问题：砝码数不同,力臂相同。

（3）力臂问题：砝码数相同，力臂不同。

（4）重量冲突问题：一侧砝码多，另一侧力臂大（即砝码所在的木栓力臂大，且正确选择上安排重量大的一侧下降）。

（5）力臂冲突问题：除了正确答案安排力臂大的一侧下降外，其余与重量冲突问题安排类似。

（6）平衡冲突问题：除了正确答案是天平保持平衡外，其余均与上述冲突问题一样。

4. 实验结束后数据自动保存，实验者可以查看结果，也可以回到"参数设置"重新设置继续实验。或者换被试继续实验，然后在主界面的"数据"菜单中查看结果。程序记录被试的每次的反应时和答案。

四、结果

1. 分别计算六种情形下，被试的反应时和正确率。

2. 判断儿童处于哪一类规则类型。

五、讨论

1. 本实验是否与西格勒的规则类型发展状况一致？

2. 儿童使用规则的情况与年龄有什么关系？发展趋势如何？被试处于何种规则水平？

3. 单一凭借正确率和反应时是否能判断儿童所处的规则类型？有没有发现正确率的倒退现象？

六、参考文献

J·H·弗拉维尔等. 认知发展，上海：华东师范大学出版社，2002：229—233

二 类 比 推 理

类比推理能力是人类进行思考的重要能力，也是人们理解、消化知识的重要能力。它是归纳和演绎两种推理过程的综合，就是先从特殊到一般，再由一般到特殊的思维过程。我们能够在熟悉情境和某个新异情境之间进行推理，这就是类比推理。类比推理能力是智力的重要方面，它是根据两个或多个对象之间的一定关系，推出另外的两个或多个事物也具有类似的关系，或者推论出相类似的其他事物的过程。

类比推理与学生年龄增长有密切关系。低年级学生类比推理的错误率较高，中年级的学生具体形象推理较好，而高年级的学生抽象性能力逐渐发展。

一、实验目的

1. 了解类比推理的年龄发展特点。

2. 了解类比推理在智力测验中的作用。

二、仪器与材料

1. 计算机及 PsyTech 心理实验系统。

2. 类比推理题目。

三、实验方法

1. 登录并打开 PsyTech 心理实验软件主界面,选中实验列表中的"类比推理"。单击呈现实验简介。点击"进入实验"到"操作向导"。实验者可进行参数设置(或使用默认参数),然后点击"开始实验"进入指导语界面,练习 3 次后(默认参数),进行正式实验。

2. 指导语:下面有一些成对的词语,请在备选答案中尽快找出一对最为贴近的词。

3. 依次呈现 16 道题目,记录被试的每次反应时和答案。实验结束后数据自动保存,实验者可以查看结果,也可以回到"参数设置"重新设置继续实验。或者换被试继续实验,然后在主界面的"数据"菜单中查看结果。

四、结果

1. 分别计算每一题的反应时。

2. 抽象名词和具体图形的反应时和正确率是多少?

五、讨论

1. 类比推理的年龄发展特点是什么? 被试处于何种能力水平?

2. 分析类比推理与学业成就及学校课堂教育对类比推理的影响作用。

六、参考文献

J·H·弗拉维尔等.认知发展.上海:华东师范大学出版社,2002:200—202

三　工作记忆容量

工作记忆容量(Working Memory Capacity),也称工作记忆广度。通常作为衡量工作记忆能力的重要指标。工作记忆(Working Memory)是 20 世纪 70 年代,巴得利(Baddeley)在短时记忆研究的基础上提出的。其主要是用来衡量个体在受到信息阻碍时,对信息暂时储存的能力。在一些高级认知活动参与的复杂任务中,工作记忆可以控制、规划与主动保持相关的信息。

工作记忆广度通常也叫作复杂广度,与简单的短时记忆广度(简单广度)的区别在于:工作记忆广度需要加工和存储同时进行,即在完成另一件任务(次级任务)的同时进行记忆。通常大学生的工作记忆广度的容量为 4。

阅读广度任务最初由戴恩曼和卡彭特(Daneman & Carpenter,1980)发展形成,他们旨在理解工作记忆的储存和加工的功能。此实验主要采用阅读广度任务考察工作记忆容量。本质上这是一个简单的单词广度任务,但在任务中添加了一个句子理解的内容。要求被试在判断句子是否符合逻辑的同时记住目标字。

一、实验目的

1. 了解工作记忆容量的实验方法。

2. 探究工作记忆容量的年龄发展特征。

二、仪器和材料

1. 计算机及 PsyTech 心理实验系统。

2. 8—14 个中文字的句子 60 句,随机呈现。可以符合也可以不符合逻辑(最后收尾词为

名词）。例：我们每天都在学校里钓鱼。(收尾词"鱼"是名词,并且符合逻辑)

三、实验方法

1. 登录并打开 PsyTech 心理实验软件主界面,选中实验列表中的"工作记忆容量"。单击呈现实验简介。点击"进入实验"到"操作向导"。实验者可进行参数设置(或使用默认参数),然后点击"开始实验"进入指导语界面,练习3次后(默认参数),进行正式实验。

2. 指导语：在屏幕中会出现一个句子,请你大声朗读这个句子,并尽快判断这个句子是否符合逻辑。如果符合逻辑,请回答"是";如果不符合逻辑,请回答"否"。同时你要记住这个句子的最后一个字。出现第二个句子时,你也是这样。呈现完两句后,屏幕中出现"请依次输入每句话的最后一个字"时,请你按顺序输入所有需要记忆的字。当你明白上面的指导语后,可以点击下面"练习"按钮做几次练习。然后正式开始进入实验。

3. 实验程序：

首先,进行单词广度为2的任务练习(即连续呈现2句句子),需要重复3次。

(1) 通常呈现一个包含8—14个中文字的句子。例如：我们每天都在学校里钓鱼。

(2) 要求被试记住每个句子的目标刺激,即句子的最后一个字。如"鱼"。

(3) 让被试大声朗读这句句子,并在规定时间内判断此句句子逻辑是否正确。(时间到后自动跳入下一题,被试的判断逻辑不计分数)

句子默认呈现时间为5000毫秒。

(4) 呈现下一句。例如：我的爸爸每天都要刷牙。(目标字"牙")

(5) 2句呈现完后,屏幕中出现"请依次输入每句话的最后一个字"作为回忆线索,等待输入,被试输入完毕按"确认"。(正确应写下"鱼"、"牙")

(6) 回忆完毕后,重复步骤(1),换其他句子。

广度为2的实验连续完成了3次后,如果有2次以上回忆正确,则增加一个广度,进入广度为3的实验(即连续呈现3句句子)。实验过程同上。被试输入如少于2次正确,则停止。广度即为上一级的数量。

实验至多做到广度为6(即连续让被试看6句句子)。

4. 记录被试每次写下的中文字。实验结束后数据自动保存,实验者可以查看结果,也可以回到"参数设置"重新设置继续实验。或换被试继续实验,然后在主界面的"数据"菜单中查看结果。

四、结果

计算工作记忆广度和工作记忆广度得分。

计算方法：工作记忆广度得分 $=\sum$ (广度数×答对题数)

如：假设被试答对所有长度为2的任务(答对3题),并且答对2题广度为3的任务,答对1题广度为4的任务,则工作记忆广度为3,工作记忆广度得分 $=2×3+3×2+4×1=16$。

五、讨论

1. 工作记忆容量与年龄是否有关?

2. 被试用手写下目标字,是否会影响他的成绩? 为什么?

六、参考文献

1. J·H·弗拉维尔等.认知发展.上海:华东师范大学出版社,2002:360—364

2. Daneman M.,Carpenter P. A. Individual differences in working memory and reading.
Journal of Verbal Learning and Verbal Behavior,1980,19:450—466

第二部分 操作实验

第三部分

演示实验

一　颜　色　视　觉

颜色具有三个基本特性：色调（hue）、明度（brightness）和饱和度（saturation）。它是光波作用于人眼所引起的视觉经验。色调取决于光波的波长；明度是指颜色的明暗程度；饱和度越高，则颜色越鲜艳。颜色的三个特性及其相互关系可以用三维空间的颜色立体（color solid）来说明。颜色立体的垂直轴表示明度的变化；圆周上的不同角度代表颜色的纯度越鲜艳，离轴心越近越接近于灰色。

颜色的混合可分为相加混合（additive mixture）和相减混合（subtractive mixture）两种。前者称之为色光混合，是指在色光的刺激下，人眼视网膜感受到的是两种不同光波的直接叠加，产生了相加的效果；后者称之为颜料混合，是因为吸收了其他波段光波，只反射某个波段的光波而产生的，所以颜料的混合产生的是相减的效果。

颜色对比（color contrast）是指不同颜色并列或相继出现时，视觉与单一颜色出现时有所不同。尤其是彼此互补的两种颜色并列时，其对比效果更明显。

马赫带（Mach band）是指人们在明暗变化的交界上，容易感觉在亮区看到一条更亮的光带，而在暗区看到更暗的线条。它是人的神经网络对视觉信息进行加工的结果，而不是由刺激能量的实际分布造成的。

视觉刺激消失一段时间之后感觉仍然暂时留存的现象称之为后像（afterimage）。后像有两种形式，一种为正后像（positive afterimage），特征是原刺激消失后遗留的后像与原刺激相似。另一种为负后像（negative afterimage），一般是原刺激色的互补。

一、实验目的

了解颜色视觉的基本原理和相关概念。

二、仪器

计算机及 PsyTech 心理实验系统。

三、实验方法

按演示内容依次呈现相关的图片与背景知识。了解颜色的基本特性、颜色立体、颜色混合、颜色对比、马赫带、颜色后像等理论和概念。

四、讨论

你遇到过颜色视觉原理在日常生活中的实际例子吗？

五、参考文献

1. 杨治良. 实验心理学. 杭州：浙江教育出版社，1998：297—320

2. 彭聃龄. 普通心理学. 北京：北京师范大学出版社，2001：96—108

3. 张春兴. 现代心理学——现代人研究自身问题的科学. 上海：上海人民出版社，1994：91—95

二　知觉的选择性

人总是从纷繁的刺激物中主观地选择某些刺激物并对其作进一步加工。由于人的知觉选择特性，对同时作用于感觉器官的所有刺激并不进行反映，而只对其中某些刺激加以反映，这样才使人能够把注意集中到某些重要的刺激或刺激的重要方面，排除次要刺激的干扰，从而更有效地感知外界事物，适应外界环境。可见，知觉的选择性是指人根据当前的需要，对外来刺激物有选择地将其作为知觉对象进行组织加工的过程。

知觉对象和知觉背景的这种结构成分，是知觉选择性中的最基本的特点。其中被选择的刺激物是知觉的对象，而同时作用于感觉器官的其他刺激物就成了知觉对象的背景。知觉对象与知觉背景的区别在于：知觉对象有鲜明的、完整的形象，突出于背景之前；知觉对象是有意义的、容易被记忆的。

知觉对象和知觉背景之间的关系是相对而言的。因此知觉对象并不是一成不变地固定在某些背景上，它们之间不断发生着转换，以保证有意义的客体内容成为知觉对象。此时的知觉对象可以成为彼时的知觉背景；同样，此时的知觉背景也可以成为彼时的知觉对象。

一、实验目的

了解知觉选择性的基本原理和相关概念。

二、仪器

计算机及 PsyTech 心理实验系统。

三、实验方法

通过呈现多幅两可图形了解知觉选择性；并通过不从同方向呈现两可图形了解知觉定势的概念。

四、讨论

知觉的选择性在广告设计、工业产品设计等领域有哪些应用？

五、参考文献

1. 叶奕乾等. 普通心理学. 上海：华东师范大学出版社，1997：175—177

2. 张春兴. 现代心理学——现代人研究自身问题的科学. 上海：上海人民出版社，1994：121—122

3. 彭聃龄. 普通心理学. 北京：北京师范大学出版社，2001：132—133

三　知觉的整体性

知觉的整体性是指人根据自己的知识经验把直接作用于感观的客观事务的多种属性整合为统一整体的组织加工的过程。它与知觉对象的特性及其各个部分之间的结构成分有密切关系，格式塔学派把它们归纳为以下法则。

接近法则（law of proximity）是指视野中空间位置相近容易合成一组。

相似法则(law of similarity)是指在形状方面相同或相似的,以及在亮度和色彩方面相同或相似的图形倾向于合成一组。

连续法则(law of continuity)是指视野中有延续倾向或连续的刺激往往被看成整体。如图A易被看作一条直线与一条波浪形的曲线;而图B因为不连续,很难被看作是整体。

对称法则(law of balance)是指对称或平衡的整体,有利于组合。凡是对称的,不论是白色还是黑色,看起来都舒服顺眼。

闭合法则(law of closure)是指轮廓闭合的对象比轮廓不全的对象易被看成一个整体,但我们对自己十分熟悉的对象,即使轮廓缺少一部分,仍然倾向于将他知觉为一个整体。

而无法获得整体知觉经验的图形称为不可能图形(或不合理图形)(impossible figure)。对于这类图形,如果只观察图形的局部,每一部分都是合理的。但如将图形作为整体的知觉刺激看,就无法获得明确或合理的知觉经验。

一、实验目的

了解知觉整体性的基本原理和相关概念。

二、仪器

计算机及 PsyTech 心理实验系统。

三、实验方法

通过图片演示知觉整体性的概念和相应的组织法则;演示若干不可能图形。

四、讨论

试分析不可能图形的原理并尝试设计一个不可能图形。

五、参考文献

1. 杨治良.实验心理学.杭州:浙江教育出版社,1998:406—409
2. 叶奕乾等.普通心理学.上海:华东师范大学出版社,1997:172—175
3. 彭聃龄.普通心理学.北京:北京师范大学出版社,2001:133—136
4. 张春兴.现代心理学——现代人研究自身问题的科学.上海:上海人民出版社,1994:122—124

四　知觉的恒常性

知觉的恒常性(perceptual constancy)是指当距离、缩影比、照明改变的时候,知觉对象的大小、形状和颜色的相对固定性。例如,对一只挂在墙上的挂钟,当我们在房间里走动时,我们总把它感知为同一大小和同一形状。

我们知道,人眼中的水晶体(lens)就是一个双面凸起的透镜,眼睛的视网膜起着投影成像的屏幕作用,人眼的构造好比一架照相机。如果被感知的对象移远些,那么视网膜上的像就会缩小。然而人在知觉时,不管距离的远近如何,我们都认为物体的大小相同,称为大小恒常性;不管看的角度如何,我们都认为一件东西的形状不变,为形状恒常性;不管实际的光线如何,我们认为一件东西的颜色是相同的,这种倾向称为颜色恒常性;在不同照明条件下,不管实际亮度的变化,仍倾向于把物体的表面亮度知觉为不变,称为明度恒常性。恒常性一词有点夸大,它是指一定范围内而言,但它说明了我们对物体知觉的一种稳定特性。

知觉的恒常性对生活有很大的作用。假如知觉没有恒常性,我们便无法适应新的环境。因为每走一步或外界光线改变时,便会使我们仿佛碰到了新的天地和新的对象,也就无法辨认以前已经知道的东西。

一、实验目的

通过演示了解知觉恒常性的概念与特点。

二、仪器

计算机及 PsyTech 心理实验系统。

三、实验方法

分别演示知觉的大小恒常性、形状恒常性、明度恒常性和颜色恒常性。

四、讨论

试比较不同年龄者知觉恒常性的区别。

五、参考文献

1. 张春兴. 现代心理学——研究人自身问题的科学. 上海:上海人民出版社,1994:124—129

2. 杨治良. 实验心理学. 杭州:浙江教育出版社,1998:420—427

3. 叶奕乾等. 普通心理学. 上海:华东师范大学出版社,1997:179—187

五　错　　觉

知觉有时是非常复杂的。我们的感觉器官不一定总是能对客观事物作出正确的反映。知觉像是解谜一般,知觉者必须把外界的许多线索综合起来。在某些情况下,我们会被一些线索所迷惑,我们所感知到的现象并不反映或者符合外部刺激,这就产生了通常所称的错觉(illusion)。但在大多数情况下,我们都能把那些线索正确地进行组合从而很快地解开了谜,这就是为什么我们总是把知觉看得如此容易的缘故。

在心理学上研究的错觉现象,多属视错觉。视错觉(visual illusion)是指凭眼睛所见而构成失真的或扭曲事实的知觉经验。

一、实验目的

了解错觉的基本原理和相关概念。

二、仪器

计算机及 PsyTech 心理实验系统。

三、实验方法

通过图片演示线条横竖错觉、缪勒-莱尔错觉、爱因斯坦错觉、奥毕森错觉、黑灵错觉、桑德错觉、佐尔纳错觉等,可动手对缪勒-莱尔错觉图形进行调节,并介绍诱动现象。

四、讨论

1. 试分析错觉产生的原因。

2. 你在生活中遇到过哪些错觉现象?

3. 错觉现象有何应用价值?

五、参考文献

1. 杨治良.实验心理学.杭州:浙江教育出版社,1998:413—420

2. 叶奕乾等.普通心理学.上海:华东师范大学出版社,1997:200—203

六 注意的稳定性

注意的稳定性也称为注意的持久性,是指注意在同一对象或活动上保持时间的长短。这是注意的时间特征。

注意的稳定性有狭义与广义之分。狭义的稳定性是指注意在某一事物上所维持的时间,如长时间看电视、读一本书等。广义的稳定性是指注意在某项活动上保持的时间。在广义的稳定性中,注意的具体对象可以不断变化,但注意指向的活动的总方向始终不变。例如,学生在听课的时候,跟随教师的教学活动,一会儿看黑板,一会儿记笔记,一会儿读课文,虽然注意的对象不断变换,但都服从于听课这一总任务。但人在注意同一事物时,很难长时间地对注意对象保持固定不变。例如,把一只表放在耳边,保持一定距离,使他能隐约听到表的滴答声。结果被试时而听到表的滴答声,时而又听不到。注意这种周期性变化的现象,叫做注意的起伏。在注视两可图时,可以明显体验到注意的起伏。

影响注意稳定性的因素有注意对象的特点、主体的精神状态、主体的意志力水平等。

一、实验目的

通过演示了解注意的稳定性和注意的起伏。

二、仪器

计算机及 PsyTech 心理实验系统。

三、实验方法

通过让被试观看两可图形,体会注意力保持稳定的时间及注意力起伏的周期。

四、讨论

影响注意力稳定的因素有哪些?

五、参考文献

1. 叶奕乾等.普通心理学.上海:华东师范大学出版社,1997:107—113

2. 王雁.普通心理学.北京:人民教育出版社,2002:96—108

七 想 象 力

罗夏(H. Rorschach)于1921年出版《心理诊断》一书,将他的墨迹测验作为认知测验,是测验想象力的。后来被纳入投射测验中,而且是该类测验的重要代表。所用的墨迹图是在纸的一边滴上几滴墨汁,然后将另一半纸盖上后抚平,摊开后制成的。此测验是用10张墨迹构成的墨迹图,无主题,又称"墨迹测验",也称罗夏测验(Rorschach test)或者简称 Rorschach。

罗夏测验的材料包括 10 张黑白和彩色墨迹图。每次呈现一张给受试,告诉他,在这些墨迹中看到像什么便说出来,一张可看出多个东西来。在看完 10 张图后,要与受试证实一下,他说出的每一个东西是指图的全图或某一局部。并说明,何故使自己看它像某东西?在此测验中将前一个回答阶段称联想期,后一个阶段称询问期。

一、实验目的

通过观看墨迹图发挥学生的想象力,并讨论结果。

二、仪器

计算机及 PsyTech 心理实验系统。

三、实验方法

通过观看罗夏墨迹图,描述想象的内容。

四、讨论

不同人描述的内容是否有所不同,与哪些因素有关?

五、参考文献

1. 叶奕乾等. 普通心理学. 上海:华东师范大学出版社,1997:258—267

2. 叶奕乾,孔克勤. 个性心理学. 上海:华东师范大学出版社,1993:361—367

3. 王雁. 普通心理学. 北京:人民教育出版社,2002:138—154

八　观　察　力

观察是在综合视觉能力、听觉能力、触觉和嗅觉能力、方位和距离知觉能力、图形辨别能力、认识时间能力等多种能力的基础上发展起来的,是根据一定的目的、任务进行的有计划、比较持久的知觉。观察力是形成智力的重要因素之一,它是其他几种因素健康发展的基础。培养良好的观察力可以锻炼右脑发达程度及左右脑的协调度,同时提高发散思维能力。这是一个测试观察力的演示实验。

一、实验目的

通过观看多幅观察力测试图片考察被试的观察力。

二、仪器

计算机及 PsyTech 心理实验系统。

三、实验方法

寻找图片中所隐藏的内容,并描述寻找的过程及方法。

四、讨论

不同人的观察力是否有很大区别,应如何培养观察力?

五、参考文献

王振宇. 心理学教程. 北京:人民教育出版社,2001:107—113

九　螺　旋　后　效

运动后效是在观看某种物体运动一定时间后,在视野中诱导出来的似动现象。施皮格尔(I. Spigel)曾报告过,观看每分钟 10 转的螺旋以后,当螺旋停下后,会看到螺旋倒转。螺旋后效和瀑布错觉一样,也是运动后效的一种。如果先看到是向中心收缩,后来则看见螺旋从中心向外扩散,此现象即为螺旋后效。平均约可持续 10 秒。有研究表明,后效持续时间随先前刺激时间增长而增加,但增加的时间有逐渐减小趋势。

一、实验目的

了解螺旋后效的基本原理和相关概念。

二、仪器

计算机及 PsyTech 心理实验系统。

三、实验方法

使螺旋以不同方向(顺时针和逆时针)、不同速度旋转,演示螺旋后效现象。指导语是:"这是个观察螺旋旋转效果的实验。请观察螺旋在顺时针和逆时针旋转时,你感觉是向外扩散还是向内收缩。螺旋停止转动后,请继续关注螺旋的中心,并报告此时感觉是向外扩散还是向内收缩及持续的时间。"

四、讨论

1. 比较不同旋转速度对螺旋后效持续时间的影响。

2. 比较旋转时间对螺旋后效持续时间的影响。

五、参考文献

杨治良. 实验心理学. 杭州:浙江教育出版社,1998:331—333

第四部分

学生实验报告举例

在教学的过程中,我们反复强调:学会写实验报告是本课程的教学目的之一。在本部分中,我们有针对性地选择了六份较优秀的学生教学实验报告。

本部分实验报告均由华东师范大学心理与认知科学学院的学生完成。

一　三种不同材料的再认能力测定

黄　某

摘　要　本实验主要通过再认法和信号检测论研究三种不同实验材料(具体图片、抽象图片和文字材料)的再认效果,分析个体的短时记忆能力。被试为华东师范大学心理与认知科学学院心理学专业 2 年级学生 1 人。实验结果表明:由再认法中得出的保持量来说,具体图片和文字材料都优于抽象图片保持量;用信号检测论得出对抽象图片的辨别力明显低于具体图片和文字材料,对抽象图片的报告标准和似然比明显高于具体图片和文字材料。说明在判断时,掌握标准较严,所以被试在具体图片和文字材料的再认能力优于在抽象图片的再认能力。

关键词　再认法　信号检测论　再认能力　保持量

1　前言

再认是记忆的三个环节之一,是经验过的事物再次出现,感到熟悉并能识别确认的过程。20 世纪 50 年代许多心理学家开始用信息论的观点来解释和研究记忆。特纳(1954)将信号检测论引入心理实验中,并用于再认实验。

信号检测论是以统计判定论为依据的理论,基本原则是把刺激的肯定程度用有序的方法数量化,具体做法是把人类个体比作一个信号感受器,具有对信息辨别的感受能力,在信号与噪音混杂的背景下,根据一定的判断标准,报告出现信号还是噪音。这主要是由于信号检测论的两个独立指标:辨别力 d' 和似然比 β。它们帮助我们克服传统再认法的弱点,掌握被试再认能力水平和了解被试发生错误的原因。

本实验研究三种不同实验材料的再认效果,分析个体的短时记忆能力。短时记忆是指脑中的信息在一分钟之内的编码记忆,它的特点是保持时间短,不经重复不会超过一分钟;短时记忆容量有限,记忆广度为 5—9 个;短时记忆易受干扰,当新刺激插入时会干扰重复。

前人认为识记的效果受识记材料的性质、数量、难易所制约。材料可分为直观识记材料(实物、模型图片)和文字识记材料。一般来说成人对文字材料的识记较好,儿童对直观材料的识记优于文字材料。因此本实验中具体图片再认效果可能不如文字材料,并且,在记忆加工过程中文字材料和具体图片可以引起语义联想和情境联想帮助记忆,而抽象图片则完全靠机械记忆,因此实际效果会更差。

实验假设:对文字材料的再认＞对具体图片的再认＞对抽象图片的再认

2 研究方法

2.1 **被试** 被试为华东师范大学心理与认知科学学院心理系专业二年级学生 1 人,女。

2.2 **实验材料和仪器** 幻灯片三组(具体图片、抽象图片和文字材料)。每组先识记 25 张,再认混合 50 张。每张图片放映 2 秒间隔 2 秒。记录纸。

2.3 **实验程序**

(1) 主试把第一种实验材料 25 张,按每张图片放映 2 秒间隔 2 秒放映给被试。

(2) 把上述图片与另外 25 张混合为 50 张,按每张图片放映 2 秒间隔 2 秒放映给被试。这时,每呈现一张图片要被试立即在记录纸上回答这张图片是否是刚才看过的。若看过记"＋",没看过记"－"。

(3) 主试用第二种实验材料(抽象图片)和第三种实验材料(文字),按上述(1)、(2)方法相继实验。

(4) 用再认法和信号检测论计算结果。

3 结果

3.1 **用再认法计算**

保持量＝[(认对的项目－认错的项目)/(新项目＋ 旧项目)]×100％

具体图片的保持量＝[(50－0)/(25＋25)]×100％＝100％

抽象图片的保持量＝[(47－3)/(25＋25)]×100％＝88％

文字材料的保持量＝[(50－0)/(25＋25)]×100％＝100％

从上述再认法中得出的保持量来说,具体图片和文字材料都很好,只有抽象图片保持量为 88％,相对较低。

3.2 **信号检测论方法**

$$d' = Z_{击中} - Z_{虚惊}$$

$$C = [(I_2 - I_1)/d'] \times Z_{正确拒斥} + I_1$$

$$\beta = O_{击中} / O_{虚惊}$$

以第一组为例: $d' = 2.326 - (-2.326) = 4.652$

$$C = 1/4.652 \times 2.326 + 0 = 0.5$$

$$\beta = 0.0267/0.0267 = 1$$

表 4 - 1 - 1

	d′	C	β
具体图片	4.652	0.5	1
抽象图片	3.155	0.555	1.725
文字材料	4.652	0.5	1

从上述表中可以发现,对抽象图片的辨别力明显低于具体图片和文字材料,对抽象图片的报告标准和似然比明显高于具体图片和文字材料,说明在判断时,掌握标准较严。

4 分析与讨论

4.1 分析三种材料结果不同的原因
本实验的结果为:文字材料＝具体图片＞抽象图片。

在记忆加工过程中,文字材料和具体图片可以引起语义联想和情境联想帮助记忆,而抽象图片则完全靠机械记忆,因此实际效果比较差。三种记忆对应不同记忆种类,文字材料为语义记忆,抽象图片为形象记忆,具体图片是情境记忆。我们日常生活中大多接触文字以及具体的生活情境,所以这两类材料比较容易记住。而抽象图片由于没有什么语义也并非日常生活所见,所以较难记住。

前人认为识记的效果受识记材料的性质、数量、难易所制约。一般来说,成人对文字材料的识记较好,儿童对直观材料的识记优于文字材料。而本实验中并没发现文字优于具体图片,可能原因是样本太小,实际材料数量不够。

另外,由于在抽象图片材料中有一些比较类似,而类似的图形容易干扰识记的效果。

4.2 分析被试短时记忆的能力
由再认法中得出的保持量来说,具体图片和文字材料都优于抽象图片保持量;用信号检测论得出对抽象图片的辨别力明显低于具体图片和文字材料,对抽象图片的报告标准和似然比明显高于具体图片和文字材料。说明在判断时,掌握标准较严,所以被试在具体图片和文字材料方面的再认能力优于在抽象图片方面的再认能力。

4.3 信号检测论比再认法优越
由于信号检测论的两个独立指标:辨别力 d′和似然比 β。它们帮助我们克服传统再认法的弱点,掌握被试再认能力水平和了解被试发生错误的原因。在本实验中再认法只能报告一个保持量的指标,比较粗略,并且不能区分这一差异是由记忆水平还是主观决策的变动所造成的。信号检测论得出的结果,文字材料和具体图片的辨别力大于抽象图片,说明在识记中再认能力确实受材料影响,而前面保持量的指标中有一部分是由于主观决策标准变严格造成的。

5 结论

5.1 用信号检测论得出对抽象图片的辨别力明显低于对具体图片和文字材料的辨别力,

对抽象图片的报告标准和似然比明显高于具体图片和文字材料,说明在判断时,掌握标准较严。

5.2 用再认法中得出的保持量来说,具体图片和文字材料都优于抽象图片保持量。

5.3 被试的短时记忆对于不同材料有不同程度的再认能力,具体图片和文字材料的再认能力优于在抽象图片的再认能力。

5.4 使用信号检测论比再认法能更准确地描述和解释再认能力。

参考文献

1. 郭秀艳.实验心理学.北京:人民教育出版社,2004

2. 赫葆源.实验心理学.北京:北京大学出版社,1983

3. 杨治良.实验心理学.杭州:浙江教育出版社,1998

4. 叶奕乾等.普通心理学.上海:华东师范大学出版社,1997

附录

表 4 - 1 - 2

S/R	新						旧					
	次　数			百分比			次　数			百分比		
新	25	23	25	99	92	99	0	2	0	1	8	1
旧	0	1		1	4	1	25	24	25	99	96	1

注:本篇报告是一位同学的实验心理学实验课期末考试卷。方法是全班同学一起做实验,记录各自的数据,然后独立完成实验报告,用时 2 小时。

二　双眼和单眼在辨别深度时的差异研究初探

高　某

摘　要　深度知觉是指人对远近深度的知觉。本实验用深度知觉测试仪分别测定单眼观察的深度阈限和双眼观察的深度阈限,并比较和探讨了两者在深度知觉能力上的差异及其原因。对深度知觉仪的不足之处进行了讨论并提出改进方案。实验结果发现:1. 单、双眼在辨别深度能力方面存在着极其显著的差异。2. 在双眼观察情况下,本人深度阈限的视差角为 19.7175 弧秒。另外,本实验还介绍了有关深度知觉的实际应用价值,以及其他一些影响深度知觉的有关因素。

关键词　深度知觉　深度阈限　视差角

1　引言

深度知觉(depth perception)又称距离知觉或立体知觉。这是个体对同一物体的凹凸或对不同物体的远近的反映。视网膜虽然是一个两维的平面,但人不仅能感知平面的物体,而且还能产生具有深度的三维空间的知觉,这主要是通过双眼视觉实现的。有关深度知觉的线索多种多样,主要包括三种:(1)生理调节线索(又称肌肉线索)——主要为眼睛水晶体的调节和双眼视轴辐合;(2)单眼线索(又称物理线索)——主要为对象的大小、遮挡、直线透视、单眼运动视差、对象的高度、纹理梯度、明暗和阴影等;(3)双眼线索——主要为双眼视差。双眼视差是指双眼注视一点后,近于或远于此点的物体,将投射至两眼视网膜的非对称点而造成视差。由于人的两只眼睛相距约 65 mm,两眼的左、右视野是略有不同的,左眼看到物体的左边多一些,右眼看到物体的右边多些。两只眼睛把各自所接收到的视觉信息传递到大脑皮层的视觉中枢,在这里经过一定的整合,产生一个单一的具有深度感的视觉映像。

用视觉来知觉深度,是以视觉和触摸觉在个体发展过程中形成的联系为基础的。通过大脑的整合活动就可作出深度和距离的判断。但个体在知觉对象的空间关系时,并不完全意识到上述那些主、客观条件的作用。根据自己的经验和有关线索,单凭一只眼睛观察物体也可以产生深度知觉。但因为双眼比单眼有更多的深度线索可以参照,所以根据以往资料和生活实际,均可得到单眼的深度知觉准确性差于双眼。

深度知觉的准确性是对于深度线索的敏感程度的综合测定。以往对于深度知觉准确性的测定主要有以下两种方法:(1)三针实验。此实验是由黑姆兹设计的。以两针为标准,被试在一定距离外,调节第三根针,使之与前两针在同一平面为止。黑姆兹的实验证明像差阈限小于 60 角度秒。（2）霍瓦-多尔曼深度实验。1919 年由霍瓦设计的深度知觉测量仪。本实验正是采用这种方法。

在前人的学说的基础上，笔者提出如下假设：单眼和双眼在辨别远近的能力上有显著的差异。

2　方法

2.1　被试

华东师范大学本科生 3 名：20 岁、女生、双眼功能健全且矫正视力正常。

2.2　仪器与材料

EP503 深度知觉测试仪。

2.3　程序

1. 学习使用深度知觉测试仪，被试坐在仪器面前，与观察窗保持水平，通过观察孔进行观察，以仪器内部三根立柱中两侧的立柱为标准刺激，距离被试两米，位置固定。以中间一根立柱为变异刺激，先由主试调到某一定的位置，然后由被试根据观察自由调节到他认为三根立柱在同一平面上为止，主试记录误差。

2. 在双眼视觉的情况下，进行 20 次实验，其中有 10 次是变异刺激在前，由近向远调整；有 10 次是变异刺激在后，由远向近调整，顺序及距离随机安排，求出 10 次的平均结果。

3. 按照上述程序，再做单眼视觉实验 20 次，并求出平均结果。

4. 主试仔细记录试验结果。

3　结果

3.1　计算在双眼观察情况下，表示深度阈限的视差角。

公式：　　　　　视差角 $= 206256 \times b\Delta D / [D \times (D + \Delta D)]$ （单位：弧秒）

b：目间距 65 mm

D：观察距离。本实验是 2000 mm

ΔD：视差距离，即判断误差（平均数）

视差角 $= 19.7175$ 弧秒

3.2　单双眼辨别远近能力的比较

表 4-2-1　单双眼深度知觉检验结果表

	双　　眼	单　　眼
标准误	0.444	7.907
自由度	5	
t	11.924	
p	<0.05	

由以上表中数据可得，单双眼在辨别深度能力方面存在着极其显著的差异。

4 讨论

4.1 关于双眼视差在深度知觉中的作用

双眼视差是指当两眼注视于外界一点时，由于双眼观察角度不同而使两个视网膜像之间产生差异。由于人的两只眼睛相距约 65 mm，两眼的左、右视野是略有不同的，但在双眼视野中，左右视野有大部分重合在一起。处于重合部分之内的物体是双眼都能看到的。不重合的部分叫颞侧新月，在这部分视野内的物体是对侧眼睛所看不到的。故人在观察空间中的立体对象时，两只眼睛所看到的部分是略有不同的，左眼看到物体的左边多一些，右眼看到物体的右边多些。两只眼睛把各自所接收到的视觉信息传递到大脑皮层的视觉中枢，在这里经过一定的整合，就产生一个单一的具有深度感的视觉映像。

因此，双眼视差是知觉立体物体和物体相对距离的重要线索。两眼视像落在两眼网膜的非对应点上，是不重合的，两眼非相应部位的视觉刺激，以神经兴奋的形式传到大脑皮质，从而产生主体知觉。而在用双眼观察远近不同物体时，也是由于双眼视差的原理，即远近不同物体的视象落在两眼网膜的非相应部位上，从而产生物体相对距离知觉。

4.2 关于单眼和双眼在辨别远近中的差异及其原因

本实验结果部分的实验数据显示：单眼和双眼在辨别远近的能力上有显著的差异。

单眼能辨别远近，主要通过对象的大小，遮挡，直线透视，对象的高度，纹理梯度、明暗和阴影，还有单眼运动视差来判断。单眼运动视差是指视觉对象不动，而头部与眼睛移动时，所给出一种强有力的线索。本实验观察仪器内的三根棒子，因此上述的几条线索都不存在。

而双眼视觉所提供的深度知觉线索除了双眼视差以外，还有双眼辐合。双眼辐合是指在两眼注视远物时视轴分散趋于平行，辐合程度减小；注视近物时两眼视轴交叉，辐合程度增大。由于辐合的角度不同，提供了物体的深度线索。双眼辐合不同于双眼视差，当我们看一个物体时，为使物体的映像落在网膜感受性最高的区域里，以获得清晰的视像，视轴就必须完成一定的辐合运动。在看近距离物体时，眼球外部肌肉紧张度增加，两个眼球转向鼻侧，视轴趋于集中；看远距离物体时，眼球外部肌肉紧张度减少，视轴趋于平行。控制两眼视轴辐合的眼肌运动提供了关于距离的信号，但是，由视轴辐合而产生的距离线索只是在物体距离眼球约几十米以内才有效。观察距离更远的物体时，双眼视轴接近平行，对于距离的判断就不起作用了。

双眼提供的两条线索都是判断深度知觉重要的线索，单眼显然不能做到这样，因此单眼辨别远近距离的能力显然要差很多。

4.3 关于深度知觉测试仪的缺点及改进方案

本实验所使用的 EP503 深度知觉测试仪是由霍瓦-多尔曼知觉仪发展而来的。这种仪器内有三根直棒。左右两侧固定的直棒是标准刺激，中间一根可以前后移的直棒是比较刺激。被试在 2 m 距离外通过一个长方形的观察孔观察这两根直棒，并通过遥控来调节可移动的直棒，使三者看起来在同一距离上。在这种条件下，除了双眼视差起作用外，排除了其他深度知觉的线索。因此,本仪器可测试双眼对距离或深度的视觉误差的最小阈限。但在实验中发现,本测试仪的一些缺点将使测试结果产生误差。

第一,此装置没有完全排除除双眼视差外的所有其他深度知觉线索。仪器内的光照条件不足,内置的灯管无法使仪器内所有处的亮度保持一致。这致使移动的棒上会有阴影产生,因此这个可用来判断深度知觉的单眼线索就没有被排除在外,对结果产生了一定影响。

第二,仪器发出的噪音影响了被试的判断。在主试用遥控器随机移动棒子时,仪器会发出一定的声响,这在一定程度上给了被试暗示。也就是说,被试可以在自己移动棒子时,用发出的声音持续时间与先前声音作比较来判断。这样被试利用了时间知觉帮助深度知觉的判断,影响了测试结果。

4.4 关于本实验结果误差及其原因探讨

以前的相关研究都测得视差角为5—10弧秒(距离为2米),而本实验的实验结果为19.7弧秒。经统计计算,这两者中存在显著性差异。也就是说,本实验结果的误差很大。

笔者认为,其原因有可能来自两方面。

第一,实验室的条件有限制,实验器材的各种缺陷造成了误差。此点在4.3中已有详细论述。

第二,可能是被试原因造成的。被试三人的矫正视力都正常,但裸视力都很差。笔者猜测:(1)可能被试眼睛的原因造成辨别深度的生理线索——水晶体的调节能力下降。(2)由于被试三人都为戴镜框眼镜者,而镜框眼镜可能造成视觉效果的差异,因此导致了误差。

4.5 关于深度知觉的实际应用价值

深度知觉在实际生活中有广泛的应用,许多职业都涉及这一能力的测试。例如,轮船和汽车驾驶员必须准确估计距离,才能控制速度,确保自己的轮船或汽车不致与另一对象相撞。

4.6 关于其他影响深度知觉因素

在计算视差角时,本实验假设所有被试的目间距为65 mm,但实际上,目间距的不同也影响着深度知觉。方芸秋(1964)的实验研究表明,目间距不同的被试对距离的判断的误差值存在显著性差异,目间距大的被试组(66—77 mm)对刺激物距离判断误差值小于其余两个目间距小的被试组(56—60 mm和61—65 mm),且目间距大的差别阈限值小。

5 结论

5.1 单眼深度知觉的准确性要比双眼深度知觉的准确性小,且两者间存在极其显著的差异。

5.2 本人深度阈限的视差角为19.7175弧秒。而目间距的不同,实际上也影响着深度知觉。

5.3 深度知觉在实际生活中有广泛的应用,许多职业都涉及这一能力的测试。

参考文献

杨治良. 实验心理学. 杭州：浙江教育出版社，1998

附录

被试一

表 4‐2‐2　实验记录表(单位：毫米)

	双　眼　观　察		单　眼　观　察	
	远→近	近→远	远→近	近→远
1	6	8	89	20
2	1	12	13	39
3	6	6	11	59
4	4	19	60	36
5	7	2	59	48
6	3	4	15	6
7	9	3	73	8
8	5	3	115	23
9	2	10	50	12
10	1	7	25	18
平均数	4.4	7.4	51	26.9

注：被试二、被试三原始数据省略。

三 遮挡范式下对速度知觉的估计

胡 某

摘 要 本实验以华东师范大学应用心理学专业二年级本科学生为被试,使用速度知觉仪。采用遮挡范式(occlusion paradigm)(即离终点一定距离时刺激物被遮挡,由被试根据其运动速度判断其何时到达终点),分别测定在不同速度及有无反馈信息的条件下,被试对速度知觉的估计情况。实验结果表明:刺激速度变快时,被试速度差别阈限值会随之减少,即被试对于时间估计的准确性增强;被试在有反馈的情境下对于速度的估计远准于无反馈的情境。此外,该实验结论可推广至交通领域,对司机可以给出如下的安全驾驶策略,即:在不会引起损伤性的前提之下可以适当提高驾车速度以增加对时间估计的准确性,与此同时在慢速行驶中需要在速度估计上付出更多的精力。

关键词 速度知觉 速度差别阈限 遮挡范式 安全驾驶策略

1 引言

知觉(perception)是当前的客观事物的各个部分和属性在人脑中的综合反映。鉴于其与人的经验有密切的关系,长久以来知觉研究的中心议题是知觉范畴中人类经验的意义。其中比较有代表性的两大理论是知觉的直接理论和知觉的间接理论。其中前者的代表是知觉的刺激物说,其认为:人们的知觉是对事物整体的反映,并不是对各部分的简单综合,这一思想直接促使了以后格式塔心理学(又称完型心理学)的诞生;而后者则认为:刺激本身的信息是模糊的、不完整的,其无法对外界事物进行全面的描述,因此个体需依靠过去的经验对刺激信息作出判断评价和解释才能实现对刺激的真正知觉,这一思想为知觉推论理论的诞生奠定了坚实的基础。而这种争论在今天的心理学家看来已经不再重要,因为随着当代认知心理学的发展,绝大多数心理学家多已承认,并不存在纯粹的直接或间接知觉,所有知觉都是"直接和间接一体两面的过程"(郭秀艳,2004)。

因此,可以这样认为,即知觉的事物是复合刺激物,其一般是由多种分析器的联合活动产生的。知觉形成过程中,分析器的活动起着极大作用,其对刺激物具有很高的辨识能力,而这种辨识能力的精确度是从后天训练获得的。知觉的形式不仅与分析器的活动有关,而且依赖于过去的知识和经验。这两者是相互联系的。通过无反馈的知觉实验可以了解自身知觉的准确度,通过有反馈的知觉实验可以进行训练,提高自身知觉的准确度(杨治良,1998)。

按照知觉的通道特点及其时空属性,我们可以将知觉划分为以下几个方面:视知觉、听知觉、时间知觉与空间知觉。而近些年来知觉的研究范畴甚至扩大到了无意识的知觉现象——无察觉知觉（郭秀艳，2004）。本研究所要研究的对象——速度知觉，属于时间知觉的范畴。

速度知觉反映了每个人对速度感觉的差异，是工作操作实践和各项体育运动中不可缺少的技术指标。在交通安全领域中，对于速度知觉的研究具有十分重要的意义。如司机开车，要对前方有可能碰到障碍物所需的时间作出精确的估计，这段时间称为碰撞时间（time to collision or time to contract，TC）。司机开车时为了防止碰到路上的行人、车辆以及其他障碍物，其需要尽可能调整或协调好开车和刹车两个动作，此时碰撞时间对于司机控制好刹车或驾驶行为就显得至关重要。一般情况下，司机判断碰撞时间有一定难度，因为他们无法得到障碍物的连续视觉信息，司机在开车时必须将视觉注意分配于环境的其他方面，转弯时障碍物还会暂时地被隔绝于司机的视野之外。因此司机的时间估计线索只能是障碍物遮住之前的视觉信息，即依赖于司机对自身和环境中其他物体的速度知觉。目前对于这种视觉信息有两种解释：计算（认知）理论（computational or cognitive approach）以及生态学理论（ecological optics）。其中后者认为：TC 直接由光线分布（optic array）决定，刺激物速度的提高会导致对时间估计的准确性提高。（郭秀艳，贡晔等，2000）

本实验采用遮挡范式（occlusion paradigm）（即离终点一定距离时刺激物被遮挡，由被试根据其运动速度判断其何时到达终点），分别测定在不同速度及有无反馈信息的条件下，被试对速度知觉估计的情况，力图探讨影响速度知觉估计准确性的原因并对其进行解释。此外，鉴于可以用实际中的驾驶水平作为效标，将驾驶中对速度的判断迁移到实验室中的遮挡范式中去，因此，还可以通过该实验结论对提高交通安全及司机的驾车策略提出一些有价值的建议。

2 方法

2.1 被试
华东师范大学心理与认知科学学院应用心理学专业 06 级本科生三名，年龄均为 20 岁，两女一男，视力正常，以前没有相关实验经验。（注：后文所述中，被试一为男性，被试二与被试三均为女性）

2.2 实验仪器
计算机及 PsyTech 心理实验系统。

2.3 实验材料
刺激物（黄亮点）从左至右以不同速度移动，距离终点前约 1/3 处亮点被遮挡。

2.4 自变量
刺激物的运动速度（快、慢两种水平）与反馈信息（有、无反馈两种水平）。

2.5 实验程序
（1）登录并打开 PsyTech 心理实验主界面，选中实验列表中的"速度知觉（无反馈）"。主试可预先设定实验参数。待被试阅读完实验简介，直接点击"开始实验"按钮进入指导语界面。

（2）指导语是：实验开始后会有一个黄色亮点以一定速度从左边（红线处）开始向右边移动。你要认真观察它的移动速度，这个亮点移到挡板时就看不见了，但它仍然按原来速度移动。你估计它到达终点（右边红线）了就按 1 号反应盒上的任意键。程序自动开始下一次实验。

（3）被试阅读完指导语后，进入正式实验。每次实验黄色亮点由左向右移动，速度分快慢两种（快的为 120 像素/秒，慢的为 60 像素/秒）。本实验设定次数为 40 次，快慢顺序为快 10 次、慢 20 次、快 10 次。亮点距终点 1/3 处被遮挡。速度知觉差别阈限公式是 AE＝∑|x−s|/ n。公式中 |x−s| 为每次测得的绝对误差，x 为被试估计时间，s 为标准时间，n 为实验次数。

（4）实验结束，数据被自动保存，主试可直接在主界面的"数据"菜单中查看结果（详细数据中负值表示被试未到终点提前按键；正值表示被试超过终点按键）。更换被试，重复以上步骤进行实验。

（5）待所有被试完成该实验后，返回主界面，选中实验列表中的"速度知觉（有反馈）"。该实验在程序上与前一实验有以下两方面不同：A. 每次实验后，被试将得到对该次时间判断的误差作为反馈信息；B. 由于反馈信息的存在，刺激物的运动速度这一因素将不再重要，因此本实验将不再对速度因素进行专门的平衡处理。除此之外，其余步骤与上一实验完全一致。

（6）按照进行上一实验的次序，每名被试重复刚才的实验程序即可。

（7）实验结束，数据被自动保存，主试可直接在主界面的"数据"菜单中查看结果。

3 结果

3.1 无反馈情况下实验的数据处理

3.1.1 对每位被试在刺激快、慢两种情况下的估计误差分别作以两独立样本的 T 检验，结果如下所示：被试一：$F=7.513, p=0.009<0.05$；被试二：$F=0.039, p=0.845>0.05$；被试三：$F=2.668, p=0.111>0.05$。

表 4 - 3 - 1 被试在无反馈情况下速度估计误差的平均值（单位：毫秒）

	被 试 一	被 试 二	被 试 三
快速刺激估计误差的平均值	−318.45	184.15	124.65
慢速刺激估计误差的平均值	−767.3	274.95	−264.15
速度估计误差的平均值	−542.875	229.55	−69.75

注：其中正值表示被试在光点未到终点时就提前作出反应，而负值则表示被试在光点已达终点后才作出的反应（即滞后反应）。以下表格若不作特殊说明，符号的意义与该表一致。

3.1.2 利用公式：$AE=\sum|x-s|/N$，计算三名被试各自在不同条件下的速度差别阈限。（注：其中 |x−s| 为每次测得的绝对值，即估计误差的绝对值。）

另外，对每位被试在刺激快、慢两种情况下估计误差的绝对值分别以两独立样本的作 t 检验,结果如下所示。被试一:$F = 7.173, p = 0.011 < 0.05$;被试二:$F = 1.862, p = 0.180 > 0.05$;被试三:$F = 1.814, p = 0.186 > 0.05$。

表4-3-2 被试在无反馈情况下速度知觉的差别阈限(单位:毫秒)

	被试一	被试二	被试三
快速度知觉的差别阈限(即快速刺激估计误差的绝对值的平均值)	336.75	479.65	407.65
慢速度知觉的差别阈限(即慢速刺激估计误差的绝对值的平均值)	833.90	478.05	662.25
速度知觉的差别阈限(即快、慢速刺激估计误差的绝对值的平均值)	585.325	478.85	534.95

3.2 有反馈情况下实验的数据处理

3.2.1 对每位被试在有、无反馈两种情况下的速度估计误差分别以两独立样本的作 t 检验,结果如下所示。被试一:$F = 17.507, p = 0 < 0.05$;被试二:$F = 23.928, p = 0 < 0.05$;被试三:$F = 9.703, p = 0.003 < 0.05$。

3.2.2 对每位被试在有、无反馈两种情况下估计误差的绝对值分别作以两独立样本的 t 检验,结果如下所示。被试一:$F = 26.593, p = 0 < 0.05$;被试二:$F = 18.029, p = 0 < 0.05$;被试三:$F = 5.504, p = 0.022 < 0.05$。

表4-3-3 被试在有反馈情况下速度估计误差的平均值(单位:毫秒)

	被试一	被试二	被试三
速度估计误差的平均值	−154.125	−107.55	67.675
速度知觉的差别阈限(即速度估计误差的绝对值的平均值)	230.725	244.45	262.425

表4-3-4 两种速度配对样本的 t 检验

配　对	组间差异平均值	标准差	t 值	自由度	双侧配对 t 检验的显著性水平
快速—慢速	−575.0090	574.06863	−4.698	21	0.000

表4-3-5 有无反馈配对样本的 t 检验

配　对	组　间　差　异				
	平均值	标准差	t 值	自由度	双侧配对 t 检验的显著性水平
有反馈—无反馈	499.44404	311.1543824	7.356	20	0.000

4 讨论

4.1 从描述性统计数据来看,在无反馈的情况下,同一被试在快速刺激与慢速刺激的条件下对于速度的估计有着不同的倾向。具体而言,被试一不论在快速刺激还是在慢速刺激的条件下,总会在刺激光点到达终点后才作出反应,换句话讲即总有作出滞后反应的倾向;被试二则与前者截然相反,即在两种条件下均存在作出提前反应的倾向;被试三的速度估计则随着反应条件的不同而出现了分化,其对快速刺激存在作出提前反应的倾向,而对于慢速刺激则存在作出滞后反应的倾向。同样地,不同被试对于同一种刺激作出的速度估计也存在着不同的倾向。这也就说明,不同被试之间对于快、慢速刺激作出的速度估计存在着较明显的个体差异。对于这种不同的反应倾向,笔者仅凭经验认为,其可能与被试的性格类型存在着某种联系,这种想法源自"动觉后效与性格之间的关系"。但这种说法是否成立,恐怕只有通过进一步研究才能验证。

从推断性统计数据来看,在无反馈的情况下,无论是比较对快速、慢速刺激估计的误差还是估计误差的绝对值,由 3.1.1 可得,在 95% 的置信区间上,只有被试一在这两种情况下均存在显著差异,而其余两名被试则均不存在显著差异。但仅从两种条件下三名被试的速度差别阈限来看,被试一与被试三在快速刺激的条件下速度的差别阈限值均小于慢速刺激条件的值,而被试二却出现了相反的情况,但结合数据而言,笔者认为被试二在两种条件下的速度差别阈限值在统计学的意义上不具有差异(慢速时的阈限值: 478.05,快速时的阈限值: 479.65)。为进一步说明这一问题,我们又收集了其他被试的数据($n=22$),分别算出其相应的快速度差别阈限与慢速度差别阈限,并对其进行配对样本的 t 检验,结果发现这两组数据在 95% 的置信区间上存在着极其显著的差异(表 4-3-4,$t=-4.698$,$p=0<0.05$)。这一结果有力地证明了"被试在快速刺激下对时间估计的准确性有显著提高"这一结论。换句话讲,这些数据揭示了这样一个有趣的现象,即在没有反馈的情况下,当刺激速度变快时,被试的速度差别阈限值会随之减小,即被试对于时间估计的准确性反而会随之增强。这一结果与麦克劳德和罗斯(McLeod & Ross,1983)、本·西德韦和费尔韦瑟(Ben Sidaway & Fairweather,1996)、郭秀艳等(2000)的研究结果相一致。本实验中速度对差别阈限(即对速度知觉准确度)的主效应显著,速度与时间估计的准确性成正相关,速度的加快导致估计准确性的提高。就目前已查到的资料显示,除此之外其他一些研究也支持速度加快会导致精确性加强这一结论,如希夫等人(Schiff et al.,1992)在其他范式中得出过类似的结论;又如卡瓦拉和劳伦特(Cavalla & Laurent,1988)发现,正常视觉条件下,不存在速度效应;但糟糕条件下,速度有区分效应(郭秀艳等,2000)。

对于这一结论产生的原因,我们可以尝试用知觉的"生态学理论(ecological theory)"(Gibsonm,1966、1979)加以解释。吉布森(Gibson)认为,"自然环境中不同大小和位置的物体受到各种方向的光线照射,同时这些物体又不同地反射出光线,因此人在任何一个位置上观察周围空间时,都有其特定的光线分布,在周围空间的每一个点上的光线分布都含有一定的差别。光线分布的结构或表面质地的密度与物体的视网膜像都是按照视角规律而变化的,因此人可以直接知觉距离"(郭秀艳等,2000)。他还认为,知觉系统从流动的系列中抽取不变性(王甦 & 汪安圣,1992;郭秀艳等,2000)。按照这样一种逻辑,如果刺激物速度提高,则其导致的光线变化率也得以提高(或穿过视网膜的组织元素量相应增多),依赖于全部光线变化率的时间估计也就变得更为准确了。

这一结论对于实际生活中的许多方面都有着潜在的重要启示,其中最具代表性的就是对司机在驾车过程中应采取的策略提供了有价值的建议。根据这一结论,在不会引起损伤性的前提之下,司机可以适当提高驾车速度以增加对时间估计的准确性。当然,这并不是说要司机为此而不顾一切地提高车速,因为根据常识很容易知道,如果车速过快,就会减少遇事的反应与应变时间,而且还会增加碰撞后果的严重性。其实更具有实际意义的建议是:司机在慢速行驶中需要在速度估计上付出更多的精力。"换言之,在上驾驶培训课时要多多强调,慢速驾驶时需格外地小心。"(郭秀艳等,2000)

4.2 根据3.2,我们可以清楚地发现,相较无反馈的情况,在有反馈的实验情境中,无论是比较对速度刺激估计的误差还是估计误差的绝对值,在95%的置信区间上,三名被试均存在显著差异。从具体数据来看,三名被试在有反馈的实验情境下测得的速度知觉阈限值无一例外地远小于无反馈情境下测得的值。同样地,为进一步说明问题,我们又收集了其他被试的数据($n=21$),分别算出其相应的快速度差别阈限与慢速度差别阈限,并对其进行配对样本的 t 检验,结果发现这两组数据在95%的置信区间上存在着极其显著的差异(表4-3-5,$t=7.356$,$p=0<0.05$)。这说明,反馈这一因素对速度差别阈限有着显著的影响。

对于这一结论,笔者认为,在每次实验结束后提供反馈信息就相当于提供了一个标准,被试可以根据这一标准调整对下一次的估计。这样一来,被试在每次得到反馈信息而对下一次估计进行校正的过程中得到了充分的练习,其对于速度估计的准确性也就自然得以提高。

这一结论在交通安全方面有着广阔的应用前景。笔者设想,假使有朝一日所有的汽车都能装有一部速度知觉反馈仪,它能够在极短时间内对于当前位置与潜在的危险碰撞物质间的距离和当前车速碰撞该危险物所需的时间反馈给司机,那么无疑一些交通事故将得到避免。

5 结论

5.1 被试对于不同速度刺激作出反应的倾向存在较大个体差异。

5.2 刺激速度变快时,被试速度差别阈限值会随之减少,即被试对于时间估计的准确性增强。

5.3 被试在有反馈的情境下对于速度的估计远准于无反馈的情境。

参考文献

1. 郭秀艳. 实验心理学. 北京:人民教育出版社,2004

2. 郭秀艳,贡晔,薛庆国,袁小芸. 遮挡范式下对碰撞时间的估计. 心理科学. 2000,23(1):34—37

3. 张厚粲,孙晔,石绍华. 现代英汉—汉英心理学词汇. 北京:中国轻工业出版社,2006

附录（原始实验数据）

1. 无反馈信息

被试一

表 4 - 3 - 6

序　号	速　度	误差（毫秒）
1	快	−175
2	快	−600
3	快	−291
4	快	−250
5	慢	−1500
…		
40	快	−105

被试二

表 4 - 3 - 7

序　号	速　度	误差（毫秒）
1	快	−241
2	快	−150
3	快	−316
4	慢	−500
5	慢	−733
…		
40	快	725

被试三

表 4 - 3 - 8

序　号	速　度	误差（毫秒）
1	快	−516
2	快	−325
3	快	175

序　号	速度	误差（毫秒）
4	慢	−3233
5	慢	−16
…		
40	快	883

2. 有反馈信息

被试一

表 4－3－9

序号	误差（毫秒）
1	−325
2	−358
3	200
4	25
5	−51
…	
40	33

被试二

表 4－3－10

序号	误差（毫秒）
1	125
2	−166
3	116
4	−266
5	−25
…	
40	13

被试三

序　号	误差（毫秒）
1	−116
2	200
3	−108
4	−191
5	138
...	
40	26

四　内隐社会认知因素对错误记忆的影响

谢　某

摘　要　本实验采用一个有趣的"瞬间成名"的测试。以四名本科生（两男，两女）为被试，研究了内隐社会认知对产生错误记忆的影响。结果发现：内隐的性别刻板印象对错误记忆的产生没有显著影响，且对女性名字的虚报率较高，即对女性的成就期望较高，这一结果与前人相反。实验还发现，被试性别对实验结果无显著影响。

关键词　错误记忆　内隐　社会认知因素

1　引言

1.1　关于错误记忆的概念

错误记忆是对过去经验和事件的记忆与事实发生偏离的现象。它表明了记忆的异化和扭曲，并且在很大程度上是无意识地发生的，因而许多错误记忆与内隐记忆是相关的。错误记忆现象最早是由英国心理学家巴特利特在 20 世纪 30 年代发现的。他让大学生阅读印第安民间故事"幽灵战争"，在间隔一段时间后要求学生根据自己的记忆复述这个故事。结果，随着时间的增加，故事中的内容往往被略去一些，故事变得越来越短。但奇怪的是，被试还增加了一些新的材料，使故事变得更自然合理，有的甚至还渗入了一些伦理内容。

1.2　关于错误记忆的实验

由于错误记忆常常是在个体没有意识到的情况下发生的，所以记忆研究的传统方法不适合用来研究错误记忆。研究者多采用与内隐记忆有关的方法来研究错误记忆。有研究表明，对社会信息的记忆比对非社会信息的记忆具有更强的内隐性。

错觉记忆中最著名的实验要数雅各比（Jacoby）著名的一夜成名实验，实验中，被试首先阅读包含名人与普通人姓名的一个花名册。24 小时后，在旧的名单上加入一些新的人名，其中既包含名人也包含普通人的名字，然后要求判断"这个人是名人吗"。实验结果发现，对旧的普通姓名要比新的普通姓名的记忆具有更高的错报率。研究者认为这是因为被试把对普通姓名的熟悉性错误地归因于名望，因此产生了普通姓名"一夜成名"的效应。在这个基础上，伯那基和格林沃尔德（Banaji&Greenwald，1994）将姓名作了男女区分，结果发现，男性的击中率要高于女性，也就是说人们对男性名人具有更高的辨认正确率，即认为男性的成功率高于女性；旧的普通姓名虚报率要高于新的变通姓名，与雅各比的实验相符；并且旧的男性姓名的虚报率高于女性，亦说明男性的成功率高于女性。用信号检测论分析表明，对新的男性姓名的名望变量的鉴别力（d′）要高于其他任何范围。对名望判断的标准是旧的低于新的、男性低于女性。这就证明了名望判断中的内隐性别刻板印象，人们内隐地认为男性的成就要比女性高，因此对男性名人的判断标准要比女性宽松。

国内学者对这个课题也作了大量的研究工作。1998 年，葛明贵采用男性和女性的人格特征词为实验材料研究内隐性别刻板印象，发现被试对男性和女性的人格特征词的外显记忆没有表现出差异，但是对男性和女性的人格特征词的内隐记忆差异显著，突出表现在对"女性"加工的精细和对"男性"加工的相对放松上。被试在无意识的自由联想过程中，在女性加工方式下，能较好地识别和判断目标词而加以剔除。研究者认为造成这种对女性加工条件下的目标词精细加工的原因，在于人们头脑中存在的对女性的歧视与不公正态度。这种内在的歧视女性的态度是通过直接测量手段不能了解的，而且它发生作用的过程也是主体没有明确意识到的。研究者称这种现象就是内隐的性别刻板印象。

1.3 关于本实验

本实验采用上述"瞬间成名"的测试来解释内隐记忆对产生错误记忆的影响。实验假设为内隐的性别刻板印象对错误记忆的产生有影响，且对男性名字的虚报率较高。

2 方法

2.1 被试：华东师范大学心理与认知科学学院应用心理系大二两名女生、两名男生。

2.2 仪器和材料：

2.2.1 仪器：计算机及 PsyTech 心理实验系统。

2.2.2 材料：外国人名的译名（三个字），共 40 个，其中男性人名 20 个（字为蓝色），女性人名 20 个（字为红色）。

2.3 实验方法：

2.3.1 登录并打开 PsyTech 心理实验软件主界面，选中实验列表中的"错误记忆现象中的内隐性"。单击呈现实验简介。点击"进入实验"到"操作向导"窗口。实验者设置参数为 20 分钟，然后点击"开始实验"按钮进入指导语界面。点击"正式实验"按钮开始。

2.3.2 两个阶段的指导语分别如下。

（1）学习阶段指导语是：下面将依次呈现 20 组外国人名，每组包含两个人名，其中左边的为著名人物，右边的为普通百姓。男性人名用蓝色字表示，女性人名用红色字表示。请尽量记住著名人物的名字，这很重要。当你明白了上述指导语后，可以点击下面的"正式实验"按钮开始实验。

（2）测试阶段指导语是：下面将随机逐个呈现你刚才识记过的人名，其中男性用蓝色字代表，女性用红色字代表。请你使用 1 号反应盒对每一个名字作出判断，看是否是刚才识记过的著名人物名字，是请按"＋"号键，否请按"－"号键。当你明白了上述指导语后，按反应盒上任意键开始。

2.3.3 实验中屏幕将依次呈现 20 组外国人名，每组包含 2 个人名。其中左边为著名人物,右边为普通百姓。男女各有 10 名为著名人物。被试按照指导语要求看呈现的每组人名并尽量记住著名人物的名字。看完休息 20 分钟。期间被试做屏幕上的简单四则运算,程序会统计做对的次数。休息完毕再次出现指导语,屏幕将依次逐个呈现前面出现过的 40 个人名,被试对呈现的人名中的著名人物作出见过与否的判断。程序记录正确判断次数和反应时。

2.3.4 实验结束,数据自动保存,实验者可直接查看结果,也可换被试继续实验,以后在主界面"数据"菜单中查看。

3 结果

3.1 各被试对著名人物的正确判断次数(男性 N_1,女性 N_2)及将普通百姓误判为著名人物的次数(男性 M_1,女性 M_2)

表 4 - 4 - 1 各被试对著名人物的正确判断次数及将普通百姓误判的次数表

	著 名 人 物		普 通 百 姓	
	男 N_1	女 N_2	男 M_1	女 M_2
被试一	5	8	1	1
被试二	6	6	3	6
被试三	9	8	2	5
被试四	9	5	3	1

3.2 所有被试的外显记忆指标(N_1+N_2)和内隐记忆指标(M_1+M_2)的差异性

表 4 - 4 - 2 被试的外显记忆指标(N_1+N_2)和内隐记忆指标(M_1+M_2)表

	外显记忆指标(N_1+N_2)	内隐记忆指标(M_1+M_2)
被试一	13	2
被试二	12	9
被试三	17	7
被试四	14	4

用 SPSS 统计软件进行数据分析,采用 Wilcoxon 符号秩次检验,得出 $Z=-1.841$,$p=0.066>0.05$,可知本实验中外显指标和内隐指标无显著性差异。

3.3 M_1 和 M_2 的差异性

用 spss 统计软件进行数据分析,采用 Wilcoxon 符号秩次检验,得出 $Z=-1.089$,$p=0.276>0.05$,

即 M_1 和 M_2 无显著性差异,且 M_1 的平均值小于 M_2。

3.4 被试性别对实验结果的影响

用 spss 统计软件进行数据分析,采用 Wilcoxon 符号秩次检验,得出 $Z=-0.318$,$p=$

0.75＞0.05,可知在本实验中被试性别对实验结果无明显影响。

4 讨论

4.1 分析错误记忆中的内隐性

在记忆研究的悠久历史中,错误记忆是最引人注目的发现之一。当人们声称做过或学过某些实际上从未经历过的事件或未学过的字词时,错误记忆就发生了。从以往的相关研究来看,错误记忆既可以通过语义上存在关联的字词引发,也可能产生于误导信息的干扰。我们把前一种情况下产生的错误记忆称为关联性错误记忆,由于研究者通常采用单词作为关联性错误记忆的实验室研究材料,这类错误记忆也称为基于单词的错误记忆;后者则属于误导性错误记忆,实验中通常以事件作为该类错误记忆的研究材料,因此也称作基于事件的错误记忆。基于单词的错误记忆指的是对某些未呈现单词的错误记忆:当被试对未呈现词的记忆和那些实验呈现过的单词一样鲜明时,就说明错误记忆发生了;基于事件的错误记忆是指被试对从未发生过事件的记忆,当被试声明某些虚构的事件或事件细节曾经发生过时,便产生了错误记忆,许多理论观点都致力于解释不同类型错误记忆的来源问题。对于关联性错误记忆,内隐激活理论假设和模糊痕迹说认为它来自记忆的编码阶段,被试通过加工学习项目激活了未呈现过的关键诱饵,从而在测验阶段表现出错误的回忆或再认;并且这些错误很可能来自被试对学习项目的要点表征。对于误导性错误记忆,研究者则认为错误记忆的产生依赖于误导信息的特征:它可能来自原有记忆的"破损",或者是误导信息对原有记忆信息的阻碍。也就是说,关联性错误记忆可能发生的记忆的编码阶段,而误导性错误记忆更可能发生在误导信息出现的阶段——记忆的保持阶段。

内隐记忆中阈下刺激法已经被错误记忆的研究者们所借鉴。实验中,研究者可通过控制单词的呈现时间来设置被试对学习词的不同加工水平;或者在学习阶段使用某种干扰措施来分散被试的注意力,来探讨无意识条件下错误记忆的发生情况。研究证明,对学习词的有意识加工并非是错误记忆产生的必要条件,而对词的无意识加工也可能产生错误记忆,从而在一定程度上证明了错误记忆中无意识的作用。

认知是否会影响错误记忆,伦顿(Lenton et al,2001)研究了间接的刻板印象联想是否会引发错误记忆。学习阶段所呈现的DRM词表中,有一个词表是关于性别的角色词,在测验阶段要求被试对词表进行新旧再认判断。实验结果表明,性别相关词引发了被试的错误记忆,比如那些在学习阶段接受男性或女性角色词(如:士兵或秘书)的被试更可能错误地再认那些与性别相关的刻板角色词或特征词。同时实验还发现在多个词表的学习中,被试没有意识到性别这一特定主题,在再认测验中也没有依据性别来进行新旧判断。伦顿等认为实验结果说明:错误记忆的发生是因为被试对学习词进行了内隐联想加工。这种错误记忆完全是在无意识条件下产生的,由于存在内隐社会认知,所以被试在学习阶段对呈现的性别角色词产生了内隐联想,进而发生了错误记忆。

上述实验都证明了对刺激的有意识加工并不一定是错误记忆产生的必要条件,在无意识的条件下错误记忆也有可能产生。本实验与著名的一夜成名实验相似,用于验证内隐态度对错误记忆产生的影响。

4.2 本实验中人物的性别因素对内隐记忆的影响

错觉记忆中最著名的实验要数雅各比著名的一夜成名实验,在实验中,男性的击中率要高于女性,也就是说人们对男性名人具有更高的辨认正确率,即认为男性的成功率高于女性;旧的普通姓名虚报率高于新的普通姓名;并且旧的男性姓名的虚报率高于女性,亦说明男性的成功率高于女性。用信号检测论分析表明,对新的男性姓名的名望变量的鉴别力(d')要高于其他任何范畴。对名望判断的标准是旧的低于新的、男性低于女性。这就证明了名望判断中的内隐性别刻板印象,人们内隐地认为男性的成就要比女性高,因此对男性名人的判断标准要比女性宽松。

本实验中,男女名字的虚报率没有显著性差异,且女略高于男。这与前人的实验结果相反。原因可能是本次实验条件有限,只选取了四被试,样本过小,所以得到的结果存在一定的偏差。

4.3 本实验的不足

本实验由于学生实验的性质所限,被试只有四个人,样本过小,所以得到的结果不能令人信服。此外,因为本次实验采用的是电脑程序,使用1号反应盒对每一个名字作出判断,看是否是刚才识记过的著名人物名字,是按"+"号键,否按"-"号键。这有别于传统实验采用直接说是与否的方式。笔者认为这有可能导致被试按错键的情况发生而影响了实验数据。

4.4 实验结果的实际意义

不同来源的错误记忆适用于不同方面的应用。比如,对于司法、临床治疗等领域,需要慎重对待证人证言或心理疾病患者所产生的错误记忆。而在商业营销等领域,营销者可以对消费者的错误记忆进行妥善利用,以形成对品牌、企业、产品等的良好记忆。

5 结论

5.1 内隐的性别刻板印象对错误记忆的产生没有显著影响。

5.2 被试对女性名字的虚报率高于男性,即对女性的成就期望较高。

5.3 被试性别对实验结果无显著影响。

参考文献

1. 郭秀艳. 实验心理学. 人民教育出版社,2004

2. 杨晓明. SPSS 在教育统计中的应用,高等教育出版社,2004

3. 杨治良,王思睿,唐菁华. 错误记忆的来源:编码阶段/保持阶段. 应用心理学 2006,12(2):99—106

4. 王沛. 内隐刻板印象研究综述. 心理科学进展. 2002,10(1):97—101

五 内外线索对认知方式差异性的影响

沈 某

摘 要 本实验采用棒框仪,通过改变框的倾斜角度来记录棒的垂直误差,从而测定被试的认知方式及其差异。在实验进行过程中,被试可以按照两种不同的线索——外在视野线索(框)和内在视野线索(身体垂直感)来判断垂直;被试选择不同的线索会反映认知方式的不同。实验结果表明,3 个被试处于场独立性认知方式,1 个被试属于场依存性认知方式,且男生的独立性程度高于女生;男生组与女生组不存在显著差异。认知方式的测定对于各种应用领域具有重要的意义。

关键词 认知风格 棒框仪 场独立性 场依存性

1 引言

认知方式是人在认知操作中,即大脑对信息进行组织加工过程中表现出来的个体特征,又称认知风格。认知方式表现为一个人习惯采取什么方式对外界事物进行认知,它并没有好坏的区分。20 世纪 40 年代末期,在知觉研究中强调知觉与人格结构、需要、兴趣等的关系,因而开始了对认知方式的研究。近年来有研究者认为,认知方式有很多表现形式,如沉思性和冲动性、拉平和尖锐化等。其中最主要的是威特金提出的场依存性和场独立性特征。场依存性和场独立性特征被看作是认知方式的最重要方面。具有场依存性特征的人,倾向于以整体的方式看待事物,在知觉中表现为容易受环境因素的影响,具有场独立性特征的人,倾向于以分析的态度接受外界刺激,在知觉中较少受环境因素的影响。以极端的场依存性和极端的场独立性为端点,构成一个认知方式的连续体,每个人都将在这个连续体上占有一定的位置。一些心理学家假定,认知方式的影响,不只局限于认知,也包括社会行为甚至涉及人的全部行为活动。对于场依存性—独立性特征的确定,可以用被试独立于周围环境的影响而进行自主活动的能力作指标。

心理学家威特金在研究垂直知觉的问题时先后提出了四种实验方法——调整身体测验、棒框测验、转屋测验、镶嵌图形测验。

1. 调整身体测验 被试在一个小屋中坐在一把椅子上,小屋和椅子的倾斜角度都可以独立地调整。先由主试将小屋放在一个倾斜的位置上,再由被试调整他的座椅,使之和地面垂直。

2. 棒框测验 在暗室中呈现一个亮的方框,在亮框中间有一个亮棒,框和棒的倾斜角度可以独立地调整。先由主试把框放在某一倾斜的角度上,再让被试把棒调整得与地面垂直。

3. 转屋测验 一个可以在圆形轨道上旋转的小屋,被试坐在小屋中一个可以调整倾斜角度的椅子上。小屋本身是和地面垂直的,但当小屋旋转时就有离心力和地心引力同时作用于被试的身体,使他产生身体倾斜的感觉。被试的任务是当小屋沿着轨道旋转时,调整椅子角度使他的身体与地面垂直。

4. 镶嵌图形测验 让被试先看一个简单的图形,再让他从一个包括这个简单图形的复杂图形中把简单图形描绘出来,场依存性大者从复杂图形中发现简单图形的困难较大,而场独立性者则很容易发现。而最基本的方法是"棒框实验",本实验就采用了"棒框"的方法。实验是在被试面前呈现一个方框,方框中有一条倾斜的直线,让他把这条倾斜的直线调整到垂直的方位。实验发现,当方框倾斜时,被试对中间直线的垂直判断受到了方框倾斜角度的影响。凡视觉受方框影响大(垂直误差大)的人属场依存性认知方式特征;不受或很少受方框影响(垂直误差小)的人属场独立性认知方式特征。认知方式与年龄有关,与学习也有密切关系。在学科兴趣、学习策略和方法上,场依存性和场独立性的人都表现有明显的差别。

本实验旨在重复经典的棒框实验。运用平均差误法和 ABBA 的实验设计方法测定框在不同倾斜角度上个体的垂直知觉能力,进而推断被试属于何种认知模式——场独立或者是场依存。分析个体间的差异,并对性别差异予以检验。

2 方法

2.1 被试

华东师范大学心理学院基础心理学专业学生 4 名。其中女性 2 名,男性 2 名。身体均健康。

2.2 实验仪器

EP705 型棒框仪。

2.3 实验程序

2.3.1 选择一间亮度适中的房间,棒框面没有阴影存在。将棒框仪放在台上,调节好高度,使观察筒与被试眼部高度适合。

2.3.2 主试向被试叙述指导语:"这是一个测试认知风格的实验,实验中在我定下一个框的角度后,我会先改变棒的角度。然后你注意看框和棒,头部保持正直,同时你调节棒使之与地面垂直,时间不限,当你认为棒已调整至垂直时就报告我,直到做完。"

2.3.3 主试改变框的倾斜角度,倾斜角度随机变动,每个角度被试做 8 次,每次主试都先改变棒的起始位置,按照 ABBA 方法,即左右右左,或右左左右,再让被试右手握旋钮按顺时针或逆时针方向调节棒使之与地面垂直。实验中被试要靠近观察筒向里观察,不能有距离,以免看到其他的参照物。

2.3.4 正式实验前,让被试练习 1—2 次,以掌握方法,避免由于被试对实验的不熟悉而导致实验数据的采集偏离科学性,最终造成本实验的信度下降,让实验失去意义。

2.4 数据分析软件: SPSS11.5

3 结果

表 4‑5‑1 根据实验数据得出各被试的认知风格

被试编号	平均棒垂直误差角度(度)	认知风格类型
被试 1	2.1132	场依存性
被试 2	1.6914	场独立性
被试 3	0.8671	场独立性
被试 4	1.5781	场独立性

● 被试 1、2 为女性;被试 3、4 为男性

表 4‑5‑2 男女棒垂直误差角度显著性 t 检验

t 值	自由度	显著性水平 a	平均数差异	标准误
−1.644	2	0.242	−0.680	0.413

● 在自由度为 2 时,性别因素对认知风格没有显著差异

4 讨论

4.1 误差角度的分析

从本实验原始数据中看出各被试一般在框倾斜 18—24 度时出现棒垂直最大偏差。根据前人的研究成果,框的倾斜角度在 18 度和 27 度时,被试调节棒的垂直误差较大,由此可以比较推断出,本次实验与前人的研究结果是符合的。

4.2 性别因素对认知风格的影响

5—6 岁的不同性别儿童在做棒框实验的时候,没有出现显著的差异。把这一实验结果归结于我国女子"三从四德"等传统的文化,通过性别角色模仿、文化教养对女孩的认知方式产生影响。同样用这个理论来解释的是小学四年级学生的认知方式性别差异未达到显著水平,而初三学生则达到显著差异。由于小学生年龄小,社会没向她们提出特别的要求,传统文化未对之产生影响。在初中,女生逐渐形成性别角色意识,对男女性别角色差异非常重视的传统文化就逐渐限制了她们场独立性的发展。从社会文化和教养的因素进行解释,高三男女学生在认知风格方面会出现显著的差异。然而从表 1 中我们发现男女的场独立性比为 2:1,同时又结合表 2 数据分析得出,性别因素对认知风格没有显著影响。这个结果与前人的研究并不符合,分析其中可能的原因如下。

（1）由于被试人数太少,不能很科学地反映出男女的认知风格差异。

（2）最主要的原因应该是本实验中被试均是华师大心理系学生,他(她)们高考分数很高,也就是说经历了高考的严格筛选,在一定程度上说他们已经形成一个同质性高、异质性低的团体,所以在性别上不能显著体现对认知风格的影响。

4.3 文理科对被试认知风格的影响

在文理专业分化上,理科生比文科生有更大的场独立性。专业分化是不依赖于性别差异而导致大学生场独立性——场依存性水平显著不同的主要因素。付金芝等人研究发现高中二年级、三年级的学生在认知方式上并没有出现明显差异。他们认为这是由于我国高中文、理科分班不是出于自愿和兴趣。木实验中,各被试都是华师大心理系——理科学生,实验结果多表现为场独立占总数的75%,所以说本次实验总体上是符合前人研究结果的。

4.4 讨论性格与认知风格的关系

根据前人对场依存性—场独立性的认知方式与内外倾性格的关系的探讨结果,认为场依存性—场独立性的认知方式与内外倾性格有着质的区别,二者无显著相关,可以认为性格和认知风格是两种不同维度,但又存在某种程度的一致性。场依存性—场独立性认知方式是人的心理过程特点而非心理内容,它与心理健康水平无关。总的来说可以下这样的结论:内—外向人格与场依存性—场独立性基本上是两种不同的人格维度。

4.5 认知方式对人际交往的作用

对于场依存性—场独立性的认知方式同人际关系之间的关系,研究发现场依存性者对社会线索更敏感,更喜欢与人有联系的情境,而不喜欢独处;场独立性者在人际关系中表现出更多自主性,较少考虑他人的意见。场独立的人在人际交往技能方面比较擅长,但是在人际关系上比较差。另一方面,场依存的人在人际交往技能方面上比较欠缺,但人际关系比较好,与他人相处融洽,容易被他人接纳。

5 结论

5.1 在本实验中性别因素对认知风格没有显著影响。

5.2 理科学生的场独立性比较好;文科学生的场依存性比较好。

5.3 民族文化经济因素对个体的认知风格有一定的影响,经济比较发达地区个体的场独立性比较强。

5.4 性格与认知风格没有直接关系。

5.5 场依存的人,人际关系比较好。而场独立的人,则相对不好。

参考文献

1. 郭秀艳. 实验心理学. 北京:人民教育出版社,2004

2. 叶奕乾,何存道,梁宁建. 普通心理学. 上海:华东师范大学出版社,2004

六 不同感觉通道对注意分配的影响

王 某

摘 要 注意分配的基本条件为：首先，同时进行的两种活动中必须有一种是熟练的；其次，同时进行的几种活动之间的关系也很重要。本实验用双作业操作的方法来研究注意分配。通过声刺激、光刺激和声光同时刺激的不同条件下个体的正确反应次数，来研究不同感觉通道对个体注意分配的影响以及注意分配的条件。实验结果表明：被试在声光双作业操作下的确发生注意的分配；双感觉通道和单感觉通道的条件下，个体对声刺激的反应无显著性差异，对光刺激却有显著性差异；不同性别学生的注意分配不存在差异。注意分配的测量对有些职业如飞行员、同声翻译等的人员选拔有一定的参考价值。

关键词 注意分配 感觉通道 短时记忆

1 引言

注意的分配是指在同一时间内把注意指向不同的对象。注意的分配在生活中有很大的应用价值，它是人们进行复杂劳动的必要条件，并且能大大地提高工作效率。而注意分配的实验常应用于选拔飞行员、同声翻译等注意要求较高的工作中。

心理学家们认为注意的分配是由于注意的能量资源有限造成的。英国心理学家布罗德本特（Broadbent）最早提出注意是资源有限的加工系统的工作结果，即能量有限理论。布罗德本特（1958）在双耳同时分听实验的基础上提出的一个较早的注意模型，即过滤器模型，并设计了一个双耳同时分听的实验（不附加追随程序），以此来验证自己的理论。他向被试的右耳呈现3个数字，同时向左耳则呈现另3个数字，例如，

右耳：4，9，3

左耳：6，2，7

向被试两耳同时呈现刺激的速度为每秒2个数字。然后，要求被试再现。结果发现，被试可用以下两种方式再现。

（1）以耳朵为单位，分别再现左右耳所接收的信息，如493，627；

（2）以双耳同时接收到的信息为单位，按顺序成对地再现。如4，6；9，2；3，7。

布罗德本特原估计能达到95％的准确再现率，但实际上，以第一种方式再现的准确率为65％，以第二种方式再现的准确率为20％。对此，布罗德本特解释，每只耳朵相当于刺激输入的一通道，而过滤器只允许每个通道的信息单独通过。所以，在运用以耳朵为单位的再现方式

时，被试可注意每只耳朵的全部项目，并只需要从右耳转到左耳或者从左耳转到右耳，即只需转换一次，因而再现的效果好。而运用双耳刺激成对再现的方式，则在双耳之间至少需作 3 次转换，被试因不能注意每只耳朵的全部项目而导致一些信息迅速丧失，因此其再现效果差。

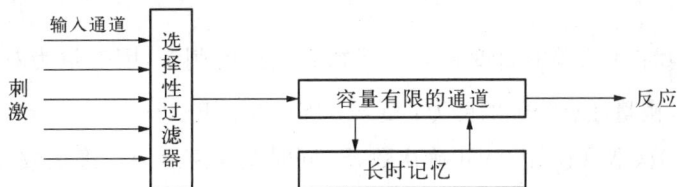

输入通道 → 刺激 → 选择性过滤器 → 容量有限的通道 → 反应

容量有限的通道 ↔ 长时记忆

图 4-6-1

布罗德本特认为，来自外界的信息是大量的，而人的神经系统高级中枢的加工能力则是有限的，于是就出现了瓶颈。为了避免系统超载，就需要某种过滤器来对之加以调节，选择其中较少的信息，使其进入高级分析阶段，这类信息将受到进一步加工而被识别和存贮，而其他信息则不让通过，使得人们依次只能专注于一个通道或一个信息源。因此这种理论被称为"注意的过滤器模型"。因为这种过滤器模型的核心思想是它到达高级分析水平的通道只有一条，因而韦尔福德(Welford,1959)称之为"单通道模型"。

另有研究表明，根据非追随耳的信息也可得到高级分析的实验结果。特雷斯曼(Treisman,1960,1964)在对上述的过滤器模型加以改进后提出了衰减模型。特雷斯曼认为，高级分析水平的容量有限，必须由过滤器加以调节，不过，这种过滤器不是只允许一个通道（追随耳）的信息通过，而是既允许追随耳的信息通过，也允许非追随耳的信息通过，只是非追随耳的信号受到衰减，强度减弱了，但其中一些信息仍可得到高级加工。同时，为了解释受到衰减的非追随耳的信息如何得到高级分析而被识别，特雷斯曼将阈限概念引入高级分析水平。她认为，已贮存的信息如何得到高级分析水平（即意义分析）有不同的兴奋阈限。追随耳的信息，通过过滤器时其强度没有衰减，可顺利地激活有关的字词，从而得到识别；而非追随耳的信息，由于受到衰减而其强度减弱，常常不能激活相应的字词，因而难于识别。但是，特别有意义的项目如自己的名字，虽然有较低的阈值，却仍可受到激活而被识别。追随耳的信息可以激活较多的项目；而非追随耳的信息则只能激活像自己的姓名这类特别有意义的项目。

能量有限理论不仅得到听觉方面的双耳同时分听实验的支持，还得到视觉方面的正、负启动实验的支持。例如，安德森(Anderson,1983)把扩散激活看作认知系统能量的运行，并认为，如果发源于一个结点的激活在实验中被许多相关物所分占，那么，其中任何一个特定的激活点所占能量就必然会减少，因能量是有限的。这说明，选择性注意机制之一的目标激活及其扩散是遵循资源有限理论的。金志成、张雅旭(1995)设计了一个负启动实验。这一实验证实了，分心物抑制扩散也遵循资源有限理论。

根据前人的研究，本实验提出以下假设：

(1) 经过练习而使其中一个作业达到一定的自动化水平后，注意的分配是可能的。

(2) 注意的分配后，对声和光刺激的正确反应就相对降低了。

（3）男女的注意分配没有显著性差异。

2 方法

2.1 实验原理：本实验的自变量为不同感觉通道的刺激，因变量为对其正确反应的次数。用分配值 Q 来衡量注意分配的能力：$Q = \sqrt{S_2/S_1 \times F_2/F_1}$

S_1 声反应正确次数，F_1 光反应正确次数，S_2 同时刺激声反应正确次数，F_2 同时刺激光反应正确次数。

若 $Q < 0.5$，没有注意分配；$Q = 1.0$，完全的注意分配；Q 在 0.5—1.0 时，部分注意分配。Q 值越大，注意分配能力越强。

2.2 实验材料

注意分配实验仪 ZYEP—Ⅱ。

2.3 实验被试：24人，20—21岁，21女3男，大学本科二年级学生，视力或矫正视力正常，听力正常，无此类实验经验。

2.4 实验过程：（1）打开"开关"按钮，将时间定为"4"分钟，工作方式定为"1"（声音）显示定为"1"（三种）。按启动键，开始实验。被试用优势手按键。记录正确次数。

（2）工作方式改为"3"（光），显示为"3"（光）。重复上面的步骤。

（3）将工作方式改为"5"（光和声），显示改为"5"。左手根据声音刺激按键，右手根据光刺激按键。重复步骤。

3 结果

3.1 注意分配值与感觉通道刺激的差异检验。

表 4-6-1 不同感觉通道刺激条件下平均正确反应次数及注意分配值

平均正确反应次数	声	光	声光（声）	声光（光）	注意分配值 Q
男	215.8	334.6	165.6	183	0.6478
女	227.58	354.68	185.11	212.11	0.7064

$Q_男 = 0.6478 > 0.50$ 说明存在注意分配；$Q_女 = 0.7064 > 0.50$ 说明存在注意分配

表 4-6-2 单、双感觉通道条件下正确次数的差别检验

	声刺激单、双感觉通道 t 检验	光刺激单、双感觉通道 t 检验
女（21）	$1.8171 < 2.179$	$7.5837 > 2.719$
男（3）	$1.4263 < 2.306$	$6.2681 > 2.306$
结论	在 0.01 水平上无显著性差异	在 0.01 水平上有极其显著性差异

由统计检验可见,被试在单项作业(单感觉通道)的实验条件下,对光刺激的成绩比在声光双作业(双感觉通道)的条件下要好。其中无论男女光刺激作业有极其显著性差异,而声刺激作业则无显著性差异。

3.2 被试对不同感觉通道刺激的反应正确次数的平均数直方图如下

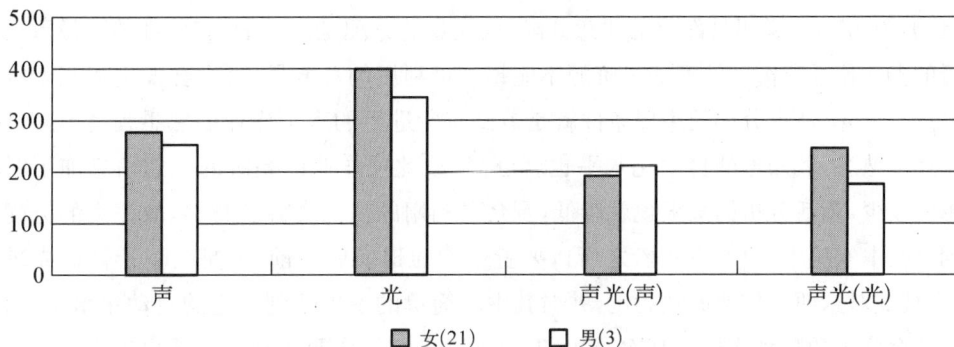

图4-6-2 男女总体对不同感觉通道刺激的正确反应次数比较

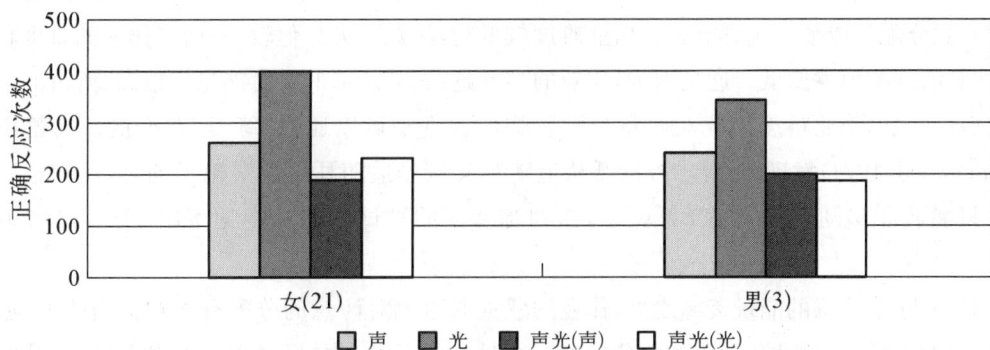

图4-6-3 男女总体对不同感觉通道刺激的正确反应次数比较

3.3 男女差异

表4-6-3 男、女被试对不同感觉通道刺激的 t 检验

刺 激 方 式	t 检验值	结 论
单通道声刺激男、女比较	0.2833＜2.074	在0.05的水平上没有显著性的差异
单通道光刺激男、女比较	0.97793＜2.074	在0.05的水平上没有显著性的差异
双通道声刺激男、女比较	0.2157＜2.074	在0.05的水平上没有显著性的差异
双通道光刺激男、女比较	0.3711＜2.074	在0.05的水平上没有显著性的差异

由统计检验可见,男、女被试在声刺激作业上表现无显著性差异;同样,在光刺激作业上,男、女被试的表现也没有显著性差异。

4 讨论

4.1 分析注意分配的可能性及条件

由实验结果表 1 注意分配值为 Q=0.65＜0.50 说明存在着注意分配,注意分配是可能的。但 Q=0.65＜1 说明是部分的注意分配,故注意的分配是困难的,有条件的。最重要的就是进行的多项作业所需的注意能量资源不能超过可利用的总能量,否则会发生相互干扰无法合理分配。首先,注意分配的主要条件就是被试对所进行的多项作业的熟悉程度。被试对进行的作业越熟悉,其操作的自动化水平也就越高,故此项作业的高级的注意信息加工时所需的资源就较少,激活分析的阈限也就越低,剩余可利用的注意资源就越多,故注意的分配越容易达到。在本实验中,单通道实验之所以要置于双通道实验之前,就是为了让被试先进行练习,提高被试对这两项作业的熟悉度,并对其中较简单的一项达到一定的自动化水平,以保证双通道注意分配的顺利实施。其次,同时进行注意集中的作业之间的关系也很重要。若是这些作业之间形成了某种反应系统,同时进行这些作业就比较容易。这是因为,几个作业可能因为有较密切的关系,故在资源的分配上有交集,可以节省能量。再次,作业本身的难易程度也会对注意分配的成绩产生影响。当作业难度较低时,注意的分配值较高;而当作业的难度较高时,注意的分配值就偏低。这是因为,作业的难度越高,其所需的注意能量就越高,所占的资源也越多。但是,作业难度因素对注意分配影响的程度是可以通过"练习"改变的。安德伍德(Underwood,1974)发现,当要求被试既从追随耳又从非追随耳中觉察靶子词时,没有经验的生手只能从非追随耳中觉察 8％靶子,而训练有素的被试则能从中觉察出 67％,两者差别巨大。

另外,除了注意的能量资源之处,作业的感觉通道也对注意的分配有影响。当两项(或以上)作业的感觉通道相同时,注意的分配相对容易一些。因为在严格意义上来说,注意分配的本质是注意的轮换。相同感觉通道内注意的轮换比不同感觉通道间的轮换容易。

4.2 差异性分析

由结果表 2 可知,无论男女,在双感觉通道条件下,对声刺激的正确反应次数与单通道时间没有显著性差异;而在单感觉通道条件下的对光刺激的成绩比在声光双作业(双感觉通道)的条件下要好。即视觉通道的注意分配要优于听觉通道。这是因为在双通道条件下,被试的注意力主要集中辨别再认高中低三种不同的声音刺激;由于光刺激实现了一定的自动化,且任务较简单(对光刺激的感知可看成是简单反应,对声刺激的感知可看成是包括短时记忆的选择反应),于是分配给此作业可利用的注意能量资源就比单感觉通道条件下的少得多,进而把较多的资源给予控制作业——听刺激。故与单感觉通道条件相比,对光刺激的正确反应会下降得较多;而对声刺激的正确反应次数则相对下降得较少。

由结果 3.2 与 3.3 可知,除了女生在单声、单光及光声(光)感觉通道刺激的正确反应略高于男生,男生的光声(声)感觉通道刺激的正确反应略高于女生,其他的差异不大。经 3.3 的统计检验表明男女间的注意分配无显著性差异,以上细小的差异可忽略不计。这是因为,被试的注意分配机制为多个刺激进入感觉中枢,再激活高级信息加工中枢,产生神经冲动,从而驱动分配的行为。此过程中,并没有明显的性别差异,故性别对注意的分配无显著性影响。

4.3 实验误差

(1)数据误差。本实验中,对光刺激的反应为简单反应,而对声刺激的反应为选择反应。显然,两者在反应机制的水平上就有显著的差异。故两者在单反应通道条件下无可比性和相同的性价比,使得在计算注意分配值时有无关差误,从而影响实验结果。此外,用于对刺激的正确反应只是单个数据,并无在总体中的比较——仪器只显示正确次数,不显示总反应数或错误数,会给统计带来随机差误。

(2)本实验的声音刺激的三个水平较接近,三者的区别度较低易相互干扰,即材料本身质量低劣导致材料有限过程,不利于被试作出正确的反应。而且声音又有较明显的后效,受过一定音乐训练的被试相对于没有受过训练的被试,更简单易于操作,故实验的结果会受到"受过音乐训练与否"和"乐感是否良好"的额外变量的影响。

(3)本实验在单感觉通道条件下,两个作业都用优势手操作;双感觉通道条件下,用优势手操作光反应,用非优势手操作声反应。由于优势手效应,使得声作业操作效率降低,成为单双感觉通道差异性的额外因素。

(4)练习效应。由于练习能提高作业的自动化程度,故练习得越熟练,注意分配作业的效绩越高。简单的光刺激作业和复杂的听刺激作业有相同的练习次数,可因为作业的难度不同,所产生的练习效应也不同,从而污染了实验结果。

4.4 注意分配与注意转移、注意广度的关系

人们通常总是先注意一个刺激,再迅速转向另一个刺激,所以在严格意义上来说,注意分配的本质是注意转移。每一次注意的转移必然引起新的注意分配,注意转移的快慢对本实验会有影响,若注意转移得慢则注意分配能力低,注意广度也低,故有此影响。在视觉条件下此情况尤其显著。从正负两种加工过程理论来分析,注意可以成功地在几个输入或作业中间进行分配。显然,这种分配是有条件的,即当在两个作业同时进行时,其中至少有一个作业是自动加工,则两个作业能顺利地进行。若两个都是需要控制加工的作业,就难以顺利地同时进行。此时,若需要将注意集中于某种信息输入时,控制加工还需排除另一些信息输入。当自动加工过程对无关信息作出反应时,它会干扰主要作业的操作,从而降低主要作业的操作水平。

4.5 短时记忆在注意分配过程中的作用

本实验中,光刺激的反应是建立在感觉记忆的基础上的,而声刺激的反应是在短时记忆的基础上完成的。被试对高中低三种不同音频的刺激采用听觉形式编码进行短时记忆,再通过再认的方式来对其进行分辨,以完成作业操作。故被试对声刺激的短时记忆越强,注意分配的作业完成得越好。

作业本身的难易程度和刺激本身的性质也会对注意分配的成绩产生影响。本实验中,注意分配的有限性除了资源的有限性之外还有材料的有限性。材料的有限性是指所要加工的刺激材料本身质量低劣或不适宜加工而造成的短时记忆信息不畅,使被试无法顺利进行注意的分配。此时,即使有较多的资源也不能改善注意分配作业的操作水平。

另一方面,短时记忆编码是否受同时性作业干扰取决于同时性作业的性质与短时记忆是否相同,若两种作业性质相同,则相互干扰;若两种作业性质不同,则无干扰或少干扰。早期研究发现,提取阶段进行同时性作业比编码和保持阶段所受损害更大,这也说明短时记忆提取比编码需要的注意资源更多些。

5 结论

5.1 被试在声光双作业操作下的确发生注意的分配,但却是有条件的。

5.2 双感觉通道和单感觉通道的条件下,个体对声刺激的反应无显著性差异,对光刺激却有显著性差异。证明不同感觉通道对注意分配是有影响的。

5.3 男女生的注意分配不存在差异。

参考资料

1. 朱滢. 实验心理学. 北京：北京大学出版社,2000

2. 叶奕乾,何存道,梁宁建. 普通心理学. 上海：华东师范大学出版社,2004

3. 杨治良. 实验心理学. 杭州：浙江教育出版社,1998

4. 黄希庭. 心理学实验指导. 北京：人民教育出版社,1988

5. 罗婷,焦书兰. 注意分配与注意选择能力的年龄差异比较. 心理科学. 2004. 27(6)：1307—1309

第五部分

大型实验（研究）仪器介绍

一 ERP 的基本原理及实验

一、事件相关电位(简称 ERP)的基本概念及数据提取过程

1. ERP 的定义

狭义定义：凡是外加一种特定的刺激，将其作用于感觉系统或脑的某一部位，在给予刺激或撤销刺激时，在头皮所记录到的电位变化。一般 ERP 仅指狭义定义。

广义定义：凡是外加一种特定的刺激作用于有机体，在给予刺激或撤销刺激时，在神经系统任何部位引起的电位变化。

2. ERP 的技术原理

（1）EEG 对 ERP 的淹没与叠加基本原理

一次刺激诱发的 ERP 的波幅约 $2—10~\mu V$，比自发电位(EEG)小得多，两者构成小信号与大噪音的关系，因此无法测量，无法研究。但 ERP 有两个恒定，一是波形恒定，一是潜伏期恒定。利用这两个恒定就可以通过刺激叠加，从 EEG 中将 ERP 提取出来。为了从 EEG 中提取出 ERP，需对被试施以多次重复呈现刺激。将重复呈现的刺激产生的 ERP 加以叠加与平均。由于作为 ERP 背景的 EEG 信号与刺激间无固定的关系，而每次刺激后产生的 ERP 波形是相同的，且 ERP 波形与刺激间的时间间隔（潜伏期）是固定的，经过叠加，ERP 的振幅与刺激叠加次数成比例的增大，而 EEG 则按随机噪音方式加和，从而减弱 EEG 的噪音掩蔽。

（2）噪音、干扰和伪迹的概念区分

ERP 的噪音主要是自发电位和来自仪器的本身的噪音。ERP 的干扰主要是 50 Hz 市电。ERP 的伪迹主要是指来自实验刺激或被试的 EOG(眼电)、运动电位等。

（3）导联方法

① 国际 10—20 系统

如图 5-1-1 所示，国际脑电图学会在 1958 年制定了各国统一的 10—20 国际脑电记录

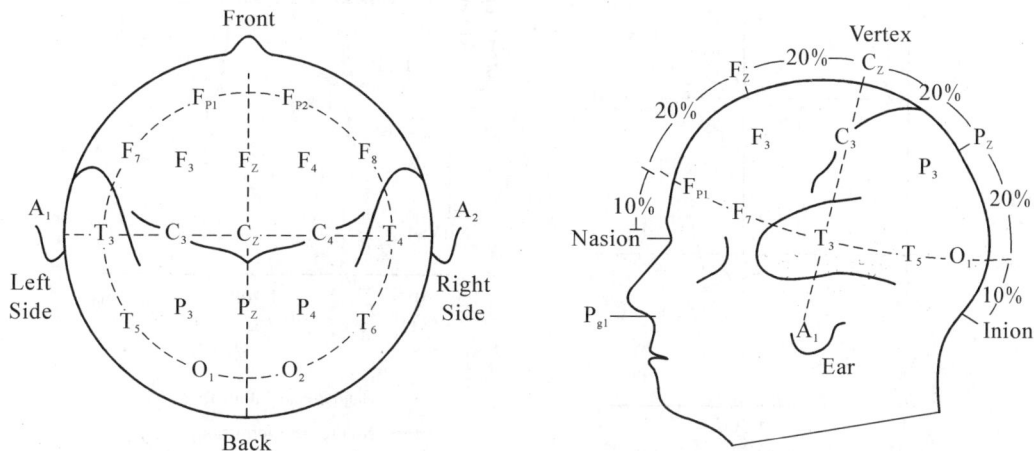

图 5-1-1 国际 10—20 系统

系统(Jesper,1958),沿用至今。现代的 128 导或 256 导电极帽同样也是根据 10—20 系统扩展而成。1994 年,美国脑电图学会提出了 10—10 系统,但尚未被普遍认可。10—20 系统的原则是头皮电极点之间的相对距离以 10%到 20%来表示,并采用下列 2 条标志线。

矢状线:从鼻根至枕外隆凸的连线,又称中线。从前往后标出 5 个标记记录点——Fpz、Fz、Cz、Pz 和 Oz。Fpz 之前与 Oz 之后各占中线全长的 10%,其余点间距皆占 20%。

冠状线:两外耳道之间的连线。Cz 是矢状线与冠状线的交点,因而常作为基准点。从左至右也记录 5 个点——T_3、C_3、C_z、C_4 和 T_4。T_3 与 T_4 外侧各占 10%,其余点间距皆占 20%。

经过上述两线的边缘 4 点,以 Cz 为圆心画圆,4 个点间在圆周上等距离地取 2 个点,并在 Fz、C_3、Pz、C_4 间各取一个点。这样 10—20 系统共由 21 枚有效电极组成。

② 单极导联与双极导联

将头皮上的一个电极的电位设置为零,这个电极称为参考电极。另外一个或多个电极与参考电极的电位差即是各该电极的电位值,这些电极叫做记录电极。采用一个公共参考电极与多个记录电极的方法叫单极导联法。记录两个点之间的相对电位差,称为双极导联法。

二、ERP 成分概述

1. CNV

CNV 在 1964 年为沃尔特和库柏(Walt & Cooper)等所发现。若实验中,告知被试他将得到两个信号(短音或闪光),被试听(或看)到第一个信号后开始准备反应,第二个信号出现后则要尽快作出反应(两个信号出现的时间间隔不固定),则可在预备信号和命令信号之间观察到脑电发生负向偏转(contingent negative variation,简称 CNV,中文称为"伴随性负变化"或"负关联")。CNV 的头皮分布以 Cz 点波幅最大。

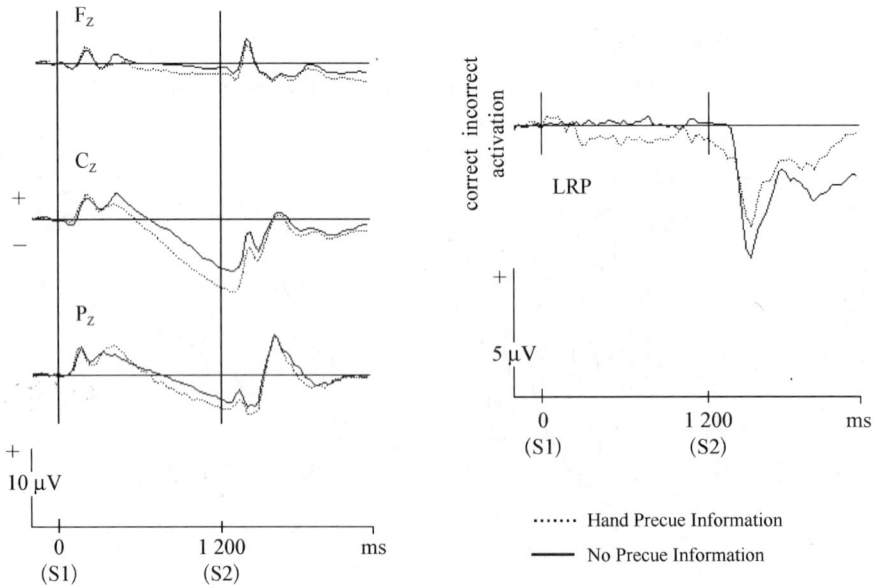

图 5-1-2

2. P300

P300 由萨顿(Sutton)等 1965 年发现。P300 为晚期成分的第三个正波 P_3，由于当初发现的 P_3 是在 300 ms 左右出现的正波，故称之为 P300。后来随着与 P300 类似的成分的不断被发现，便出现了含有多个子成分的 P300 家族。这个家族称为后正复合体(late positive complex)。不过有时也将 P300 或 P_3 作为这个家族的总称使用，而最初发现的经典的 P300 此时称为 P3b。然而，一般不加说明的情况下，所谓 P300 或 P_3 仍然是指最初发现的经典的 P300 单个波。最初发现的经典的 P300 单个波一般可在 Oddball 实验模式下出现。该实验是：对同一感觉通路的一系列刺激由两种刺激组成，一种刺激出现的概率很大(如 85%)，称为标准刺激；另一种刺激出现的概率很小(如 15%)，称为偏差刺激。两种刺激出现的顺序是随机的。令被试发现偏差刺激后尽快按键或记忆其数目。这样，偏差刺激为新奇刺激。此时偏差刺激已成为靶刺激。如此可在偏差刺激后约300 ms可观察到一个正波，此即 P300。研究发现，它在 Pz 点附近波幅最高；在非注意条件下或偏差

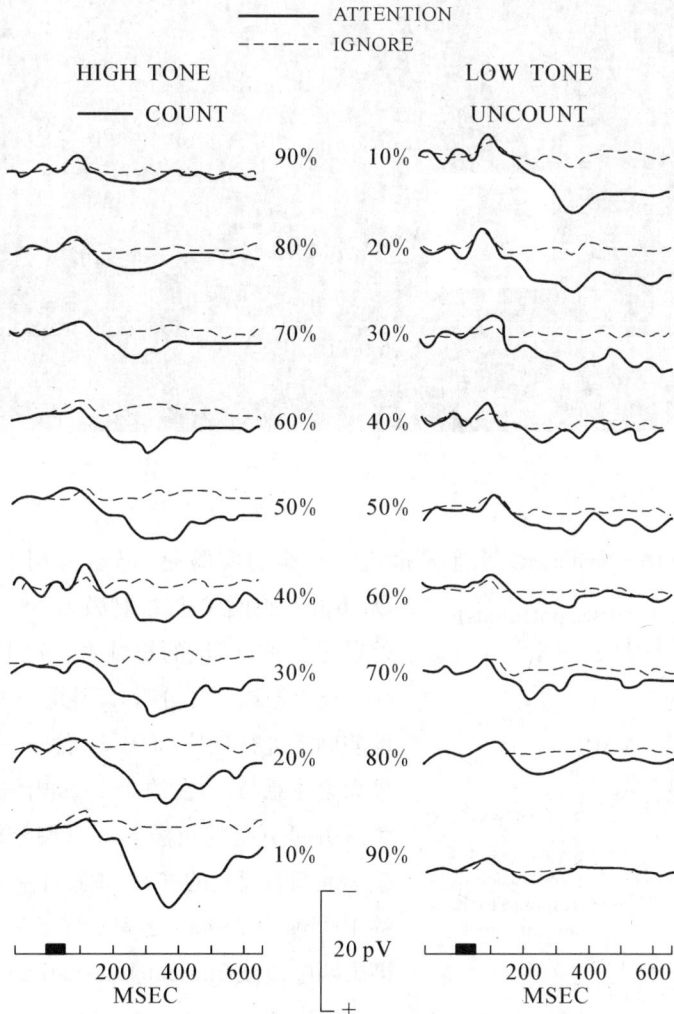

图 5-1-3

刺激与被试的任务无关时不能引起 P300，或者只引起很小的 P300；双任务的实验证明，在一定程度上 P300 的波幅与所投入的心理资源量呈正相关。P300 的潜伏期随任务难度的增加而增加。

就 P300 所反映的具体认知过程，目前尚存在不同的意见。代表性的观点认为，P300 代表知觉任务的结束。按照这一理论，P300 代表某种刺激加工的抑制，当对所期盼的刺激作某种有意识的加工时，相关的顶叶或内侧颞叶部位被激活，产生负性电位，一旦这一加工结束，则这些部位受到抑制，此时即产生 P300。另外，唐钦（Donchin，1979，1981）认为 P300 的潜伏期反映对刺激物的评价或分类所需要的时间，P300 的波幅反映工作记忆中表征的更新，也被心理生理学界所接纳。目前，P300 潜伏期的范围的概念已并非在 300 ms 左右，有的 P300 长达 700 ms 或更长。近年来精确脑定位手段（如 FMRI），发现 P300 的脑内源不只一个，因而 P300 不是一个单纯的成分，而是与多种认知加工有关。

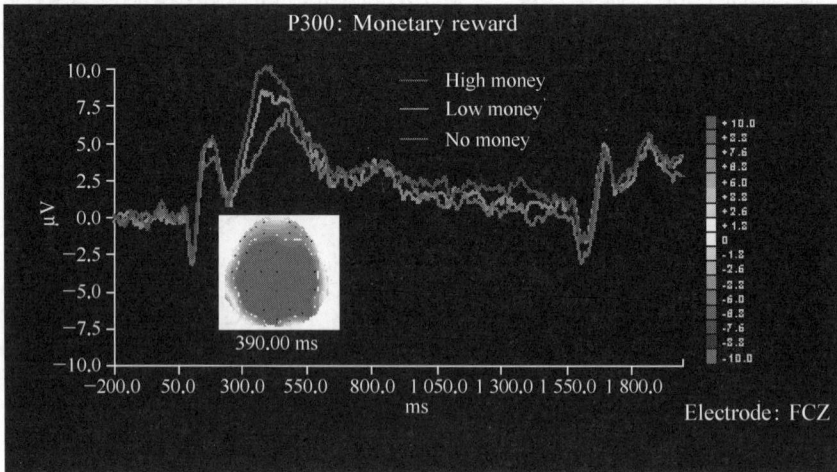

图 5-1-4

3. MMN

1978 年为纳塔嫩（Näätänen）等首先报道。经典的实验是，仍然运用上述产生 P300 的 Oddball 实验模式，标准刺激为 1000 Hz 的短纯音，偏差刺激为 800 Hz 的短纯音，分别在被试双耳中呈现。要求被试双耳分听，即注意一只耳的声音，并对偏差刺激进行反应，而不注意另一只耳的纯音。结果无论注意与否，在约 250 ms 内偏差刺激皆比标准刺激引起更高的负波。若以偏差刺激引起的 ERP 减标准刺激引起的 ERP，观察此差异波，则可见到在约 100 ms 至 250 ms 之间出现了一个明显的负波，此即失匹配负波（mismatch negtativity，简称 MMN）。

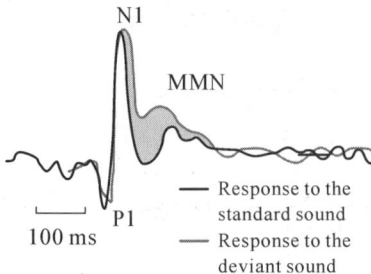

图 5-1-5

4. N400

N400 是研究大脑语言加工常用的 ERP 成分。它首先由库塔斯（Kutas）等于 1980 年报道。要求被试阅读并理解屏幕上呈现的句子,实验中,某些句子的最后一词为畸义词。当屏幕上呈现畸义句中的单词,记录各个畸义词诱发的 ERP。发现该句尾畸义词诱发的 ERP 在 400 ms 左右出现了一个新的负成分,从而命名为 N400。研究发现,N400 的波幅与畸义词对其语境背离的程度相关(见图 5-1-6)。

N400 在揭示语言加工的认知规律上发挥了很大作用,然而关于 N400 反应的究竟是语言本身的性质,还是广义的语义加工,甚至它是否仅与语言加工相关的问题仍有争议。目前一般认为 N400 与长时记忆语义信息的提取有关。但进一步研究发现,与 P300 相似,N400 也有许多子成分,分别与不同的认知过程相关,有不同的脑内源。而且,也发现 N400 不仅与语言加工有关,面孔、图画等非语言刺激也能诱发 N400。

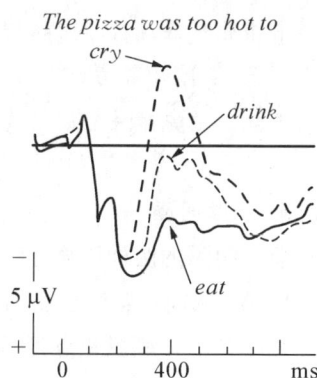

图 5-1-6

三、ERP 研究的领域

ERP 被广泛应用于脑功能研究,在心理学、生理学、认知神经科学及医学临床等领域,取得了巨大成就,被誉为"观察脑功能的窗口",有很高的研究与应用价值。

四、ERP 刺激程序

1. 刺激类型

(1)视觉刺激

自然界存在的物体都可能成为视觉刺激,可以将它们分为非图形刺激和图形刺激。非图形刺激如闪光等,图形刺激如简单的两维、三维几何图形、文字及复杂的自然景观或面孔等。无论它们是静止状态还是运动状态均可作为视觉刺激物。理论上 ERP 研究已经突破了"可视"的概念,例如,呈现时程极短(<40 ms)、人眼"视而不见"的图像也能导致 ERP 的变化。

(2)听觉刺激

听觉刺激主要采用包含以下类别:

① 纯音(pure tone):波形呈正弦曲线的声音。

② 短声(click):主观感觉为"咔"声,故也称"咔声",波形为方波。

③ 白噪声(broadband noise/white noise):在较宽频带范围内,含有各种频率的噪音,各频率的能量分布均匀,类似于光学中的白光形成原理,因此叫做"白"噪声。

(3)体感刺激

主要使用人体所能承受的微弱脉冲电流,刺激时程 0.1—0.5 ms,频率 1—5 Hz,电压 50 μV。

2. 刺激呈现时间

根据实验需要确定具体时间。

3. 刺激间隔

刺激间隔的两种计算方法

SOA：从前一刺激起点到后一刺激起点。

ISI：从前一刺激止点到后一刺激起点。

4. 实验模式

（1）Oddball 模式

Oddball 实验模式是指采用两种或多种不同刺激持续交替呈现,它们出现的概率显著不同,经常出现的刺激称为大概率或标准刺激（standard stimuli）,偶然出现的称为小概率或偏差刺激（deviant stimuli）。令被试对偏差刺激进行反应,因此该偏差刺激称为靶刺激（Target）或目标刺激。这是诱发 P300、MMN 等与刺激概率有关的 ERP 成分时常用的经典实验模式。

（2）Go-Nogo 模式

两种刺激的概率相等。令被试反应的刺激叫做 Go 刺激,即靶刺激;不需被试反应的刺激叫做 Nogo 刺激。该模式也叫做 Go 与 Nogo 作业,其特点是排除了刺激概率对 ERP 的影响;与 Oddball 模式相比,大大节省了实验时间,这是它的优点,但也丢失了因大、小概率差异而产生的 ERP 成分。

（3）跨通路研究模式

"跨通路"（Cross-Modal）是指在同一实验模式中采用不同感觉通路的刺激物,通常为视觉与听觉刺激,常用于选择性注意的研究。

（4）各种特定认知实验模式

如运动知觉、记忆、意识研究。

五、基本 ERP 实验

实验一　P300 的诱发

1. 实验目的：视觉通道偏差刺激诱发的 P300。

2. 实验方法：采用 Oddball 基本实验模式，视觉刺激采用两种不同的类型的图形——圆形和三角形。圆形出现的概率为 80％，三角形出现的概率为 20％。每张图片呈现 500 ms，两类图形共呈现 200 次。要求被试对三角形进行反应。

3. 实验结果：诱发出较为显著的 P300。

实验二　N170 的诱发

1. 实验目的：视觉通道面孔刺激诱发的 N170。

2. 实验方法：采用 Go-Nogo 模式，采用面孔和非面孔两种图片，呈现时间为 500 ms，两类图片共呈现 200 次，要求被试对面孔图片反应。

3. 实验结果：诱发出较为显著的 N170。

六、参考文献

1. 魏景汉，罗跃嘉. 认知事件相关脑电位教程. 北京：经济日报出版社，2002

2. 陈春萍，隋光远，程大志，王李艳. 学习障碍者信息加工的 ERP 研究. 心理科学，2009，32(2)：399—400

3. 王恩国，刘昌. 学习困难的 ERP 研究. 心理科学，2005，28(5)：1144—1147

二　眼动仪及其理论研究概述

一、眼动仪及其记录技术

人类获取的外部信息约 80％来自视觉。可见，眼睛是人的重要感觉器官，她被人们美誉为心灵的窗户。因此对于人类是如何看事物的科学研究一直没有间断过。

眼动仪的问世为心理学家利用眼动技术(eye movement technique)探索人在各种不同条件下的视觉信息加工机制，观察其与心理活动直接或间接的有趣关系，提供了新的有效工具。早在 19 世纪就有人通过考察人的眼球运动来研究人的心理活动，通过分析记录到的眼动数据来探讨眼动与人的心理活动的关系。心理学的眼动研究已经成为当代心理学研究的一种有用范型。眼动技术先后经历了观察法、后像法、机械记录法、电流法、电磁感应法、影像记录法、角膜反射法等多种方法的演变，是通过对眼动轨迹的记录，从中提取诸如注视点、注视时间和次数、眼跳距离、瞳孔大小等数据，从而研究个体的内在认知过程。20 世纪 60 年代以来，随着摄像技术、红外技术(infrared technique)和微电子技术的飞速发展，特别是计算机技术的运用，推动了眼动仪的研发。现代眼动仪的结构一般包括光学系统、瞳孔中心坐标提取系统、视景与瞳孔坐标叠加系统和图像与数据的记录分析系统。近年来，高精度眼动仪的问世，极大地促进了眼动研究在心理学及相关学科中的应用。

现在,全世界约有四十多家公司生产眼动仪。目前,国内各心理学研究单位使用的眼动仪主要有:瑞典 tobii 公司生产的新一代全自然状态下的(无须戴头盔)眼动追踪系统(T120 型和 X120 型);加拿大 SR Rsearch 公司生产的 EyeLinkⅡ头盔式眼动仪和 EyeLink1000 型头托式眼动仪;以及美国应用科学实验室(Applied Scinence Laborations 简称 ASL)研发的 504 和 501 型眼动仪等。我国上海生理所和西安交大在 20 世纪 60 年代就研制出眼动仪,但一直未商品化。

人的眼动一般有注视(fixation)、眼跳(saccades)和追随运动(pursuit movement)三种基本方式。

1. 注视:是指将眼睛的中央窝对准某一物体的时间超过 100 毫秒,保持被注视物体在中央窝上成像,并使之获得充分的加工,形成清晰的像。然而注视时眼球并非静止,仍有三种微小的运动。这三种微小运动包括自发性的高频(30 Hz—70 Hz)眼球微颤、慢速漂移(slow shifts)和微跳(microsaccades)。这些细微眼动是视觉信息加工所必需的信息提取机制。一般认为,慢速漂移使目标逐渐离开中央窝中心,而由微小跳动纠正这个偏差,以保持正确的注视状态。可见,注视相对稳定且易捕捉到。

2. 眼跳:注视点之间的跳动称为眼跳动,是一种眼球注视位置突然变化、个体意识不到的随意运动。眼跳过程中可以获取刺激的时空信息,但几乎不能形成刺激的清晰像。眼跳动是一种联合运动(双眼同时移动),速度很快,最高可达每秒 450 度,跳动的距离(单位:度)可以从 2 分度到 20 度视角。眼跳可以实现对视野搜索和对刺激信息的选择。

3. 追随运动:由运动目标的速度信息输入中枢神经系统,眼睛为了追随这个目标而引起的一种连续反馈的运动。需要指出的是眼睛对物体(静止或运动)进行观察时,总是同时进行多种形式眼动。追随运动常常伴随较大的眼跳和微跳。通过上述三种不同形式的运动,眼睛才能将要注意的对象成像于中央窝区域,以形成清晰的像。

眼动通过反映视觉信息的选择模式,可以揭示认知加工的心理机制,这具有重要意义。从近年来发表的研究报告看,利用眼动仪进行心理学研究常用的参数主要包括以下几项。

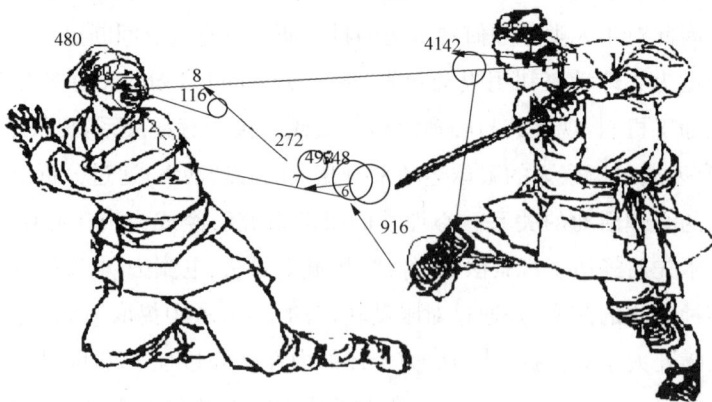

图 5-2-1

(1)注视点轨迹图:它是将眼球运动信息叠加在视景图像上形成的注视点及其移动的速度向量轨迹图。图 5-2-1 为某被试看一幅图时眼动仪记录的注视点、注视时间和跳视方向的轨迹情况。它能直观和全面地反映眼动的时空特征,判定在不同刺激情境和不同任务条件下,不同个体之间或同一个体不同状态下的眼动模式及其差异性。

(2)眼动时间:它包括注视时间(注视点从开始到结束的持续时间,Duration time)、眼跳时间、回视时间和追随时间。这些时间和位置信息可用于分析各种不同的眼动模式,进而揭示各种不同的信息加工过程和加工模式。记录时,可以同时提取在不同视景位置(可以划出欲比较的兴趣区域)的注视时间、注视次数、眼跳次数、回视次数等。

(3)眼跳方向(direction)的平均速度(average velocity)、时间和距离(或称幅度,amplitude):在二维或三维空间内考察眼动方向(角度 angle),可以揭示眼睛注意的对象及其转移过程。

(4)瞳孔(pupil)大小(面积或直径,单位像素 pixel)和眨眼(Blink):瞳孔是眼动变化中的一个重要指标,瞳孔的大小与疲劳、情绪、动机和态度有关,此外还与知觉任务难度、记忆、思维活动和语言加工有关,它在一定程度上反映了人的心理活动。它可以解释不同条件下的知觉广度或注意广度。眨眼有两种,一种是随意性眨眼,另一种是不随意眨眼(保护性的和不由自主发生的),根据有关研究表明,一些认知活动(解决字谜)会使眨眼频率提高。蒂斯(Tecce,1992)的研究表明,眨眼频率高通常反映消极的情绪状态,如紧张、焦虑和疲劳等。可见眨眼与心理因素有着紧密的联系。不过,近年来国外的眼动研究已很少用这个指标。

眼动的时空特征是视觉信息提取过程中的生理和行为表现,这是许多心理学家致力于眼动研究的原因所在。它与人的心理活动有着直接或间接的关系。

二、心理学的眼动研究及其应用领域

1981年第一届欧洲眼动大会在德国伯恩召开,其规模虽然非常小,但却预示着眼动研究的繁荣时期即将到来。到了2005年,第十三届欧洲眼动大会在瑞士伯尔尼召开,其规模和范围已大大超出了欧洲,成为各国眼动研究专家交流学术思想、加强合作的重要平台。从与会代表向大会提交的论文看主要有如下特点。

(1)眼动的生理机制研究:主要是从脑机制、病理学、分子生物学、脑成像角度去进行研究。

(2)阅读研究:英语阅读是它的主要内容,其他语言阅读如汉语的眼动研究有所增加。

(3)注重眼动理论模型的建立与论证。

(4)注重眼动的应用研究,诸如医学心理学、广告心理学、汽车驾驶心理学、运动心理学等领域。

心理学领域中,眼动研究方兴未艾,它已成为当代心理学研究的一种有用范型。随着眼动仪向智能化、系列化、便携化方向的发展,它在心理学众多分支领域中的应用正得以迅速发展。以下就部分眼动理论研究及应用领域作一些简单介绍。

1. 眼动与视觉信息加工的心理机制研究

心理学基础研究的一个主要课题是眼动与视觉信息加工的心理机制研究。眼动(eye movement)就是眼球运动,它与人的肌肉运动一样,也是一种反射运动。故眼动既是一种主动性眼动,同时也是在没有意识指引下发生的无意注意过程。一般来说眼动伴随着"想看什么"或"看到了什么"能充分地显示视觉信息加工中的选择性注意。视野中各部分被选择的控制机制包括外源性控制(exogenous control)和内源性控制(endogenous control)。前者又称刺激驱动或自下而上的信息选择,是指由于刺激的特征性使得个体无意识地被注意对象的特征所吸引的过程,故也可称不随意选择性注意。后者又称目标驱动或自上而下的信息选择,指注意的指向是受意识控制的,故也称随意选择性注意。该领域中的基本理论主要是关于视觉信息加工与眼动关系的理论,特别是眼跳与注意的关系模型。为了解释外源性眼跳(exogenous saccades)与内源性眼跳(endogenous saccades)之间的竞争,戈金和西龙文斯(Godijn & Theeuwes)提出了"竞争—整合模型"(The Competitive Integration Model)。该模型认为眼跳过程发生在同一个动态的、可变的、心理性的眼跳地图上。它是整合了来自不同方面信息(如内源和外源性)的结果。眼跳过程就是表征眼跳地图位置间激活的竞争。一般讲,在视景中存在许多可能的眼跳目标,而眼跳是指向一个特定的位置的,这就需要一种选择机制,或者说需要一种指向眼跳地图上特定位置的控制信号。人们认为对某一客体作进一步的加工和反应,注意和眼跳这两个定向系统都会指向这个客体,以使其处在眼跳地图中心。研究者认为在眼跳和视觉信息加工之间存在一种共同选择性注意机制。在眼跳地图上该位置保持强激活,抑制其他区域激活以防止眼跳。关于眼跳与注意的关系波斯纳(Posner)认为为了形成眼跳程序,必须先注意到眼跳区域,且注意的转移是在准备眼跳位置时已经完成了。假设两者是相关的,需要一个启动信号激活眼跳程序,但注意转移并不总是伴随眼跳。总之,心理学家都承认注意与眼动的内在关系。注意是信息加工过程中普遍存在的心理机制,因此通过眼动过程了解注意的状态及其方向,可以为揭示信息加工的内部机制提供独特而有效的途径。

2. 阅读的眼动研究

阅读是人们日常学习和生活中一项十分重要的认知活动。心理学家对阅读的眼动研究可以追溯到19世纪。最近二十多年来,随着认知心理学的兴起,心理学家开始重视眼动与知觉及其认知之间的关系。因为阅读是人们获得知识,增长经验的重要手段之一,所以了解阅读中的认知过程对于提高阅读效率,促进语文教学,解决中小学生中存在的阅读问题具有重要意义。在阅读的研究中,心理学家利用眼动参数来反映认知加工的过程。阅读研究中采集的眼动基本参数如下。

第一,眼跳是贾瓦尔(Javal,1897)首次发现的,是指从一个注视点到另一个注视点的运动。贾瓦尔推测在眼睛运动时是不能阅读的,只有在注视停留期间才能进行上述活动。眼跳过程中阅读者之所以不能获取信息,是由于该过程中眼的敏感度会降低,没有清晰的视觉,这种现象称为眼跳抑制(saccadie suppression)。眼跳是一种快速的眼运动,其速度一般为每秒500度。在阅读中眼跳时间约为 10 ms—23 ms。在阅读情境下,眼跳要占阅读时间的6%—10%,平均眼跳距离为8—9个字符空间(相当于2度视角)。当某个字被跳读时,可能读者的前一次注视中已经对这个字进行了加工。眼跳距离大,说明读者一次注视所获得的信息相对较多,阅读效率高。眼跳距离小,说明对阅读的材料具有一定的困难。对此,解决的方法有两种:一是记录对字的阅读概率;二是在分析目标字的注视时间时,把目标字左侧三个字符内的注视点的注视时间也算在内。

第二,注视时间(fixation duration)。阅读一篇文章时,读者对有的词注视若干次,有的词仅注视一次。一般来说,该现象受问题的复杂、词的长度以及词的可预测性的影响。如何确定对一个词的加工时间,是一个有争议的问题。通常研究者除了分析被注视过一次的词外,对被注视过若干次的词,则只分析第一次的注视情况,也就是说阅读中的注视时间指的是第一次注视时间(first fixation duration)。其不足之处是由于不考虑注视过多次的词,会丢掉许多有用信息。因为读者对一个词注视多次,往往说明读者对该词进行重要的信息加工。

第三,凝视时间(gaze duration),是指在眼跳到第二个词之前对第一个词(字)的注视时间总和(total fixation time),包括对该词的第一次注视和注视该词后面的词之前的注视时间。它可能反映了读者对词汇和对文章整合的过程。

第四,回视(regression),是指注视新单词后返回注视之前已注视过的单词的过程。它有助于对文章进行深一层加工。有研究发现儿童眼动中有 25% 是回视,成年人中有 15% 是回视。另外还有一种有别于回视的回扫(return sweep)是指从一行句尾到下一行的句首的眼动。

对一个词的加工难易程度会影响上述各项眼动指标。此外,还会记录读者的初次注视时间、凝视时间、注视某个词的概率(次数)、对某个词的回视频率和时间等数据,对于分析该词在句子中如何被加工也起着至关重要的作用。持不同观点的人会采取不同的方法来计算对词的加工时间。

近二十年来,心理学家在阅读研究中会使用三种眼动随动技术:(1) 移动窗口法(moving window)。窗口是指注视点周围的一段视觉区域,窗口中的内容在实验中是正常呈现的。窗口外的内侧被屏蔽掉,被试通过按键来移动窗口(看过的词被掩蔽,后面的词出现)。我国舒华(1996)、陈烜之(1995)等采用该技术做过阅读方面的研究。(2) 中央窝遮蔽(foveamask)。与移动窗口技术相似,只是被试在注视时,注视点周围的内容或者窗口内部的内容被屏蔽掉,而窗口外的信息则正常显示。(3) 边界范式(boundary paradigm)。当阅读者眼跳超过了一个人为制定的并且是看不见的边界(也可以称窗口,其大小由主试设定)位置时,目标词将会呈现,以取代之前的刺激。麦克洛基和雷纳(Mclokie & Rayner,1975)用此方法对阅读知觉广度的研究获得许多重要结论。此外还有固定窗口法、累积窗口技术、指定法、判定法、再认法和命名法等。

在阅读的眼动研究中,阅读过程的眼动理论试图解决的一个最关键问题就是如何将眼动过程与阅读时读者的心理活动对应起来。心理学家根据自己的研究成果提出了各自的眼动理论来解释阅读过程。早期的理论模型有:

(1) 视觉缓冲加工模型(vision buffer processing model),由布马和德沃格得(Bouma & De Voogd,1974)提出。主张在阅读过程中,读者的眼动过程同认知加工过程之间没有任何关系。该理论已逐渐被人们抛弃。因为后来许多实验都发现在阅读过程中,每个注视点的持续时间长短与正在阅读的内容是有关系的。

(2) 立即加工模型(immediately processing model 或称直接假说),由贾斯特和卡彭特(Just & Carpenter,1980)提出。他们认为,在阅读过程中,读者试图把所注视的每个词立即进行综合,甚至以猜测为代价(即使会猜错)。因而他们提出加工是即时完成的,是不能延缓的。在此基础上他们又在同年进一步提出了眼—脑加工模型。

(3) 眼—脑加工模型(eye-mind processing model)提出:只要被试在大脑中对所读内容进行加工,他们的眼睛就会注视正在加工的内容。所以对某内容(词)加工的时间就是对该内容的总注视时间。如阅读时被试的注视广度研究和注视持续时间随注视内容的难易及作用而变化的研究。但它不能很好地解释这样的问题,即对一个词的注视时间在多大程度上反映了对这个词的加工时间,读者在阅读过程中为什么不注视有些词。这个模型目前有许多实验结果支持。

(4) 副中央窝加工理论(模型)(parafoveally processing model)。该理论认为阅读过程中读者眼睛的注视范围可分为中央窝注视范围和副中央窝注视范围两个部分。该理论较好地解释了阅读过程中眼睛对一个词的注视时间受其前后词特征(相关程度)的影响这一现象。当读者用中央窝注视一个词时,其副中央窝视觉对注视点右侧的词也进行着信息加工,所以阅读过程中有时注视点不是转移到紧接其后的词而是跳过那个词去注视第三个词。因而读者对一些词是不予注视的。然而,虽不注视,副中央窝视觉对注视点右侧的词还是进行了部分加工。

(5) 眼动控制模型(model of eye movement control)是莫里森(Morrison)于 1984 年在麦康基(McConkie,1979)的聚光灯理论基础上提出的。该模型主要涉及意义提取和注意转移两个方面的问题。他认为内部机制注意一次只加工一个词(N),使注意机制向下一个词(N+1)移动的信号是对前一个词的成功识别。当注意机制移动到下一个词的时候,就会有一个信号传到眼动控制系统,进而发生眼跳,使眼睛注视下一个区域(词)。但它不能解释有的词为什么被注视若干次,即出现回视;不能解释注视停留位置是如何选择的。而随后出现的眼动理论不但对认知加工与阅读中眼动的关系进行了定性证明,而且进行了定量的描述。

(6) E-Z Reader 模型是由赖克尔(Reichle)等人(1998)在莫里森模型基础上发展起来的定量模型。他试图在单词水平上解释眼动行为特点,特别是在注视时间和空间两个维度上的特点。这个模型没有把句法和语义等自上而下的加工过程对眼动的影响加入到模型中去,也没有考虑注视点的精确位置问题,忽视了着陆点误差。但它能合理解释阅读中的一些现象,如副中央窝预视效应,词频效应和词长效应以及对某些词的跳读和对一个词(单词)的再注视。但E-Z Reader 模型无疑已经取得了重大进步,且这个模型对中文阅读过程中眼动控制的研究有重要参考价值。它对于开发出中文阅读眼动控制理论的定量模型具有重要意义。

目前尚没有一个公认的比较理想的理论模型。原因在于阅读本身是一个复杂的认知过程,眼动与认知加工之间的关系更为复杂,要通过眼动去揭示这个过程并非易事。要精确地反映阅读的认知加工,需要将眼动技术与传统的阅读研究方法以及事件相关电位(ERP)和脑功能成像技术等结合起来研究阅读的认知加工过程。这样才能使阅读的眼动研究更加深入,结果更加准确。近年来我国心理学工作者阎国利等人在中文阅读的眼动研究方面取得了令人瞩目的成果。相信不久的将来,国内会有更多的关于中文阅读的眼动研究成果问世。

下面简要介绍对阅读困难者的眼动研究情况。

在现实生活中有的儿童阅读技能发展较好，而有的直到长大成人也未能熟练掌握阅读技能。虽然阅读是人人都应掌握的技能，但仍存在诸多阅读困难的问题。阅读困难者英文是dyslexia，又称发展性阅读障碍（developmental reading dyslexia，简称DRD），是指具有正常智力和教育及社会文化的个体在阅读方面出现特殊学习困难状态，阅读成绩明显落后于同龄人的水平。关于DRD的成因，国外学者提出了语言障碍、小脑缺陷以及结合眼动及生物技术提出的一般性大脑细胞功能障碍等理论。目前有研究表明，DRD与眼动关系密切，并且DRD眼动模式不同于正常人。在实验中表现为每行注视次数较多，出现过多回视，注视点的持续时间较长，眼跳距离较短（反应时间和潜伏期延长）。他们与学优生和正常生相比差异显著。我国心理学家韩玉昌等（2005）以科技说明文和记叙文为实验材料对65名小学生用眼动仪进行的研究，其结果也证明了这一点。

如何提高DRD患者的阅读能力？目前，国内尚未有治疗DRD的系统方法。斯坦（Stein）等发现对于10岁以下的患者，罩住其左眼可以帮助他们获得稳定的眼优势；对于年龄较大者，可通过练习反馈法，详细指导他们如何平稳地控制眼球运动，以此训练注视的稳定性。国外学者还发现"放大字体"可以改善个体的阅读能力。因此，从眼动角度探讨对DRD患者的诊治，特别是开展汉语的DRD眼动研究具有重要的理论和实际意义。

3. 图画观看、视觉搜索和模式识别的眼动研究

阅读过程与图画观看、视觉搜索和模式识别过程同样都是用眼睛去获得视觉信息，但它们之间存在很大差异。对图画观看中的注视模式不一定适用于阅读。但是它们也有共同之处，如在观看图画时，从副中央窝和边缘视觉获得的信息可以指导眼睛向信息丰富的区域移动。图画观看是一个不断搜索的过程。人们往往能获得离中央窝更远距离上的十分重要且很直观的信息。

图画观看与模式识别中平均注视停留时间要比阅读过程中的长，它们约为300—350毫秒。在大多数情况下，平均眼跳距离约为3.5度，大于阅读时的眼跳距离，并且平均眼跳时间也长于阅读时的平均眼跳时间。

20世纪30年代巴斯韦尔（Buswell）对图画观看进行了系统研究，提出两种知觉模型：一种是一般查询模式（general survey），即在图画的主要部分有一些短暂的注视停留；另一种是持续时间较长的注视，通常集中在图片中的一小部分区域。并得出如下结果：在注视停留时间上存在着非常大的个体差异；艺术专业人士与非专业人士眼动模式上存在一定差异，特别是在注视停留时间上；儿童与成人间有更显著的差异；看图前的指导语对眼动特征具有显著的影响；颜色对注视位置和注视停留时间的影响比预期的要小；人们在观看图画时，大部分注视点集中在感兴趣的区域上。亚伯斯（Yarbus，1967）以眼动为指标对图画观看进行了广泛、系统的研究。所得结果如下：（1）对某个组成部分的注视停留时间多少并不取决于构成该组成部分的内容多寡；（2）画中的明暗部分会吸引人的注意；（3）观看人时大部分注意力放在其眼睛、嘴唇和鼻子等处，令人惊奇的是当观看狮子头部图画时，注视也是集中在眼、鼻和嘴上；（4）不同的指导语引发了不同的注视模式。并且任务不同，眼动模式也不同。诺顿·斯塔克

（Noton stark，1971）提出了一种视觉模式的知觉理论假设。他们发现观看一幅图画时，人们的眼睛常常按着一个固定的路线间歇地、重复地去扫描它，形成一定的扫描路线。不同被试对同一张图的扫描路线不同。

在视觉搜索任务中，给被试呈现一个目标刺激，要求他们在一个复杂的显示模式中找出该目标刺激，或者判定该目标刺激在刚才的刺激呈现中是否出现过。模式识别是认知心理学在知觉领域中研究的重要课题之一，是指个体将知觉对象的基本特征与储存在记忆中的特征相匹配，以作出肯定或否定的知觉判断过程。威廉斯（Williams，1966）在实验中发现，当只告诉被试要找的数字信息时，被试往往表现不出明显的选择性注视；当给出颜色、大小和形状三种信息中的任意一种时，颜色信息会让被试表现出明显的选择性注视。这说明当被试知道图形的特征后，他们能够使用副中央窝视觉的边缘视觉信息去指导眼睛运动到有该特征的图形上。韩玉昌（1997）考察了被试在观察不同形状和颜色图形时眼睛运动的顺序性问题（时间和空间序列问题）发现：如人在观察不同形状和颜色图画时，视觉上的选择表现出顺序性规律；几何图形中对三角形首次注视点多；颜色中对黄色首次注视点多等。此外还有心理学家以眼动为指标对婴儿视觉采用偏好法进行研究发现：年龄在 8 周以下的婴儿更喜欢注视横条图，8周以上则更喜欢注视靶心图。这说明随年龄增加，婴儿更喜欢复杂的图形。

4. 眼动分析法在广告心理学研究中的应用

在日常生活中，广告与我们的生活息息相关，它几乎随处可见。广告作为一种信息传递方式，其目的在于推销商品。其实际效果需要进行广告效果的评估，才能得出准确的判断。通过测量各种心理效应可以判断广告在消费者群体中产生的效果。眼动仪可以将广告受众注视广告时的眼动轨迹记录下来，通过分析记录的数据，可以清楚地了解其注视广告时的先后顺序，对画面的某一部分（兴趣区域）的注视时间、注视次数、眼跳距离、瞳孔直径（面积）变化等指标并进行分析。广告心理学就是将心理学的这些基本原理用于广告设计，通过对消费者的心理过程和特点的研究，设计出最能激起消费者购买欲的广告。广告创意是设计的一部分，它也是目前大部分广告公司比较看重的一个方面，甚至成了评价广告优劣的主要标准。然而在广告设计者看来，一个"好"的广告创意，是否很好地起到了推销商品的作用，或者说广告受众是否按广告设计者所希望的那样去看广告，回答是"不一定"。评估广告设计好坏的主要方法有：广告媒体的认知测量、广告媒体的记忆测量、视向心理测量、意见测量等。其中视向心理测量是一种视觉反应测量，它是考察当人们观看广告时最先注视广告的哪部分，又将视线转移到哪些部分上。在视向心理测量中，最有效的仪器就是眼动仪。以其来探究广告观看者的心理活动较为有效。这有助于广告商了解广告受众是否按广告制作人的意图去注视广告；是否漏看了广告主（出资人）最为关注的诸如公司品牌、主体商品及与众不同的特点等一些重要信息。通过眼动分析可以为广告设计者对广告布局（重要信息的位置）、插图和文案进行合理的安排提供重要的参考依据，也为评价广告设计效果提供了客观指标。

图 5 - 2 - 2 为一张广告的眼动记录图。它记录了一名消费者观看一幅汽车平面广告 5 秒时的注视点、注视点持续时间和眼睛跳视的轨迹图。从图中可以看出该消费者看了产品（汽车）的左上方及左下方的广告语，注视点较多。在无关信息如左边的云彩上花了不少时间，对

右上角的品牌标记(商标)则未加观看。单就一个受众而言,该广告不是太成功。

图 5-2-2

在 20 世纪 20 年代,尽管那时眼动仪很落后,有的甚至仅用肉眼观察,国外有人以眼动为指标研究广告心理学,还是取得了一些成果。布兰特(Brant,1945)用眼动仪对广告设计的研究发现:被试倾向先注视画面上方的一点,然后注视中间的左侧位置。这个发现为广告设计提供了一个有用的原则。这是因为受众对广告的第一眼注视的位置在哪里往往会影响整个广告的效果,所以了解广告受众第一眼的位置是很重要的。正因为如此,现在很多广告用明星来吸引受众的眼球,使人们第一眼看到了明星,随后再把视线引入到产品中去。但近年有研究表明,用名人代言广告效果不一定好。蒋瑛瑾(2007)对大学生被试观看不同类型名人和普通人代言的平面广告图片过程的眼动特点进行的研究结果表明:(1)观看名人和普通人代言同一品牌广告过程的眼动模式存在显著差异。名人代言的广告比普通人代言的广告更易成为个体知觉的对象,具体表现为看广告图片时间、注视次数、眼跳幅度和广告认知效果评定成绩等指标存在差异。即个体出于对名人的兴趣与好感使之对广告的信息接受程度更高,认知加工程度也更深。(2)观看不同类型名人代言同一品牌广告的眼动模式存在显著差异。吸引力高的名人代言广告受到个体关注程度更高。表现为观看广告图片时间、注视次数等指标存在差异。(3)观看同一名人代言不同品牌广告过程的眼动模式存在显著差异。名人形象与产品形象的一致性是决定名人广告效果的重要因素,这说明名人与广告中产品的相关性会对广告效果产生影响。(4)所有实验中的兴趣区(由主试根据研究需要而划定)指标表明,被试对人物形象的注视次数、停留时间和回视次数上超过了产品和文本部分。综上,名人广告可能会因名人本身的影响而使受众忽视了广告中其他重要的信息。

到了 20 世纪 50—70 年代,随着对广告心理学的眼动研究不断深入,出现了一些较高质量的研究。近年来,随着计算机水平的提高,眼动记录技术有了迅速的发展,对广告心理学的眼动研究无论是在数量上还是在质量上都有了很大提高。如发现一般广告的文案部分不如图画部分吸引人的注意力等。克罗伯-里尔（Krober-riel,1984）用眼动仪进行的广告效果研究，发现有90％的人观看广告都是先看图片再看文字。他们（1987）在另一项研究中要求潜在购买者与非潜在购买者阅读相同的报纸,结果发现：有98％的潜在用户对相应广告注视了一次或多次；有77％的非潜在用户阅读了这些广告。在看广告中,潜在用户有38％的人对广告注视了四次以上,并阅读了这些广告的文字;而非潜在用户仅有14％的人阅读了广告文字。总之,前者比后者观察和阅读次数多、时间长。此外还发现,每个人对同一页报纸广告内容的扫描模式都不同。似乎没有一个共同模式。

平面广告大多包含品牌（商标）、图片和文案三大要素。它泛指以二维空间形式,存在于报纸、杂志、电话黄页、旅游指南等与公众高接触率的广告媒介。这三大要素及各自表面积大小对广告吸引力的贡献如何？受众注视广告时,是否存在某种规律性的扫描路径？广告制作者怎样匹配各种要素,才能最大化地吸引受众的注意？凡此种种一直是业内人士关注和争论的焦点。眼动研究为以上问题的解决提供了有意义的参考。高湘萍等（2005）在以眼动对平面广告不同排版方式的研究中,用记忆测验来考察注意与记忆之间的关系,得到结果：（1）文字与图案在注视次数、时间和平均注视时间上有显著差异。（2）在时间限定的实验条件下,文字面积比例增加,注视时间先减少后增加。图案部分的注视次数和时间不完全随面积增加而增多,在占版面的一般面积时引起注意最多。在时间不限条件下,文字和图案的注视次数及时间随面积增加而增加。（3）文字（或图案）在版面的左部时注视次数和时间大于右部,且上部大于下部。（4）观看广告的时间会影响广告的注意情况和记忆成绩。它对文字部分影响较大,时间长成绩好,对图案的记忆成绩影响则不大。国内学者白学军等（2006）以眼动对平面香水广告版面设计的研究中发现：（1）当香水瓶位于广告的下半部分时能够吸引消费者的注意;（2）当以人物为背景图案时被试对位于广告左下角的香水瓶注意更多,当以广告词为背景图案时被试对位于广告左上角的香水瓶注意更多;（3）被试对平面香水广告版面设计时背景图案为风景的香水广告的喜爱甚于人物（名人或模特）和广告词。国外学者雷纳（Rayner,2001）在一项实验中要求24名被试在所呈现的24幅全页彩色平面广告中有目的地搜索汽车、护肤品（8个汽车、8个护肤品和8个插入广告）等商品信息,并记录眼动情况。结果发现：（1）被试对广告中图案的平均注视时间要长于文字部分,观看图案时眼跳距离大。（2）广告中对大号字体注视时间要短于小字体时间。（3）看广告时最初的注视点通常位于画面中央位置,被试的眼动轨迹较一致,即先看大字体,再看图案,然后再看小字体,最后看图案。（4）一般被试从第三个注视点开始注视广告的文字部分。（5）很少有人将广告中文字全部读完。（6）被试几乎都看了产品商标。（7）对文字注视次数要多于图案。因此广告商如果想要受众对某广告的记忆效果达到最优,应该把广告置于杂志的开头或者末尾。可见,在杂志广告中也存在着首因效应和近因效应。

值得注意的是,一般的平面广告都是彩色的,人们在观察不同形状和颜色时眼球运动就具有视觉上的诱目性,对形状和颜色的首次注视点和注视点个数在第二象限都是最多的,第一象限次之。2000年韦德和皮特斯（Wede & Piters）的研究发现,如果杂志的左页是文字信息,那么此时如果把广告置于右页,效果较好;但如果杂志左页是同类竞争商品的广告,则效果较差。对同一广告而言,第二象限比第四象限更吸引注意,第一象限比第三象限更吸引注意。由此可见,如果把重要的信息放在第二象限,广告效果最好。综合而言,广告的上部比下部有更多的注视点,其中第二象限注视点最多,第三象限注视点最少。有研究表明,在公共汽车、火车、地铁站台等人们容易停留的地方,文本信息可以多一点。而对于汽车车身和路边广告,由于人们没有充足的时间去注意这些广告,应以插图为主,尽量简捷,一目了然,以达到较佳效果。因此,巧妙地把心理学研究成果应用于广告设计中,可以使广告的有效性达到事半功倍的效果。影响广告有效性的因素有很多,除了广告的大小、颜色、位置、插图等,还有广告的信息量、消费者卷入程度(可理解为消费动机程度),甚至声音也会对广告有效性产生影响。目前,眼动仪不仅可以研究静态广告,还能够研究动态广告(电视)。使用眼动仪对广告效果进行评估,无疑是最直观和最有效的最佳选择。

5. 发展心理学的眼动研究

如果将眼动分析应用于学科问题解决的研究,则可以探究比较不同年级学生在解决各种问题时对外部信息的提取并由此推断其表征问题的过程和机制。通过记录不同年龄的儿童青少年在各种不同条件下的眼动信息,可以探测其信息加工能力、学习能力的发展水平。白学军等(1993)在儿童理解课文的眼动研究中得到结果是:(1)随着儿童年级的增长,课文阅读时间、注视次数、回视次数不断减少。(2)在理解课文的过程中,随着年级的增长,阅读的注视频率也增长。证明年级高的儿童获得的信息量大。(3)各年级儿童理解课文时的阅读方式以直接式和往复式为主,而以问题式和跳跃式为辅。(4)在本实验条件下,儿童眼跳字数平均在1.87—2.77个字之间。隋雪等(2006)在对学习困难儿童视觉搜索的眼动研究中得到结果是:与学习优秀或一般儿童相比,学习困难儿童视觉搜索的效率低。在视觉搜索的眼动模式上,与其他两组儿童差异显著,学习困难儿童注视次数多。结果提示我们:学习困难儿童的眼动效率低与视觉搜索低关系密切。

现在,已经有便携式眼动仪问世(瑞典 tobii 公司生产的 T120 型,无须戴头盔)可以用来对儿童甚至是婴儿行为进行观察和研究。我们知道,国外最近有研究表明 6 个月的婴儿具有初期的数概念形成能力。若在反复依次给婴儿呈现一个、二个、三个、四个……物体,下一轮再呈现一个、二个、三个之后没有紧接着呈现四个物体,则可以记录到特殊的 ERP(此实验方法在 ERP 研究中称为 oddball 实验模式)。如果改用眼动记录技术,是否可以记录到婴儿比较特殊的视觉搜索现象呢?它是否暗示着一条揭示概念学习发生年龄的另一有效途径。过去很多只能靠观察的实验,现在都能用眼动仪来完成。

6. 眼动在产品外观设计和工效学(ergonomics)研究中的应用

眼动的工效学就是利用眼动指标来探测人机交互作用中视觉信息提取及视觉控制问题。眼动追踪技术可以广泛应用于工程心理学和人机交互领域。它包括人机界面的设计评估、对广告的视觉反映、工业检测、医学图像分析、环境感知评估、注意力和疲劳分析、通讯和控制装置研究、助残研究、多通道人机交互研究等。在这类应用研究中,研究者尽量做到使设计符合人的身体结构和身心特点,实现人、机、环境之间的最佳结合。能够让人们更容易、更有效、更舒适和更安全地工作。比如,对何种直径和视距仪表的认读效果最好的研究,以及由于文字的大小写、字体大小、颜色和底色的不同对阅读速度的影响等,都可以用眼动分析来研究。冯志成、沈模卫(2006)在研究人—计算机界面设计中,对12名被试在交互对象有无边框提示和当前注视位置有无视标反馈的四种条件的实验中发现:有无当前注视位置的视标反馈对作业时间有显著影响,有视标反馈可以加速目标字母的搜索与定位过程和目标激活过程,其产生的作业时间下降,主要由目标定位时间的缩短所致;边框提示对用户的作业绩效无显著影响。结论是:对当前注视位置提供视标反馈是一种有效的反馈方式,为人—机交互系统应用的用户提供了这种反馈信息。安顺钰(2008)针对两款音乐手机原型界面,将眼动追踪技术引入手机界面的可用性评估中进行用户绩效测试。发现眼动数据可以很好地比较两款手机界面间的内部差异,并能够揭示测试用户在手机界面上如何搜索他们的目标选项和信息。他们还就测试结果设计了新的音乐手机原型界面。最终经过对比性测试后,证明可用性水平得到有效提高。这一成果对于进一步完善手机的可用性评价指标体系,指导手机可用性评价的实践,如视觉信息搜索的速度、范围及其快捷性等,有着重要意义。

在产品(工程)设计中经常要考虑人的因素的制约性。梁福成等(2006)在对读者在阅读科学杂志目录时的眼动特征的研究中发现:(1)插图位置的注视时间与次数的主效应显著;(2)插图注解的注视时间与次数的主效应显著。陶云等(2003)比较了中小学生在阅读有插图和无插图的语文教材的眼动情况时发现,在阅读理解指标和眼动指标上,有图课文大多显著优于无图课文。陶云等(2006)在对明式家具和现代家具审美偏好的眼动研究中发现:(1)不同类型家具的总注视时间、次数和平均注视次数,明式家具显著多于现代家具;(2)不同家具类型兴趣区的总注视次数上,明式显著多于现代;(3)不同年龄被试的总注视时间、总注视次数与平均注视次数不存在显著差异,即年龄因素对被试的审美偏好没有影响。此外,在产品外观设计的评估方面,闫国利(2004)对液晶电视外观设计偏好的眼动研究中发现,消费者最喜欢的类型是:音箱在屏幕左右、屏的长宽比例为16∶9、有底座的液晶电视;最不喜欢的液晶电视是音箱在屏幕下方、屏的长宽比例为4∶3的无底座型。

7. 交通心理学的眼动研究

在交通心理学中眼动的研究主要涉及驾驶舱内的表盘设计问题、道路建设及路标设置问题、驾驶者在驾驶过程中的视觉信息搜索及其培训问题等。法国学者弗洛伦斯·赫拉(Florence Hella)在采用呈现信息的新技术研究汽车仪表盘时,特别强调眼动分析的重要性。通过在实际驾车中测量到的被试眼动数据发现,随着驾驶任务对注意和知觉需要的增加,分配在仪表盘测试设备上的识别时间减少了。由此可知,传递给司机的信息数量的复杂性是有限的。眼动分析法是对驾驶员视觉特征进行研究的重要方法,它通过分析驾驶过程中每一时刻的眼动数据来揭示人的心理活动。我们知道人的因素是构成交通系统诸因素中最不稳定的因素之一,也是造成汽车交通事故的主要原因。这种信息对于深入分析驾驶员的注视特点,改善其注视模式具有重要作用。已有人在弯道行驶、变换车道和复杂路况下驾驶的眼动研究方面取得了一些成果。在考察驾驶经验对眼动影响的这类实验研究中,使用最多的是“新手—专家范式”。这种范式就是要求新手驾驶员和经验丰富的驾驶员完成同一任务,然后考察和研究他们在完成这一任务时所表现出来的差异。莫洛因特和罗克韦尔（Mrouant & Rockwell，1972）比较了新老驾驶员开车时的不同眼动模式，结果发现：新手驾驶员注视范围比老驾驶员小；新手驾驶车辆时紧盯前方东西，对车的右侧注视较多，对后视镜注视较少。在高速公路上行车时，常出现追随眼动；而老驾驶员只进行注视，无追随眼动发生。这种研究范式对于培养和提高新驾驶员的业务水平具有重要实际意义，有利于找到一种高效、实用的注视模式。有研究发现，性格特征对驾驶行为有一定影响。希纳尔（Shinar）等人研究了场依存型（可事先筛选出）与驾驶员视觉搜索之间的关系，结果发现：场依存型被试的视觉搜索效率低，他们将注视范围局限在较小的区域内。当视觉刺激变化时，他们需要更多的时间加工视觉信息。另外霍等人（Ho，2001）研究表明：老年人与青年人相比，在同一个场景中搜索交通标志时，前者准确性较低，反应较慢，注视次数较多，注视时间较长；若场景中干扰物增加或明度降低，年龄造成的差异则更加明显。

构建驾驶员眼动特征的理论模型在驾驶行为的研究中非常重要。有人提出预测汽车驾驶员行为的模型——隐含马克夫动态模型（Hidden Markove dynamic models，简称 HMDMs），它根据观察驾驶员的行为获取的眼动模式来推测驾驶员的行为意向（当前状态）。因此这个分析系统具有实际应用价值，可以为智能汽车系统提供有用信息，如注意路上的汽车情况、检查车的当前位置、将车的位置调到路中央（车道中央）等。从驾驶心理学的眼动研究历史看，该领域虽有一些研究成果，但尚未发现一些共同规律，没有一个公认的认知加工的眼动理论模型来解释和预测驾驶员的驾驶行为。因此该领域理论上的进一步探索可能是今后一个重要的研究方向。

8. 眼动在航空心理学研究中的应用

航空心理学早在二次世界大战期间就已开始，是心理学的一个重要分支。它主要是研究航空环境中飞行员的行为特点和航空设备设计中人的因素问题。以眼动为指标的研究主要包括：（1）航空环境中飞行员的行为特点，（2）飞行器设计与使用者的人机关系问题，（3）训练飞行员的方法等。柳忠起等（2006）让 4 名被试在飞行模拟器上完成 3 个不同阶段的模拟飞行任务，同时记录他们的注视、扫视、瞳孔大小的眼动指标。并对划分的坐舱外景和内部仪表两个兴趣区域的数据进行对比和分析。结果发现：它们反映了驾驶员的注意力分配规律和工作负荷变化；视觉飞行规则下，飞行员主要从外景获取视觉信息，他们大部分注意力都集中在外景。具体表现为被试在外景有更多的注视点和更多更长的注视时间，在仪表上的平均瞳孔尺寸比外部视景要大；平均扫视幅度随任务难度增大而减小。

9. 眼动在体育心理学方面的研究

在各种体育运动过程中，视觉信息的提取是其基本的心理支持。运动心理学正是研究在体育运动中心理活动规律的科学。视觉信息提取的不同模式可能正确反映了高水平运动员与一般水平（或新手）运动员之间的运动能力差异。所以记录不同水平运动员在运动训练或比赛过程中的眼动模式，有利于提供对新手进行有效训练的模式和策略。有些项目，如篮球、足球、乒乓球、冰球、高尔夫球、网球、台球、铅球、板球、体操、击剑、自行车和职业国际象棋等都可以利用眼动仪进行研究。

张运亮等（2004）使用眼动仪对篮球后卫位置的专家组和新手组青年男子篮球运动员在注

视篮球比赛实景图片时的眼动特征进行研究,结果发现:专家组和新手组控球后卫运动员具有不同的信息加工效率。在注视比赛实景图片时,他们具有不同的注视分配和不同的注视模式。蔡赓等(2001)运用角膜反射技术,测定注视点和停留时间、注视次数及移动速度等指标,为竞技体操运动评分过程的客观性研究提供了理论依据。结果探明了在女子跳马运动员的评分中,裁判员的注视运动特征及不同等级裁判员注视运动的变化规律。张忠秋等(2001)通过对自行车新手—专家范式的眼动研究发现:两组被试在专项信息加工特征上有显著差异。专项内容为注视时间、注视频率、注视部位和注视顺序等。

迄今,运动心理学的研究有以下一些特点和发展趋势:(1)随着眼动仪性能的提高,研究者既可以研究静态的体育运动,也可以研究动态的体育运动。(2)在这一领域中已取得一些成果,但目前还没有一个认知加工的眼动理论模型可用来解释和预测运动员在运动时的认知过程。现在已有心理学家意识到这个问题,因此加强理论探索将是今后研究的一个重要趋势。(3)生态效度须进一步提高,也就是指研究的外部效度。如何尽可能使实验情境与真实情境更加接近,无线便携式眼动仪的问世使之成为可能,眼动研究便可以在实际场景中进行,也使实验结果更具有实际意义。(4)在新近的一些考察视觉观察模式的研究中,大多采用"新手—专家"范式观察他们之间在注视次数、注视持续时间和扫描轨迹的差异。这种范式有利于找到一种高效、实用的注视模式,对于培养和提高新手水平也具有实际意义。

10. 眼动在临床心理学方面的研究

目前,国外研究开发了眼动轨迹描记技术来探索认知障碍病人的精神心理特征及其相关脑机理。这一技术近来被沿用到对注意缺陷多功能障碍的认知探索中。注意缺陷多功能障碍(attention deficit hyperactivity disorder 简称 ADHD)是儿童青少年常见的精神疾患之一。其患病率约占学龄儿童的 3%—5%。ADHD 以注意集中困难、活动过度和冲动行为为特征,其病因至今不明。此类研究通过眼动仪记录和分析被试在观看图形或阅读文字过程中的眼球停留位置(注视点),眼球运动的形式和轨迹来探究被试在认知神经功能方面的特征或异常。近年来 Brkley(1997)以认知心理学为基础提出的执行功能受损理论较受关注。执行功能的控制是前额叶最为主要的功能之一,额叶损坏患者往往表现出集中注意困难,无法执行选择注意功能。采用眼动技术进行病理心理的研究,为 ADHD 的深入研究提供了一个新的思路和方向。因为额叶功能尤其是执行功能受损,可能会在眼球运动轨迹中有所反映。

日本学者 Moriya 于 1972 年最先应用眼球运动轨迹,记录分析精神分裂症患者自由观看某静止几何图形时的探究性运动轨迹,发现其眼球注视点数目减少,且眼球注视范围缩小。据此推断 ADHD 患者的眼动异常可能与大脑额叶的整合功能障碍有关。ADHD 的某些认知加工及其神经心理特征与精神分裂症有类同表现,故 ADHD 的眼动研究主要借鉴精神分裂症的检查方法。

国内学者孙黎、王玉凤等(2003)比较了 ADHD 儿童与正常儿童的探究性眼球运动的特点,得出结论:ADHD 儿童探究性眼球运动注视点数目明显减少,眼球注视平均长度延长,反应性探究分(responsive search score,简称 RSS)明显降低。其结果符合 ADHD 患儿的特点,这些特点可能反映了 ADHD 儿童执行功能受损。这与日本市川宏伸等(2001)的研究结果一致。

目前,对于 ADHD 的诊断,在缺乏客观性、无创性检查手段的情况下,眼球运动是一个值得尝试的领域,尤其是有寻找到遗传性标志的可能。

11. 视错觉、双关图的眼动研究

视错觉是指对客观事物不正确的视知觉。对其的众多理论解释中,有一种理论称为"眼动理论"。如:在横竖错觉图中,垂直线和水平线的长度是相等的(倒 T 字),而主观感觉是垂直线比水平线长。该理论认为,对物体长度的印象是由于眼睛沿着一端至另一端的扫描运动获得的。如在观看横竖错觉图时,眼睛垂直移动比横向移动费力,因此看起来竖线比等长的横线要长。但贾德(Judd,1905)等的眼动实验不支持这一观点,他们用电影摄影机拍摄眼动轨迹,结果表明:在观看 ML 错觉图时,对向内收缩的箭头的那条线注视多,而对向外伸展的箭头的那条线注视少,结果不支持"眼动理论"。此外,亚伯斯(Yarbus)用眼动仪对错觉进行的实验也得出类似结论:眼动不参与视错觉的产生。国内学者任桂琴等(2005)用 504 型眼动仪在自然情境中记录被试的错觉量和各项眼动指标对 ML 错觉的产生及作用过程进行了分析探讨,实验结果则支持了矛盾线索理论。矛盾线索理论认为导致 ML 错觉产生的因素不是深度线索,而是长度线索。在判断 ML 图形长度时,人们依赖线段的实际长度和图形的整体长度两条线索,通过对这两条矛盾线索的整合进行长度判断。另一种对 ML 错觉产生的理论是恒常性误用理论。该理论认为,人们在知觉三维空间物体的大小时,总是考虑距离的因素。

12. 眼动与问题解决

在一定的问题情境下,通过思考与推理而达到目的的过程,它是一系列有目的指向的认知操作过程。威尼考夫(Winikoff,1976)考察了眼注视与解决密码算术题过程中的口头报告之间的关系,证实了这一观点。实验结果表明:在解题过程中,被试倾向于注视正在计算或试图回忆其数值的字母上。贾斯特(Just,1976)认为在问题解决过程中,眼注视模式通常与被试口头报告有紧密联系,因为口头报告法是要求被试一边解题一边口头报告自己是怎么想的。卡普兰等(Kaplan,1966)进行的实验要求被试参加一种变位字游戏。规则是改变某单词中字母顺序以构成另一个词,40 个单词中,开始 20 个用相同的规律就能顺利完成字谜游戏,后 10 个需另一个规律才能完成,最后 10 个所用规律与前二个均不相同。对眼动结果分析如下:(1)能正确解决字谜游戏的被试有一种明显的眼动模式。其眼动规律是按恰当顺序注视字母,每次注视一个字母,只用五次注视即可解决问题。(2)当解题原则变化时,其眼动模式也发生变化。国外对数学解题过程的眼动研究从 20 世纪 60 年代就已开始。纵观其历史,数学解题过程的眼动研究涉及三个方面:数字运算过程、数字应用题解题过程和几何题解题过程。当前,关于数学应用题的研究主要以认知心理学为理论基础,将解应用题的过程视为问题解决过程。

13. 眼动与个性研究

以眼动为指标进行个性心理特征的研究尚不多。个性心理特征是一个人身上经常表现出来的稳定的心理特征。比如在性格分类方法中,威特金(Witkin)把认知方式划分为场独立性和场依存性。康克里纳诺(Conklineral,1968)让两类型学生完成填图测验的同时记录其眼动,结果表明:(1)两类学生在注视持续时间上没有区别。(2)场独立性的学生比场依存性的学生眼跳距离大。由此证明,场独立性的学生试图通过对不完整图形随机的大范围的眼动获得一个完整的结构。(3)场独立性与场依存性学生相比,场独立性个体的眼动模式更加有效,他们能够注视具有比较重要信息的地方。后来伯尔斯梅特尔(Boersmaetal,1969)考察不同类型学生完成镶嵌图形测验时的眼动情况,得出结果:(1)场独立性学生在简单和复杂图形之间的注视转移次数比场依存性的学生多。(2)男性比女性被试在进行视觉搜索时表现得更加慎重。接着布洛尔等(Blowers,1978)在他们的实验中发现,在棒框测验中,场依存性的人眼动次数较多,在视野范围内进行了较多的视觉搜索。但不能有效地注视与任务有关的部分。罗夏墨迹测验是一个著名的性格测验,也曾是研究者的工具。比如,布莱克(Blake,1948)以20名大学生为被试,要求他们看罗夏墨迹图,同时记录其眼动,结果发现:当被试看第四、第六和第九张墨迹图时注视次数最多,注视持续时间最长。曹晓华等(2005)使用眼动仪研究人格特征对不规则几何图形进行识别时绩效所受的影响,结果发现:场独立性被试的作业绩效高于场依存性被试,可见认知方式对不规则几何图形识别绩效的影响差异显著。特别是在显示条件不良的情况下,这种差异更为显著。

14. 对心理学的眼动研究展望

心理学的眼动研究是一个方兴未艾的领域,其技术手段、研究思想和涉及的课题领域还处在迅速发展过程中,但已成为心理学基础实证研究的重要手段。从国外研究的现状来看,阅读的眼动研究相对较成熟。现今,心理学的眼动研究已经取得了不少成果,但很多眼动研究还是停留在眼动现象的测定与描述上,对眼动的内在心理原因分析不够。在应用研究领域,如广告和消费心理学、交通心理学、运动心理学,也取得了一定成果,而在人—机交互、产品外观设计的评价、网页设计、视觉缺陷、认知缺陷的诊断、残疾人眼睛辅助控制等方面的研究,目前尚处在探索阶段。未来研究中须注意两点:一是对应用研究而言,如何使实验情景更加接近实际情景,增加研究的外部效度是其今后研究的关键问题。二是加强理论探讨,目前虽然也存在一些理论模型假设,能够在一定范围内解释实验现象,却不能在较高的抽象层次上说明信息加工的机制。现在已经有人将眼动仪与其他大型精密设备如 ERP、虚拟现实等结合起来研究,即利用眼动记录技术结合脑电波对视觉信息加工进行精细地记录和分析,从视觉信息加工的行为特点来探讨心理活动的深层心理机制和生理机制。

三、眼动实验

实 验 (一)

一、目的

1. 了解眼动仪的工作原理,初步掌握眼动仪的使用方法。
2. 学会用眼动数据进行广告的心理分析。

二、仪器与材料

1. 加拿大 SR Research 公司生产的 Eyelink II 眼动仪。
2. 广告图片两张。

三、程序

1. 首先将被试分成对汽车感兴趣(最好会开车)和无兴趣两个实验组,(可在实验前询问被试,并在保存实验数据时区别命名)。

2. 被试端坐显示屏前(距屏幕约 70—80 cm)。佩戴头盔后进行定标,定标结束后被试尽量不要再移动头部。

3. 指导语是:"下面请你看两张广告图片,每张图片呈现 5 秒,图片出现后你就随便看。好,现在先请你看屏幕上的黑点。"

4. 当主试看到屏幕上黑点与被试的注视点(L 或 R 的圆点)重合时,按空格键,屏幕就会呈现图片,呈现完毕,重复前面动作,再呈现第二张图片。

5. 实验结束,主试输入被试姓名(一定要用字母后)确定,文件自动保存为可分析的 EDF格式。摘除被试的头盔,换被试继续实验。

四、结果

1. 打开两个实验组各一名被试的 EDF 文件,比较两被试在观看同一张广告时的眼睛运动轨迹有何区别(动态)。

2. 比较两被试的注视点分布和跳视向量图,有何区别和特点。

3. 打开一个实验组某被试的 EDF 文件,分别将两张广告图片划分为三个兴趣区域① 产品主体文案;② 广告语言文案;③ 公司或品牌的图标(也可以是文字)。并将划分的三个兴趣区域输入其他被试的 EDF 文件(这样,所有被试的兴趣区域划分,大小是相同的),另外一个实验组也按同样方法处理。

4. 分别采集两个组被试的三个兴趣区域的实验数据(注视时间、注视时间占总时间的百分比、注视次数、注视次数百分比、瞳孔大小),并对其进行显著性分析。

五、讨论

1. 不同组被试观看同一广告时,他们的眼睛运动轨迹有何区别和特点。

2. 哪一张广告设计更合理,根据实验结果试分析之。

3. 你对静态平面广告的设计有何建议。

注:1. 数据采集

主试进入 EDF 分析软件的 Analysis→Reports→Interest Area Report 顺序采集如下实验数据,其中(4)到(8)为被试实验数据。

(1) 数据文件的标记(默认)RECORDING-SESSION-LABEL

(2) 试验标记 TRIAL-LABEL

(3) 兴趣区域标记 IA-LABEL

(4) 注视时间 IA-DWELL-TIME

(5) 注视时间占总时间的百分比 IA-DWELL-TIME-%

(6) 注视次数 IA-FIXATION-COUNT

(7) 注视次数百分比 IA-FIXATION-%

(8) 瞳孔大小 IA-AVERAGE-FIX-PUPIL-SIZE

并将数据导出保存为 XLS 文件格式,这样同学就可以在自己的电脑上进行数据分析了。

2. 有关头盔佩戴、定标、正式实验、数据处理(划分兴趣区域)及采集

注:在同学上机实验时会有详细操作说明。

实 验 (二)

20 世纪 70 年代心理学家库柏和谢泼德(Cooper & Shepard)在研究表象时,以旋转的英文字母正像和反向(镜像)图形作为刺激进行的判别实验。旋转图像的识别是认知科学及计算机视觉研究中有意义的课题。心理旋转实验的结果表明:当字母旋转 180°时,无论正或反(镜像),反应时间最长。即反应时间随旋转角度线性增加。并提出人们在进行表象加工时,可能存在一种心理旋转范式的观点。罗伯逊等(Robertson,1978)研究了主观参考框架对表象心理旋转的影响。通过旋转主观参考框架或表征系统来对知觉对象的空间属性进行判断,他提出在人脑中可能存在着一种主观参考框架或内部参考框架的空间表征系统。

眼动在图形识别过程中必不可少。因为大脑在处理视觉信息的同时,也通过神经系统控制眼球的运动,以便能以最有效的方式和速度来采集图像信息。由此可见,眼球运动客观地反映了大脑的信息处理过程,可以作为探讨心理旋转机制的有效手段。对眼动的研究表明:人在识别图形时,眼球的运动是由一系列的快速眼球跳动和注视停顿组成。注视部位与刺激图形的几何特征和关键内容的位置紧密相关。卡彭特等(Carpenter,1976)用眼动仪进行了旋转研究。结果发现,被试进行心理旋转时眼动过程分为搜索、转换比较和确认三个明显不同的阶段。在考察被试对三维图形进行心理旋转操作能力的眼动轨迹后得到的结果是:注视次数随旋转角度线性增加。吴冰等(1999)用眼动测量方法研究单个旋转汉字的识别和由旋转汉字组成的短文阅读过程。结果表明:旋转汉字的识别时间和识别过程中的眼动注视次数都随旋转角度线性增加;在旋转汉字识别过程中的心理旋转操作中,可能同时存在着输入表象旋转和认知框架旋转机制,其中又以输入表象旋转操作为主,支持了心理旋转的概率混合模型理论。

一、目的

1. 了解眼动仪的工作原理,掌握眼动仪的使用方法。

2. 学习用眼动数据探讨在旋转三维立体手柄图的过程中是否存在心理旋转操作。

二、仪器与材料

1. 加拿大 SR Research 公司生产的 Eyelink Ⅱ 眼动仪。

2. 不同旋转角度的三维立体手柄图。正像和镜像各旋转 6 个角度(0°、60°、120°、180°、240°、300°)各随机呈现 2 次共 24 张。

预备实验图片两张(用于被试明确三维立体手柄图的正像和镜像之区别)。

三、程序

1. 被试端坐于显示屏前(距屏幕约 80 cm)。佩戴头盔后进行校准(定位),校准结束后被试头尽量不要移动。

2. 指导语是:下面请你看一组不同角度的立体手柄图,图分正像和反像(镜像)两种。正式实验前会预先呈现两张图,以明确正像和镜像立体图之区别。你明白区别后告诉我,正式实验就开始。以后每呈现一张你就报告图片是正像还是反(镜)像,时间越快越好,直到呈现完毕。现在,请你先看屏幕上的小黑点。

3. 当被试注视点(L 或 R 的圆点)与黑点重合时,主试按手中的按键(或按键盘空格键),屏幕就呈现图片。呈现第一、二张图片时,主试得到被试明确了正、镜像立体图的区别信息。接着,正式实验图片开始呈现。每呈现一张,被试口头报告"正"或"反",主试听到报告后立即按键(仪器自动记录反应时),主试同时作记录(正、反)。重复前面程序直至完毕。

4. 实验结束,主试输入被试姓名(一定要用字母)后确定,文件自动保存为可分析的 EDF 格式。摘除被试的头盔,换被试继续实验。

四、结果

1. 打开一名被试的 EDF 文件。比较 0°和 180°的眼动注视次数、反应时间和运动(跳视)轨迹之差异(注意是动态)。

2. 对一名被试所观看的各角度立体图(包括正、反)分别就整图划分兴趣区域。并将划分的区域输入另 12 张所对应的不同角度图片。统计各角度立体图兴趣区域内的平均注视次数和平均反应时。

3. 以立体图不同角度为横坐标,注视次数为纵坐标,画直方图。

4. 收集其他被试数据,分析对旋转立体图识别反应时间和识别过程中的注视次数是否随旋转角度线性增加。

五、讨论

1. 试根据实验结果与前人研究成果作比较。

2. 对不同角度立体图进行心理旋转操作能力的分析,其眼动特征有哪些?

3. 根据有关理论,结合本实验结果,分析被试旋转对象是输入图形还是认知框架,并作讨论。

六、参考文献

1. 吴冰,孙复川. 旋转汉字识别的眼动特征. 心理学报. 1999,31(1):7—13

2. 蔡华俭,杨治良. 对三维心理旋转操作任务特性的效应的初步研究 心理科学,1998,21(2):153

3. 游旭群,杨治良. 表象旋转加工子系统特性的初步研究. 心理学报,1999,31(4):377—382

4. 周颖,刘俊升. 运用眼动指标探测个体的内隐攻击性. 心理科学,2009,32(4):858—860

注:有关数据采集请参阅实验(一)。

三 生物反馈仪及应用研究

一、仪器介绍

ProComp∞/BioGraph 是一套先进的生物反馈和心理、生理数据收集系统。BioGraph 是运行于 Windows98 或 Windows2000 平台上的应用软件。它是一个功能强大的多媒体应用软件,适用于初学者和高级使用者。对于初学者而言,不需要了解仪器的太多性能,直接参照 BioGraph 的反馈界面使用即可;对于中级者而言,如果有特殊需要制定新的反馈界面,BioGraph 可以通过 wave 文件或者 MIDI 音乐文件和位图图片来自定义所需界面;对于高级使用者而言需掌握整个系统。

因为 BioGraph 对计算机图解能力要求高,我们建议该软件运行于分辨率为 800×600 像素、16 位增强色的显示器中。

硬件最低配置:Pentium100MHz 或更高;32M 内存;1G 硬盘;3.5 寸软盘驱动器;15 寸彩显;2M 显存的显卡;16 位声卡;光驱(16 速或更高)或 DVD;Windows98 以上的操作平台;

本产品适用于注意力缺陷/多动症、焦虑/抑郁症、孤僻/强迫症、心率/血压异常、睡眠障碍/失禁等神经功能症,以及精神疾病或亚健康状态疾病。

二、原理及实验方法

1. 原理

一般认为生物反馈是在控制论和操作条件学习理论基础上发展起来的,或者说是这两种理论在生物反馈治疗中的应用。人类的大脑和神经系统起着信息加工的作用,加工的信息被用来决定未来的行动过程。

从控制论角度看,要使人的器官或机械装置作出合意的反应,有机体或机器必须得到关于行动结果的信息,以指导未来的行动。控制论是研究有机体、机器或组织机构内部通讯系统和控制系统的一门学科。人体各种功能的调节都是在自动控制下进行的。自动控制的一个关键因素是要获得受控部分感受调节器官工作状态的信息,控制部分将这个信息与原来发出的信息加以比较,以便使下一个指令精确。机器的自动控制(如恒温控制)、机体的稳态维持、生物反馈工作原理,其共同点是都要信息的反馈。

研究学习与记忆的心理学家把条件反射的建立称为学习,并把学习分为经典条件反射和操作条件学习。操作条件学习原理与生物反馈关系密切。巴甫洛夫证明血压的改变、内脏平滑肌的运动都可以形成经典条件反射,只是这种学习是被动的,动物不能主动改变内脏反应而求得食物的奖赏。另一类学习是主动的操作条件反射或工具性学习,是斯金纳用老鼠在斯金纳箱中训练成功的:老鼠从这种动作获得奖赏,以后逐渐学会操作工具(杠杆)取得食物。这个实验扩大到其他动物和人,形成了强化学习理论。斯金纳从强化学习理论出发认为语言、知识的习得都由于强化,不良行为的习惯化、某些疾病的发生也是由于强化;故消除不良行为与疾病可经强化而实现。但是斯金纳认为这种主动的学习方式不能用来控制我们的内脏活动。

"箭毒鼠"得到脑内"快乐中枢"电刺激的强化,可以学会"随意"改变心率、血压、肠管收缩频率。动物可以操作自己的内脏活动以得到奖赏,这是地地道道的操作条件反射,它的形成过程和方法与斯金纳的强化一样,即使动物了解行为的结果,并且行为的改变须走"小步子"。米勒(Miller)等通过对用箭毒处理过的白鼠进行训练,证明操作条件学习也可用于对内脏活动的学习。与经典操作条件学习唯一不同的是强化的对象:斯金纳的实验中受强化的是骨骼肌的操作行为,米勒的实验中受强化的是内脏的反应活动。

生物反馈的基本原理是学会用生物反馈技术控制内脏活动。与操作条件学习的原理一样,其要点均为:(1)了解行为结果(反馈仪显示主观努力后的生理改变状态);(2)对正确反应的强化(医生对正确方法和进步的肯定)以及走"小步子"(医生根据病人的学习成绩调整阈限键,一步一步提高指标)。有人认为"内脏学习"作为生物反馈治病的原理是基于操作条件学习,因为生物反馈治病的原理是基于操作条件学习,有人把"内脏学习"作为生物反馈的同义语。当然,这种说法并不全面,因为不仅内脏活动,而且脑电、心电、肌电等生物电活动及骨骼运动,也可能通过生物反馈技术加以控制。

2. 实验方法

1968年,米勒等人在洛克菲勒大学心理实验室证明:自主神经系统控制下的那些生理反应也能通过操作条件反射来改变。具体表现为:在一系列实验中,利用食物奖赏的方法使第一组白鼠学会增加心率,第二组学会减少心率,第三组学会加强肠管收缩,第四组学会减弱肠管收缩。训练白鼠学习控制自主神经系统得益于操作条件学习中的塑造法,即对偶尔出现的反应予以强化,最后使动物为获得奖赏而主动改变自己的内脏反应。

内脏反应的改变也可通过横膈膜肌肉运动的影响来达到。因此米勒的白鼠也可能是学会了用骨骼运动反应引起心、肠的收缩变化,而不是对内脏的直接控制。为了排除这种可能,他们给白鼠注射箭毒,暂时麻痹它们的骨骼肌,同时不影响它们的神经控制能力。因为肌肉瘫痪后动物不能趋向食物,所以给予的食物奖赏改为电刺激脑的"快乐中枢"。每当白鼠产生令人满意的内脏变化就给"快乐中枢"以电刺激,使白鼠在肌肉瘫痪的情况下学会了控制自己的内脏反应。结果使用负强化的方法也可使白鼠为避免电击而产生合意的反应。箭毒鼠的实验结果令人鼓舞,因为它意味着内脏也是可以"教育"的。

三、应用价值

1. 应用于注意力缺陷及多动症或儿童多动症

这种病症又叫轻微脑功能失调,是大脑调节功能失调的一种特殊的外在表现。可以通过调节生理电指标来达到减轻和控制症状的目的。

2. 应用于焦虑治疗

临床上的焦虑症、恐惧症和抑郁均属于神经症范畴。人群中恐怖症的患病率约为1%。我国恐怖症的病例较西方少,一旦发病极易迁延,且女性多于男性。焦虑症的患病率为5%,焦虑(anxiety)是一种内心紧张不安,预感到似乎将要发生某种不利情况而又难于应付的不愉快情绪。与恐惧(phobia)不同,恐惧在面临危险时发生,而焦虑发生在危险或不利情况来临之前。可综合使用肌电生物反馈仪和皮温反馈仪,也可单独使用肌电生物反馈仪、脑电生物反馈仪进行训练,这要根据条件而定。训练前应配以合适的心理量表如 EPQ、MMPI、焦虑量表等协助对个性特征和心理状态进行定性定量分析。焦虑并不都是病理性的,在一定程度上焦虑是一种保护性反应,只有当焦虑过度时,才影响人们的正常生活和工作,而成为一个医学问题。

3. 应用于失眠治疗

神经衰弱患者常感入睡困难、多噩梦,易惊醒。近年来应用脑电反馈技术治疗神经衰弱与失眠,取得了一定的效果。过去对神经衰弱失眠者,通常给以催眠药如安眠酮、硝基安定、连可眠或水合氯醛等治疗,但由于长期服用这类药物而形成依赖。对于伴有紧张的失眠病人,可以使用肌电反馈结合放松训练治疗;对于那些不伴有焦虑的失眠可以通过脑电反馈训练产生睡眠纺锤波来解决。

4. 用于缓解疼痛

疼痛是一种不愉快的感觉和情绪方面的体验,这种感觉和体验是与实际的或者潜在的伤害相联系着的。在紧张性头痛中常用肌电生物反馈和皮温生物反馈。紧张性头痛患者因遇到应激后肌肉紧张而导致头痛,有些患者的头痛发作,可能与他们的自主神经活性、生化、脑血瘤、肌经膜、癌症、中毒改变等因素有关。生物反馈治疗一疗程约为 10—12 次,每周 2—3 次,每次 30—40 min。偏头痛是由于脑血管扩张而引起的一侧性头痛。可以用肌电反馈训练治疗和皮温反馈治疗偏头痛。对偏头痛病人采用反馈训练前必须排除其他器质性病变,如肿瘤。实践证明,在生物反馈训练中,当患者的肌肉放松时,其头痛的症状就减轻或消失了,值得注意的是,这种疗法要求患者将注意力如始终集中在反馈信号和发挥想象的作用上。生物反馈训练时期思想杂念繁多,告诉病人不必禁止这些思想的出现,采取"随它去"的态度,杂念自会消失。反馈训练中病人应采取被动注意态度,不要因作过分的主观努力而引起焦虑。

5. 用于治疗抽动症

抽动症是抽动—秽语综合征的简称,又叫多发性抽动症,是以面部、四肢、躯干部肌肉复发性、不自主、快速无目的抽动,并伴有喉部异常发音及猥秽语言为特征的综合征候群。实践证明,生物反馈技术对抽动症是非常有效的。抽动症患者的肌电值明显高于常人,皮阻高于常人,皮温却低于正常人,所以利用以上生理特点,可以充分发挥生物反馈治疗的稳定性、可靠性,且无副作用。

6. 用于治疗慢性疲劳综合征(CFS)、神经衰弱(NT)和纤维肌痛综合征(FM)

这些病症很类似,专家常统一使用纤维肌痛综合征(FM)称呼之。因为它们均具有肌肉疼痛、显著疲劳、睡眠障碍及情绪症状。许多专家认为 NT 与 CFS 或 FM 指的是同一种疾病,只是在不同的文化背景中被贴上了不同的标签。在纤维肌痛综合征的研究中人们提出了"神经可塑性"的概念,并发现患者的外周及中枢神经系统均有所改变,运用表面肌电(SEMG)与脑电可以证实这点。综合性的治疗措施包括:(1)用药物及放松训练技术减轻疼痛、降低系统的唤醒水平;(2)用各种 sEMG、物理治疗及推拿治疗技术来治疗肌肉、关节(运动系统)病变;(3)用脑电神经反馈治疗中枢神经系统异常活动。

7. 缓解孕妇焦虑

产前教会病人以肌电或皮温反馈技术调整失调的植物神经系统功能,降低生理唤醒水平,来稳定孕妇的情绪是一种积极的行之有效的方法。因为妇女从怀孕至分娩这一段时期可能会产生种种忧虑。

8. 对高血压有一定疗效

生物反馈放松训练对降低原发性高血压有较显著效果。1975年克列斯特(Kristt)等首先要求病人将每天的血压值邮告实验室;其次,7周之后用袖带恒压法对他们进行升血压、降血压、交替升降血压的训练;最后,再让每人每天报告家中测得的血压值。结果所有病人在训练期间收缩压降低到基础值的10%—15%,且虽然训练的目标是降低收缩压,结果舒张压也降低。3个月后随访表明,疗效稳定。

9. 用于治疗癫痫

癫痫是一组临床综合征,具有在长期病程中出现反复发作的神经无异常放电所致的暂时性脑功能失常的特征,俗称"羊痫风"。最早采用生物反馈治疗癫痫发作的是郎忒(Rantt)开始的。他们训练病人抑制阵发性棘波获得了成功。1972年斯透曼对一个23岁的癫痫女病人进行治疗。患者坐在昏暗的房间里,眼睛睁开,情绪放松,在她前方配置双组彩灯反馈装置,灯亮表示出现了SMR节律,即她接受脑波反馈。这个试验获得了成功,患者在学会获得SMR反应的同时,在三个月内未出现癫痫发作。在训练期间,病人的个性也发生了某些变化,她由安静顺从的性格变得外向,富于自信和喜欢穿着打扮,容易入睡、睡眠安静、翻身减少等变化。随后,斯透曼等又进行了在增加SMR时,同时,抑制6—9 Hz慢活动的脑电训练研究。4名癫痫病人经过6—16个月的训练,其发作频率下降了6%。

此外,生物反馈治疗方法还可以治疗或缓解其他疾病和症状,比如偏瘫、物质依赖和创伤后应激障碍、心律失常或心动过速等。

四、目前国内外研究情况

近年来,大量学者利用脑电生物反馈治疗难治性癫痫、多动症、脑外伤康复等,都取得了明显效果,其后生物反馈发展更加迅速。为适应生物反馈各方面的迅猛发展。1969年,美国成立了生物反馈研究协会(Biofeedback Research Society),后更名为美国生物反馈协会(Biofeedback Society of America)。1977年,米勒通过生物反馈训练患者控制心率和心律,成功完成了室性早搏的治疗,奠定了生物反馈治疗内脏疾病的理论基础。

也有许多学者利用皮层慢电位(slow cortical potentials, SCP)、中央区的L节律(centralmu2rhythms, 9‐12 Hz)等脑电成分的自身调节,控制计算机鼠标的运动,实现人的意识与计算机信息之间的直接沟通,以帮助他们提高生活质量,进而治疗有闭锁综合征或严重肢体瘫痪不能与外界交流的患者。近来克里切利(Critchley)等利用PET研究单纯放松和生物反馈时脑部的活动规律,在生物反馈的神经物质基础方面取得进展,发现单纯放松下前扣带回时苍白球被激活,而生物反馈放松时则前扣带回和小脑蚓部被激活,因此提示前扣带回(并且可能是认知状态与机体反应整合的功能解剖部位)参与了机体的唤醒模式。

国内生物反馈的起步较晚，到 1979 年才有人在国内介绍生物反馈，1983 年黄枫林等首先在国内利用肌电生物反馈治疗脑卒中的肢体瘫痪取得成功。1984 年开始应用生物反馈治疗中风后失语症和抑郁症，并开始了对生物反馈生理机制的研究。此后，大量学者应用生物反馈训练提高脑卒中瘫痪肌肉的肌力张力，从而在脑卒中的康复过程，以及成功治疗头痛、神经症、面神经瘫痪等病变中取得进展。1990 年左右围绕心理应激起主要作用的心身疾病，如原发性高血压病、冠心病、心律失常、糖尿病等病症，国内许多作者又进行了大量研究并取得可喜的成就。李革新等提出生物反馈训练对缓解飞行训练中的精神紧张非常有效，并有利于体力和精神疲劳的恢复，消除应激相关症状，并进而指出此法应在部队和航校广泛应用，以治疗各种应激相关疾病。1990 年成立了"中华医学会行为医学和生物反馈专业委员会"（后更名为中华医学会行为医学分会）。近年来生物反馈在医学领域的应用更加广泛，除上述各领域研究的继续深入外，生物反馈在青少年近视的治疗、减轻肿瘤患者化疗的不良心身反应、大小便障碍的治疗及银屑病的治疗等各方面都进行了有益的尝试，取得了一定进展。

进入 21 世纪以后，随着信息化、数字化和生物技术、微电子技术的飞速发展，为生物反馈技术的深入研究和广泛推广提供了强大的技术支撑和根本保证，导致生物反馈技术迅速发展，促进了"生物—心理—社会"医学模式的建立和壮大，从而减低和抑制了各种心身疾病的发病率、死亡率，提高了治愈率，改善了人们的生活质量。

参考文献

1. 李革新,武斌,常蜀英. 应用脑电生物反馈仪诊断和治疗儿童注意力缺陷和多动症（英文）. 中国临床康复,2003,7(22)：3104—3105

2. 张巧俊,向丽,张凤,张茹,赵英贤,任碧霞,张华华. 肌电图生物反馈疗法在神经科心身疾病治疗中的应用价值. 中国临床康复,2003,7(16)：2334—2335

主要参考文献

白学军,闫国利(学术顾问:沈德立).眼动研究在中国.天津:天津教育出版社,2008

赫葆源,张厚粲,陈舒永.实验心理学.北京:北京大学出版社,1983

坎特威茨等(郭秀艳等译).实验心理学——掌握心理学的研究.上海:华东师范大学出版社,2001

黄希庭等.心理实验指导.北京:人民教育出版社,1988

孟庆茂,常建华.实验心理学.北京:北京师范大学出版社,1999

王甦,汪安圣.认知心理学.北京:北京大学出版社,1992

魏景汉,罗跃嘉.认知事件相关脑电位教程.北京:经济日报出版社,2002

武德沃斯等(曹日昌等译).实验心理学.北京:科学出版社,1965

杨博民.心理实验纲要.北京市:北京大学出版社,1989

杨治良.实验心理学.杭州:浙江教育出版社,1998

杨治良,乐竟泓.实验心理学.上海:华东师范大学出版社,1990

张学民,舒华.实验心理学纲要.北京:北京师范大学出版社,2004

朱滢.实验心理学.北京:北京大学出版社,2000

沈德立,杨治良.心理学研究工具刍议.心理科学,2007,30(2):258—263

杨治良.仪器在心理学研究中的作用——兼评介美国心理学仪器.心理科学通讯,7(2):58—60

Kantowitz, B. H. et al. *Experimental Psychology: Understanding Psychology Research* (9th ed.). New York: Wadsworth Publishing, 2008

Lafayette Instrument. *Psychology & Biology Catalog*. Lafayette Instrument Company, U. S. A. , 1992 - 2004

Stoelting Co. *Products From Volume 1 - 4*. Chicago, 1990